U0022700

深智數位
股份有限公司

深智數位
股份有限公司

前言

2023 年，LLM（大語言模型）爆發，尤其是 GPT-4 問世，一石激起千層浪，影響了整個人工智慧領域，每個開發者都進入了 LLM 應用程式開發時代。在這樣的大背景下，LangChain 這個以 LLM 為核心的開發框架應運而生，進一步推動了這一領域的創新和發展。LangChain 不僅可以用於開發聊天機器人，還能建構智慧問答系統等多種應用，這馬上引起了廣大技術同好和開發者的關注。不同於其他傳統的工具或庫，LangChain 提供了一個完整的生態系統，為開發者帶來了一系列強大的功能和工具，從而簡化了 LLM 開發的複雜性。值得一提的是，LangChain 的社區正在迅速壯大。隨著越來越多的開發者和組織選擇使用 LangChain 進行專案開發，一個活躍的社區生態將逐漸形成。

正是在這一波 LLM 開發熱潮的推動下，越來越多的人對如何有效利用這些先進的技術產生了濃厚的興趣。因此，本書的出現恰逢其時。本書旨在為讀者提供全面且深入的 LLM 開發指南，特別是在 LangChain 框架的應用和實踐方面。全書共分 11 章，內容涵蓋從 LLM 基礎知識到高級應用技巧的各方面。

第 1 章：為讀者介紹 LLM 開發的整體背景，同時詳細探討 LangChain 在 LLM 領域的獨特定位和關鍵作用。

第 2 章：深入介紹 LangChain 的基礎知識，包括其背後的設計動機、核心概念，以及可能的應用場景。

第 3 章至第 8 章：這幾章是本書的核心，詳細解讀了 LangChain 的 6 大模組。從模型 I/O、資料增強，到鏈、記憶、Agent 的定義及應用，再到如何有效使用回呼處理器，都為讀者提供了豐富的實踐技巧和指導。

第 9 章：展示如何利用 LangChain 建構真實的應用程式，例如 PDF 問答程式，幫助讀者將理論知識轉化為實際應用。

第 10 章：探索如何將 LangChain 與其他外部工具和生態系統進行整合，為開發者提供更廣泛的應用場景和解決方案。

第 11 章：簡單解釋 LLM 的基礎知識，包括 Transformer 模型、語義搜尋、NLP 與機器學習基礎。

同時，本書是為那些對 LLM 應用程式開發充滿熱情的讀者而寫的，特別是那些初探 LLM 應用程式開發領域的初級程式設計師，以及對 LangChain 抱有濃厚興趣的技術同好。為了確保你能夠順利地跟隨本書的內容，建議你至少具備基礎的 Python 程式設計知識。但即使你對 Python 不太熟悉，也完全沒有關係。得益於 GPT-4 的強大能力，你可以在學習的過程中即時程式設計和練習。

LangChain 目前有兩個語言版本——Python 和 JavaScript，這無疑利好前端開發工程師，不會 Python 也能快速上手 LLM 應用程式開發。當然，在 GPT-4 的加持下，即使不會 Python 和 JavaScrip，依然可以學會 LangChain。本書中的所有範例程式都基於 Python 版本。

需要特別指出的是，本書中的所有範例程式都是基於 OpenAI 平臺的模型撰寫的，而不涉及模型的實際訓練。因此，你無須擁有高性能的電腦就可以輕鬆運行這些程式。為了方便讀者學習和實踐，我們已經將所有的範例程式上傳到了 GitHub 倉庫，你可以隨時下載並在自己的電腦上運行。為了更加高效率地運行和偵錯程式，建議你使用 VSCode 這樣的程式編輯器，並確保你的電腦上已經安裝了 Python 運行環境。如果你更喜歡互動式的程式設計環境，Jupyter Notebook 也是一個很好的選擇，它特別適合進行 LangChain 學習。

技術的進步往往不是一蹴而就的，技術的進步在於一點一滴的累積。這個過程更像一滴滴水珠匯聚成河流，最終匯入大海。這本書雖然只是 LLM 開發領域的微小部分，但它代表了我們對這個領域的熱情和對知識的追求。

LangChain 框架目前仍處在向 V.1.0 穩步前進的過程中。7000 多個 issue 反映出它的不完美，但同時也展現出了一個充滿活力、持續進化的生態。這些都在見證這顆小樹苗如何茁壯成長。

最後，希望這本書能為你在 LLM 應用領域的學習帶來一些幫助，讓你在 LLM 開發的道路上走得更穩、更遠。

目錄

1 LangChain：開啟大型語言模型時代的鑰匙

2 LangChain 入門指南

3 模型 I/O

4 資料增強模組

5 鏈

6 記憶模組

7 Agent 模組

8 回呼處理器

9 使用 LangChain 建構應用程式

10 整合

11 LLM 應用程式開發必學知識

A LangChain 框架中的主要類別

B OpenAI 平臺和模型介紹

C Claude 2 模型介紹

第 1 章

LangChain：開啟大型語言模型時代的鑰匙

1.1 大型語言模型概述

2023 年是大型語言模型（Large Language Model，LLM）應用爆發的元年，大型語言模型將從 2023 年開始推動整個人工智慧及 IT 產業快速進入新時代。如果說 2000 年至 2010 年是 PC 網際網路時代，2011 年至 2020 年是行動網際網路時代，那麼自 2023 年起的未來 10 年就是大型語言模型主導的人工智慧時代。本節將從什麼是大型語言模型、大型語言模型的發展、大型語言模型的應用場景、大型語言模型的基礎知識這 4 個方面介紹。

1.1.1 什麼是大型語言模型

語言，作為人類文明的基石，從古代的岩石畫刻，到後來的書面文字，再到現代的數位內容，一直在推動著人類的進步。語言不僅是一種記錄工具，還承載了歷史、科技、文化和思想的變遷。那麼人類是否有可能超越語言這個工具本身的侷限，創造一個以語言為基礎的、永不停滯的人工智慧呢？想像一下，這個人工智慧擁有人類所有的知識，能夠與我們流暢對話，理解我們的語言，並給予準確的回饋。這樣的技術，將極大地推動人類文明的發展，讓人類從地球的主宰成為宇宙的主宰！

然而，要讓機器真正理解和運用人類語言，是一項極具挑戰性的研究。為了實現這一目標，研究者們正在不斷探索自然語言處理和機器學習的前端技術。他們致力於開發更加智慧、靈活的演算法和模型，以提高機器對語言的理解能力。深度學習、自然語言處理和知識圖譜等技術的不斷進步，為實現機器理解人類自然語言提供了新的可能性。

大型語言模型的起源

在人類社會中，我們的交流語言並非單純由文字組成，語言中富含隱喻、諷刺和象徵等複雜的含義，也經常引用社會、文化和歷史知識，這些都使得理解語言成為一項高度複雜的科學。隨著電腦技術的發展，科學家們想到模擬人腦神經元結構來創造一種人工智慧，讓人工智慧從大量的文字資料中自己學習和總結語言的規則與模式。20 世紀 90 年代以後，因為網路的普及和資料儲存技術的發展，人們可以獲取前所未有的大規模文字資料，這為機器學習及訓練提供了發展的土壤。

在機器學習方法中，神經網路在處理複雜的模式辨識任務（如影像和語音辨識等）上展示出了強大的能力。研究者們開始嘗試使用神經網路來處理語言理解任務，進而誕生了大型語言模型。

大型語言模型是一種建立在 Transformer 架構上的大規模神經網路程式，其功能主要是理解和處理各種語言文字。這種模型的優勢在於，其能夠在多種任務中實現通用學習，無須對特定語言文字進行大量訂製，是目前人類世界中第一個通用的人工智慧模型。當我們討論大型語言模型時，主要是關注如何讓電腦能夠理解和生成人類語言。簡單來說，大型語言模型是一種演算法，其目標是理解語言的規則和結構，然後應用這些規則和結構生成有意義的文字。這就像讓電腦學會了「文字表達」。

這個過程涉及大量的資料和計算。大型語言模型首先需要「閱讀」大量的文字資料，然後使用複雜的演算法來學習語言的規則和結構，包括詞彙的意義、語法的規則，甚至文字的風格和情感。學習訓練過程完成後，大型語言模型可以根據學習到的知識生成新的文字。

大型語言模型在訓練前後有很大的不同。在訓練前，模型就像一個新生兒，只有最基礎的語言處理結構。它的「大腦」就是神經網路，參數都是隨機初始化的。它不具備任何語言知識，就像剛出生的嬰兒一樣「一無所知」。使用者向模型輸入任何句子，它都無法進行有意義的處理。

大型語言模型的訓練方式

大型語言模型的訓練和做遊戲很類似。假設你正在玩一個單字接龍遊戲，遊戲的規則是，你需要根據前面的幾個字猜出下一個字可能是什麼。比如給你一個句子：「我今天去公園看到了一隻……」你可能會接「狗」或「鳥」。這就是語言模型做的「遊戲」，它試圖猜出下一個字可能是什麼。你可以把大型語言模型想像成一個非常聰明的單字接龍遊戲玩家，它可以處理非常長且複雜的句子，並且猜得準確度很高。圖 1-1 為一個單字接龍遊戲示意圖。

單字接龍

根據前面的字，猜下一個字

今__ → 今天

今天__ → 今天星

今天星__ → 今天星期

今天星期__ → 今天星期一

▲ 圖 1-1

大型語言模型經過長時間的單字接龍訓練，就像嬰兒逐漸長大一樣，對文字的理解能力也逐步提高。它透過閱讀巨量語料，不斷學習各種詞彙、語法和語義知識。這種知識被編碼進了數百億個神經網路參數中，因此，模型開始具備理解和生成語言的能力。剛開始，它就像嬰兒學習說話一樣，也許自己都不知道表達的意思是什麼，但透過大量的訓練和重複，慢慢地，模型的神經網路裡就寫滿了關於語言知識的公式與演算法，能夠進行複雜的語言運算與推理。從無到有，模型逐步獲得了語言智慧，就像一個嬰兒成長為兒童那樣，經歷了能力上長足的進步。

AI 科學家為了讓大型語言模型變得聰明，會讓它讀很多書和文章。這些書和文章就是它的學習材料。透過閱讀，大型語言模型可以學習到很多詞彙和句子，並了解它們是如何組合在一起的。當它再玩單字接龍遊戲的時候，就可以根據前面的詞做出更好的預測，並且所有的預測都在它的「腦子」裡。當大型語言模型將單字接龍遊戲玩到爐火純青、遠超人類時，它自己會掌握更多的技能，比如翻譯敘述、回答問題、寫文章，等等。因為大型語言模型讀過很多書，所以它知道很多事情，就像一個知識庫。我們只需要問它問題，它就能舉出答案，甚至可以自由進行人機對話，表現出人類等級的理解和應答能力。

1.1.2 大型語言模型的發展

OpenAI 在 2022 年 11 月 30 日發佈了基於 GPT 模型的聊天機器人 ChatGPT，這一里程碑標誌著大型語言模型走向全人類的新紀元。僅在 2 個月的時間內，ChatGPT 的使用者數量就突破了 2 億。OpenAI 推出的 GPT-4 大型語言模型，其模型參數量高達千億甚至萬億等級，應用場景十分廣泛，從文字生成到複雜問題的解答，再到詩歌創作、數學題求解等，各方面都已經遙遙領先普通人。

在全球主流大型語言模型中，除了 GPT-4，還有其他一些備受矚目的優秀模型。其中包括 Anthropic 推出的 Claude 2 模型、Meta 推出的 LLaMA 2 開放原始碼模型，以及 Google 推出的 PaLM 2 模型。

InfoQ 研究中心在 2023 年 5 月發佈的《大型語言模型綜合能力測評報告 2023》中，展示了對 ChatGPT、文心一言、Claude、訊飛星火、Sage、天工 3.5、通義千問、MOSS、ChatGLM、Vicuna-13B 的綜合評測結果，如表 1-1 所示。

▼ 表 1-1 大型語言模型各產品綜合評測結果（資料來源：InfoQ 研究中心）

排名	大型語言模型產品	綜合得分率
1	ChatGPT	77.13%
2	文心一言	74.98%
3	Claude	68.29%
4	訊飛星火	68.24$
5	Sage	66.82%
6	天工 3.5	62.03%
7	通義千問	53.74%
8	MOSS	51.52%
9	ChatGLM	50.09%
10	Vicuna-13B	43.08%

目前繁體中文的模型也很多，最有名的就是台大林彥廷所開發的 Taiwan LLAMA，可以參考其在 github 上的資訊：https://github.com/MiuLab/Taiwan-LLM。

1.1.3 大型語言模型的應用場景

在日新月異的資訊化時代，大型語言模型的應用方向呈現出驚人的廣泛性，其潛力和多樣性令人震驚。與其問「它能做什麼」，不如更確切地問「你想讓它做什麼」。這裡不僅暗示了大型語言模型的巨大靈活性，更表現了其在多元領域中所具有的無限可能。在這個意義上，大型語言模型不僅是一種工具或一項技術，更是一種具有創新性和顛覆性的思維方式。

在接下來的部分，筆者將對大型語言模型的一些典型應用場景進行精細概括，以期能給大家帶來更深層次的理解和啟示。這些應用場景不僅包括大家熟知的對話場景，還涵蓋了如社交媒體、線上教育、電子商務、醫療保健等多個其他實用場景，其中每一個場景都充分展示了大型語言模型的實際效用和廣闊潛力，如表 1-2 所示。

▼ 表 1-2 大型語言模型的應用場景及描述

應用場景	描述
智慧對話	在銀行業提供客服支援，如幫助客戶理解理財產品的細節
文字生成	用於新聞、故事創作，可以根據指定的關鍵字生成相關文章
知識問答	為學生提供基於知識庫的詳細答案來解釋複雜的科技理論
文字總結	用於學術領域，可以快速提取論文的核心內容
文字翻譯	在開放原始碼專案中幫助非英文母語的開發者理解英文文件
情感分析	用於政治事件和民意調查中的輿情分析
資料分析	在商業營運領域提供基於資料的洞察和策略建議
程式設計輔助	為程式設計師提供程式撰寫和故障排除幫助
文件格式轉換	將 Markdown 格式文件轉為 HTML 格式文件
資訊取出	從大段文字（如合約）中提取關鍵資訊

1.1.4 大型語言模型的基礎知識

現在，我們已經了解了大型語言模型的應用場景，在動手開發大型語言模型應用前，需要對一些基礎知識進行整理。假設你已經用過 ChatGPT 這類聊天產品，你還需要了解以下基礎概念。

GPT 是模型，ChatGPT 是產品

當談論 GPT（Generative Pretrained Transformer）和 ChatGPT 時，很重要的一點是理解這兩者之間的區別和聯繫。

GPT 是一種被預訓練的生成式模型，它的目標是學習一種能夠生成人類文字的能力。ChatGPT 是一個特定的應用，它使用了 GPT 的能力，並在此基礎上進行了特別的最佳化，以便能夠進行更像人類的對話。因此，GPT 和 ChatGPT 的主要區別在於，它們的應用目標不同。GPT 是一個通用的文字生成模型，它可以生成各種類型的文字。而 ChatGPT 則是一個特定的應用，它的目標是進行更有效的對話。雖然它們有相同的基礎（即 GPT 模型），但在實際應用上有所不同。

提示詞：驅動大型語言模型執行的命令

在探討大型語言模型，如 GPT-4 或 ChatGPT 的執行機制時，無法忽視的關鍵因素就是「提示詞」。提示詞在這些模型的執行中起著至關重要的角色，提示詞通俗地說就是輸入大型語言模型的文字，這很容易理解，但提示詞實際是驅動大型語言模型執行的命令。只有理解了這層含義，你才會理解提示詞工程師（Prompt Engineer）這個職務為什麼突然躥紅。

提示詞的選擇對模型的輸出有著顯著影響。提示詞的具體內容不同，模型可能會舉出完全不同的回應。舉例來說，輸入一個開放性的提示詞，比如「說明一下太陽系的組成」，模型可能會生成一段詳細的介紹；而輸入一個更具指向性的提示詞，比如「火星是太陽系的第幾大行星」，則會得到一個更具體的答案。

在理解了提示詞的重要性後，也要明白，雖然大型語言模型透過學習大量的文字資料獲得了強大的文字生成能力，但它仍然是基於模式匹配的演算法，而非真正的思考實體。這表示它並不能真正理解提示詞的含義，它只是透過在大量的訓練資料中尋找並生成與提示詞匹配的文字來舉出答案。所以，在選擇提示詞時，需要細心考慮，確保命令清晰、具體，並能夠引導模型生成想要的結果。同時，也需要意識到這些模型的局限性——它們並不能真正理解我們的命令，只是在模仿人類的語言。

分享一個通用提示詞範本：定義角色 + 背景資訊 + 任務目標 + 輸出要求。舉例說明，假設你是某公司的 HR 主管，現在需要對全體員工用郵件形式通知 AI 培訓安排，提示詞可以像表 1-3 這樣寫。

▼ 表 1-3 提示詞範本

範本	提示詞
定義角色	我是某公司的 HR 主管
背景資訊	現在 AI 發展得這麼快，很多公司都面臨著巨大的挑戰，我們公司也一樣
任務目標	我要給所有同事發一封郵件，通知大家 5 月 31 日 18:00 來參加培訓，名額僅限 20 人
輸出要求	用郵件格式輸出，200 字左右，段落清晰，語氣要有親和力，重點突出「名額有限」

把提示詞部分合併起來，提交給大型語言模型，就可以得到比較好的答案。

當使用提示詞範本來提高大型語言模型的回覆品質時，似乎一切都變得輕而易舉。然而，需要意識到的是，不論你輸入的提示詞品質如何，大型語言模型都會舉出回覆。這使得提示詞的使用與程式語言截然不同。程式語言具有嚴格的命令格式，語法錯誤會導致系統「顯示出錯」，這樣你就可以根據顯示出錯資訊進行調整。而大型語言模型卻從來不會提示你「出錯」，回覆品質的好壞是無法完全量化的。在實際的大型語言模型應用程式開發中，必須不斷對提示詞進行大量的、反覆的調整，以找到更優、更穩定的回答。這就要求開發者深入了解模型的特性，嘗試各種不同的提示片語合，甚至進行反覆的試驗與最佳化。只有透過不斷的實踐和探索，才能逐漸掌握如何運用提示詞來引導模型生成更符合預期的答案。

Token：大型語言模型的基本單位

Token 是自然語言處理中的重要概念，它是大型語言模型理解和處理文字的基本單位。在英文中，一個 Token 可能是一個單字、一個標點符號，或一個數字。在處理其他語言時，如中文，一個 Token 可能是一個單字元。在許多 NLP 任務中，原始文字首先被分解成 Token，然後模型基於這些 Token 進行理解和預測。

在大型語言模型，如 GPT-4 中，Token 不僅是模型理解和處理文字的基本單位，還具有一些更深層次的功能。首先，透過把文字拆分為 Token，模型能更進一步地理解和捕捉文字的結構。舉例來說，一個英文句子的不同部分（主題、動作、物件等）可以被模型辨識和處理，幫助模型理解句子的含義。其次，Token 在模型的訓練中起著重要的作用。語言模型透過預測給定的一系列 Token 後面可能出現的下一個 Token，從而學習語言的規律和結構。這個學習過程通常是基於大量的文字資料進行的，模型從每一個 Token 的預測中累積經驗，提高自身的預測能力。

在程式語言中，字元是程式的最小單位。例如在 C++ 或 Java 中，字元類型（如 char）可以代表一個 ASCII 值，或其他類型編碼系統（如 Unicode）中的單元。在大部分程式語言中，字元是單一字母、數字、標點符號，或其他符號。相比之下，大型語言模型中的 Token 則更為複雜。大型語言模型中的 Token 和程式語言中的字元雖然在表面上看起來類似，但它們在定義、功能和作用上有很大的不同。

Token 也是大型語言模型的商用資費單位，例如 GPT-4 模型每生成 1000 個 Token 需要 6 美分，而 GPT-3.5 模型的使用價格只有 GPT-4 的 1/30。

模型支援的上下文長度

在 GPT 報價表中，可以明顯看出，GPT-4 模型分為兩個版本：8K 版本和 32K 版本。這兩個版本的主要區別在於，它們對上下文長度的支援及使用價格不同。32K 版本的模型使用價格要比 8K 版本的模型使用價格高出近一倍。對於 8K 和 32K 這兩個參數，它們是衡量 GPT-4 模型對上下文長度支援能力的關鍵指標。

「上下文長度」指的是模型在生成新的文字或理解輸入的敘述時，可以考慮的最多字數，可以理解成大型語言模型的「腦容量」。舉例來說，8K 版本可以處理包含 8000 個 Token 的短篇文章，而 32K 版本則可以處理包含 32000 個 Token 的長篇文章。這個功能升級是非常重要的，尤其是在處理大型的、連貫輸入的文字時表現得淋漓盡致，比如長篇小說、研究報告等。如果你和大型語言模型聊著聊著，發現它回答的內容已經偏題或重複，說明它已經忘記了之前和你聊的內容，「腦容量」不夠了。

大型語言模型支援上下文長度的能力提升是以更高的計算成本為代價的。更長的上下文長度表示需要更強大的處理能力和更多的儲存空間，這是導致 32K 版本使用價格更高的原因。不同的上下文長度使得 GPT-4 模型在處理不同長度的語料時具有不同的適應性和性能。OpenAI 在 2023 年 11 月 6 日推出了支援 128K 上下文的 GPT-4 Turbo 模型，對那些需要處理長篇文章的使用者來說，32K 和 128K 版本將是一個更好的選擇，儘管其使用價格相對較高。而對那些只需要處理較短文本的使用者來說，8K 版本則可能是一個更經濟且能滿足需求的選擇。因此，在選擇使用哪個版本時，使用者需要根據自己的需求和預算進行權衡。

大型語言模型的「幻覺」

大型語言模型應用過程中偶爾會出現一種被稱為「幻覺」的現象，即舉出看似合理但偏離事實的預測。這是因為這類模型並不能真正理解語言和知識，而是模仿訓練資料中的模式來生成預測，這種預測可能看似合理，但實際上並無依據。因此，大型語言模型在電腦科學中常被認為存在普遍性錯誤。由於它們不能進行真正意義上的邏輯推理或嚴謹的事實檢驗，因此可能導致一些不可避免的錯誤，特別是在涉及算術或複雜推理鏈的場景中。大型語言模型之所以會「編造」非真實資訊，往往是因為遇到的問題超出了其訓練範圍。當面對陌生的問題時，它無法像人類一樣思考和查詢，只能嘗試使用訓練資料中的模式來預測可能的答案。這種預測可能會帶來誤導，特別是在需要精準和專業知識的情況下。

另外，當使用者提出關於程式生成的需求時，大型語言模型由於沒有實際的程式設計經驗或對真實程式庫的直接存取權限，因此可能會向使用者提供一個實際上並不存在於函數庫中的 API。這是因為模型的訓練資料中可能包含許多不同的程式設計範例，導致其混淆或錯誤地連結某些資訊，生成錯誤的程式。在實際應用中，這顯然會引發問題，因為虛構的 API 無法在現實世界的程式庫中找到，從而導致程式無法正常執行。

類似的情況還會出現在 GPT 的回答中提到的網址連結上，有些網址連結是 GPT 自己編造的。這就表示使用者可能會受到虛假資訊的引導，無法真正獲取他們所需的準確網址連結。

需要強調的是，模型關於某些內容的記憶也極易混淆。大型語言模型並不具有真實的記憶功能，它並不能記住過去的輸入或輸出，因此不能有效地處理需要長期記憶的任務或上下文理解任務。所有的回應都是基於當前的輸入和模型的訓練知識生成的，一旦輸入改變，模型將無法記住之前的內容。

大型語言模型的「幻覺」缺陷源自其本質：它是一個透過模仿訓練資料中的模式來生成預測的模型，而非一個理解語言和知識的實體。儘管大型語言模型在許多工中都表現出了令人矚目的性能，但這些問題仍然需要進行更深入的研究和改進。

關於大型語言模型的「微調」

用一個簡單的比喻來解釋微調（Fine-tune）這個概念。想像你是一個小朋友，你的爸爸教你打乒乓球。首先，爸爸會給你展示基礎的擊球方式，讓你學習如何握住球拍、如何看準球、如何打出球，這就像大型語言模型的預訓練階段。在這個階段，你學習了打乒乓球的基本規則和技巧。但是，當你準備參加學校的乒乓球比賽時，你需要一些特殊的訓練來提高技巧，比如學習如何更進一步地發球、如何更進一步地接對方的球，這就是微調階段。這個階段能幫助你更進一步地適應乒乓球比賽的規則，提高你的比賽成績。最後，你的教練會觀察你在訓練中的表現，看看你的發球和接球技巧是否有所提高，這就像評估和調整階段。如果你在某些方面表現得不好，你的教練可能會調整訓練方法，幫助你改進。微調就像參加乒乓球比賽前的特殊訓練，能幫助你從一個會打乒乓球的小朋友，變成一個可以在比賽中贏得勝利的小選手。

那麼，是否需要非常高門檻的技術才可以完成對大型語言模型的微調呢？很幸運的是，微調操作透過呼叫 API 就可以完成。如果你想對 GPT 模型進行微調，你只需要準備好所需的訓練資料，例如問題和對應的回答（如圖 1-2 所示的 QA 問答對），然後將其整理成訓練專用的 JSONL 檔案，併發送給微調的 API 即可。等待一段時間之後，你就可以獲得一個專屬的、微調過的 GPT 模型。

```
1 {"text": "Q: 中國的首都是哪裡 ?\nA: 北京。"}
2 {"text": "Q: 魯迅是哪國的著名作家 ?\nA: 中國。"}
3 {"text": "Q:《紅樓夢》的作者是誰 ?\nA: 曹雪芹。"}
```

▲ 圖 1-2

這種方式使得微調過程更加簡單和方便，使更多的人能夠從中受益。同時，使用 API 進行微調也提供了靈活性，可以根據具體需求進行自訂微調，以獲得更好的模型性能。需要注意的是，在微調的過程中，要確保使用高品質的訓練資料並進行適當的參數調整，這是非常重要的，這樣可以提高微調模型的品質和效果。

1.2 LangChain 與大型語言模型

回到 2022 年 10 月，Harrison Chase（LangChain 研發作者）在 Robust Intelligence 這家初創公司孕育出 LangChain 的雛形，並將其開放原始碼共用在 GitHub 上。就像火種遇到了乾草，LangChain 迅速在技術社區中「燎原」。在 GitHub 上，數百名熱心的開發者為其添磚加瓦；Twitter 上關於它的討論如潮水般湧動；在 Discord 社區裡，每天都有激烈的技術交流和碰撞。從舊金山到倫敦，LangChain 的粉絲們還自發組織了多次線下聚會，分享彼此的創意和成果。

到了 2023 年 4 月，LangChain 不再只是一個開放原始碼專案，而是已經成了一家擁有巨大潛力的初創公司的主打產品。令人震驚的是，在獲得了 Benchmark 的 1000 萬美金種子投資僅一周後，這家公司再次從知名的風險投資公司 Sequoia Capital 處獲得了超過 2000 萬美金的融資，其估值更是達到了驚人的 2 億美金。一個由 LangChain 引爆的人工智慧應用程式開發浪潮由此到來。

LangChain 是大型語言模型的程式設計框架，它可以將大型語言模型與其他工具、資料相結合，同時彌補大型語言模型的缺陷，從而實現功能強大的應用。讓我們進入第 2 章，開啟正式的學習。

第 2 章

LangChain 入門指南

2.1 初識 LangChain

2023 年註定是人工智慧領域不平凡的一年，隨著人工智慧領域的高速發展，開發者們都在尋找能夠輕鬆、高效率地建構應用的工具。尤其對那些不熟悉大型語言模型領域，或初入此領域的開發者來說，選擇一個合適的工具尤為重要。在許多的選擇中，有一個名字越來越受到大家的關注——LangChain。

2.1.1 為什麼需要 LangChain

首先想像一個開發者在建構一個 LLM 應用時的常見場景。當你開始建構一個新專案時，你可能會遇到許多 API 介面、資料格式和工具。對一個非 AI 領域的開發者來說，要去研究每一個工具、介面都有著巨大的負擔。現在，假設你要建構一個涉及語言處理的應用，比如一個智慧聊天機器人，你可能會想：我難道要一步步去學習如何訓練一個語言模型，如何處理各種資料，還要解決所有的相容性問題嗎？

這就是 LangChain 的價值所在。LangChain 是一個整合框架，它為開發者提供了一系列的工具和元件，使得與語言模型中各種資料（如 Google Analytics、Stripe、SQL、PDF、CSV 等）的連接、語言模型的應用和最佳化變得簡單直接。其實，LangChain 就好比一把「瑞士刀」，你不再需要為每一個任務找一個新工具，它提供了整合式的解決方案。正如你要修理一個小小的家用電器，而你已經擁有了一個完整的工具箱。不管你遇到什麼問題，打釘子、擰螺絲、剪線，工具箱裡總有一個合適的工具等著你。LangChain 為你提供了這樣的工具箱，不僅涵蓋了基礎工具，還為個性化需求提供了自定義元件解決方案。

現在，隨著 LangChain 在開發者社區中的受歡迎程度逐漸上升，可以明顯地看到使用 LangChain 的開發者數量呈現激增的趨勢。2023 年 8 月，LangChain 開放原始碼框架已經收穫了驚人的資料：5.82 萬個星標、557 位專注開發者，以及 7800 位積極的分支開發者。這些數字從深層次上代表了許多開發者對 LangChain 實用性和未來潛力的堅定認可。

正是因為 LangChain 連接了開發者和複雜的 LLM 應用，因此，開發變得更為簡單、高效。也因為這種受歡迎程度和媒體報導的廣泛傳播，越來越多的開發者，不論是 LLM 領域的還是非 LLM 領域的，都選擇使用 LangChain。

2.1.2 LLM 應用程式開發的最後 1 公里

想像一下，一個對程式設計完全陌生的初學者，正面臨著如何與模型進行互動的諸多問題，哪怕是簡單的 GET 或 POST 請求，都可能成為其開發路上的第一道門檻。而 LangChain 的存在恰恰能跨越這道門檻，使得 LLM 應用程式開發變得觸手可及。

首先，LangChain 的簡潔性讓它脫穎而出。開發者只需要寫幾行程式，就能執行一個大型 LLM 程式，甚至快速建構一個響應式的機器人。這種簡潔性表示，無論是對於有經驗的開發者還是初入此領域的新手，LangChain 都能為他們進入 LLM 應用程式開發的世界鋪平道路。

LangChain 還為開發者整合了豐富的內建鏈元件，為開發者解決了重複撰寫程式的問題。面對特定的任務，如摘要或問答，LangChain 提供了專門的摘要鏈和問答鏈，簡化了開發流程。Agent 的引入將工具和資料庫的整合提升到了一個新的層次，使得開發者可以全心投入任務。

借助 LangChain，開發者除了可以實現 LLM 與真實世界的線上資料增強，即 RAG（檢索增強生成），還能在私有環境中部署模型，或是針對特定任務選擇更精確的模型平臺及型號，甚至隨時切換各大平臺推出的新模型。

而對那些未選擇使用 LangChain 的開發者來說，他們很可能會被各模型平臺的介面選擇、提示詞的撰寫，以及輸出格式的處理等問題所困擾，這些複雜的問題會成為開發過程中的巨大障礙，甚至導致開發者「從入門到放棄」。

在 LLM 應用程式開發中，一個經常被遺漏但至關重要的環節是，如何為 LLM 撰寫合適的提示詞，確保 LLM 能夠準確理解開發者的意圖。對許多開發者，特別是初學者來說，這可能是一個具有挑戰性的任務。然而，LangChain 為這一問題提供了有力的解決方案。

對那些在模型提示詞撰寫上感到困惑的開發者來說，LangChain 提供了多種範本供選擇。這並不僅是一些隨意整合的範本，而是與各種應用、工具緊密整合的元件，其中包含了大量已經經過實際驗證的提示詞範本。這表示開發者無須從零開始撰寫程式，只需要在 LangChain 提供的範本中找到與任務相匹配的部分，並進行相應的調整即可。

以 SQL 查詢為例，這是一個對許多開發者來說相對熟悉，但在與 LLM 結合時可能存在困惑的領域。如果一個開發者剛開始接觸如何為 SQL 撰寫提示詞，他可以輕鬆地在 LangChain 中找到 SQL 元件的提示詞範本。這些範本中包括如何撰寫語法正確的 PostgreSQL 查詢、如何查看查詢結果，以及如何傳回針對輸入問題的答案。更進一步，LangChain 提供的提示詞範本也包括各種查詢的最佳實踐，如限制 PostgreSQL 查詢結果、正確使用列名稱、注意使用當前日期的函數等。

舉例來說，LangChain 提供了以下格式化 SQL 提示詞範本（翻譯）：

```
1    你是一個 PostgreSQL 專家。給定一個輸入問題，首先建立一個語法正確的 PostgreSQL 查詢來執行，然後查看查詢結果，並傳回針對輸入問題的答案。
2    除非使用者明確指定了要傳回的結果數量，否則應使用 PostgreSQL 的 LIMIT 子句來限制查詢結果，最多傳回 top_k 筆記錄。你可以對結果進行排序，以傳回資料庫中最有資訊價值的資料。
3    絕對不要查詢表中的所有列。你只能查詢回答問題所需的列。用雙引號（"）將每個列名稱包裹起來，表示它們是界定的識別字。
4    注意只使用你在表中可以看到的列名稱，不要查詢不存在的列。此外，要注意哪一列在哪個表中。
5    如果問題涉及「今天」，請注意使用 CURRENT_DATE 函數獲取當前日期。
6
7    使用以下格式：
8
9    問題：這裡的問題
10   SQL 查詢：要執行的 SQL 查詢
11   SQL 結果：SQL 查詢的結果
12   答案：這裡的最終答案
13
14   只使用以下表：
15
16    {table_info}
17
18   問題：{input}
```

想像一下，如果沒有 LangChain 提供的這個提示詞範本，當你要開始撰寫一段 SQL 查詢程式時，會走多少彎路？ LLM 應用程式開發的最後 1 公里，其意義是確保開發者無須為了一個小細節而多走彎路，正如居民無須跑很遠坐公車一樣，每一個關鍵的細節都能得到及時而準確的處理，使得整個開發過程更為高效。

2.1.3 LangChain 的 2 個關鍵字

在現代軟體工程中，如何將龐大複雜的系統劃分為更小、更易於管理和使用的部分，已經成了設計和開發的核心考量。在這個背景下，LangChain 以「元件」和「鏈」作為 2 個關鍵概念，為 LLM 應用程式開發者提供了便利。

首先來談談「元件」。在 LangChain 中，元件不是程式的拼湊，而是一個具有明確功能和用途的單元。元件包括 LLM 模型包裝器、聊天模型包裝器及與資料增強相關的一系列工具和介面。這些元件就是 LangChain 中的核心，你可以把它們看作資料處理管線上的各個工作站。每個元件都有其特定的職責，如處理資料的輸入輸出、轉化資料格式。

然而，單純的元件還不足以滿足複雜應用的需求，這時「鏈」便顯得尤為關鍵。在 LangChain 的系統中，鏈是將各種元件連接在一起的樞鈕，它能夠確保元件之間的無縫整合和在程式執行環境中的高效呼叫。無論是對於 LLM 還是其他工具，鏈都扮演著至關重要的角色。舉個例子，LLMChain，這是 LangChain 中最常用的鏈，它可以整合 LLM 模型包裝器和記憶元件，讓聊天機器人擁有「記憶」。

值得一提的是，LangChain 並沒有止步於提供基礎的元件和鏈。反之，它進一步為這些核心部分提供了標準的介面，並與資料處理平臺及實際應用工具緊密整合。這樣的設計不僅強化了 LangChain 與其他資料平臺和實際工具的連接，也確保了開發者能在一個開放且友善的環境中輕鬆地進行 LLM 應用程式開發。

以最常見的聊天機器人為例，為了在各種場景中提供給使用者自然、流暢的對話體驗，聊天機器人需要具備多種功能，包括與使用者進行日常交流、獲取天氣資訊及即時搜尋。這一設計目標表示要處理的任務範圍覆蓋了從簡單的日常對話到複雜的資訊查詢，因此，一個結構化、模組化的設計方案是必要的。

在此背景下，LangChain 的「元件」和「鏈」提供了極大的幫助。利用 LangChain 的元件，開發者可以為聊天機器人設計不同的模群組，如與使用者進行日常交流的模組、獲取天氣資訊的模組及進行即時搜尋的模組。每個模組中的元件都具備特定的功能，並專門處理與之相關的任務。舉例來說，當需要回答關於天氣的問題時，機器人可以呼叫「搜尋工具元件」來獲取天氣資訊資料。

但是，單純的元件無法滿足機器人的整體運作。為了確保元件之間可以協作工作並提供給使用者順暢的體驗，需要用到 LangChain 的「鏈」來整合這些元件。舉例來說，當使用者詢問一個涉及多個元件的問題時，如「今天天氣怎麼樣，同時告訴我量子力學是什麼」，LangChain 的鏈就可以確保「搜尋工具元件」和「維基百科查詢元件」協作工作，提供給使用者完整的回答。

具體來說，當使用者提出問題時，LangChain 提供的 API 允許機器人執行以下操作：

（1）請求 LLM 解釋使用者的輸入，並根據輸入內容生成對應的查詢請求，這可能涉及一個或多個元件；

（2）根據生成的查詢請求，啟動對應的元件以獲取必要的資料或資訊；

（3）利用 LLM 生成基於自然語言的回答，將各元件的傳回結果整合為使用者可以理解的回答。

透過這種方式，開發者無須深入每一個複雜的處理細節，只需要利用 LangChain 的 API 輸入使用者的問題，並將得到的答案呈現給使用者即可。這不僅使聊天機器人能夠提供豐富的資訊服務，還能確保 LLM 應用自然而然地融入人們的日常生活，達到設計初衷。

2.1.4 LangChain 的 3 個場景

LangChain 正在重新定義 LLM 應用的開發方式，尤其是在問答系統、資料處理與管理、自動問答與客服機器人這 3 個場景下。以下是對 LangChain 在這 3 個場景下作用的分析。

第 1 個場景是問答系統。問答系統已經成為許多 LLM 應用的重要組成部分，從簡單的搜尋工具到複雜的知識庫查詢工具。LangChain 在這方面展現了其出色的能力。當開發者面臨需要從長篇文章或特定資料來源中提取資訊的挑戰時，

LangChain 可以輕鬆地與這些外部資料來源互動，迅速提取關鍵資訊，然後執行生成操作，以生成準確的回答。

第 2 個場景是資料處理與管理，如 RAG。在資料驅動的當下，RAG 成了一個非常熱門的 LLM 應用實踐方向。RAG 結合了檢索和生成兩個階段，提供給使用者了更為精準和富有深度的回答。LangChain 採用了 LEDVR 工作流，實現了 RAG 的功能。

LEDVR 工作流將資料處理的每一個步驟標準化，確保了資料從輸入到輸出的完整性和準確性。首先，開發者會使用文件載入器，如 WebBaseLoader，從外部資料來源匯入所需的資料。這一步確保了資料的完整性和原始性。

接著，資料會被傳輸到嵌入包裝器，如 OpenAIEmbeddings 中。這一步的主要目的是將每一份文件轉化為一個能夠在機器學習模型中使用的向量。這個向量能夠捕捉文件的主要特徵，使得後續的處理更為高效。

為了更進一步地處理大量的資料，LangChain 中引入了分塊轉化步驟。透過使用如 RecursiveCharacterTextSplitter 這樣的工具，文件被切割成更小的資料區塊。這不僅提高了處理速度，還使得每一個資料區塊都能得到更為精準的處理。

當所有的資料區塊都被處理完畢，它們會被儲存到向量儲存系統，如 FAISS 中。這個儲存系統能夠確保資料的安全，同時也能提供一個高效的查詢介面。

最後，檢索器（如 ConversationalRetrievalChain）被用來從向量儲存系統中檢索相關的文件。這一步結合了使用者查詢和向量儲存系統中的資料，提供給使用者了最為相關的回答。

第 3 個場景是自動問答與客服機器人。在許多線上平臺上，客服機器人已經成為使用者與公司之間的首要互動點。利用 LangChain，開發者成功建構了能夠即時回應使用者查詢的客服機器人。這種即時回應得益於 LangChain 的 Agent 功能，其中涉及 LLM 決策，並根據回饋不斷最佳化互動的過程。這樣的設計使客服機器人不僅能夠及時回應，還能提供更加精確的資訊或解決方案。

LangChain 已經在這 3 個關鍵場景中展現了強大的潛力，為開發者提供了實用且強大的工具，使開發者可以更加高效率地實現各種開發需求。

2.1.5 LangChain 的 6 大模組

針對 LLM 應用程式開發者的需求，LangChain 推出了 6 大核心模組。如圖 2-1 所示，這些模組覆蓋了從模型 I/O 到資料增強，從鏈到記憶，以及從 Agent 到回呼處理器的全方位功能。借助這些模組中的包裝器和元件，開發者能夠更為方便地架設 LLM 應用。

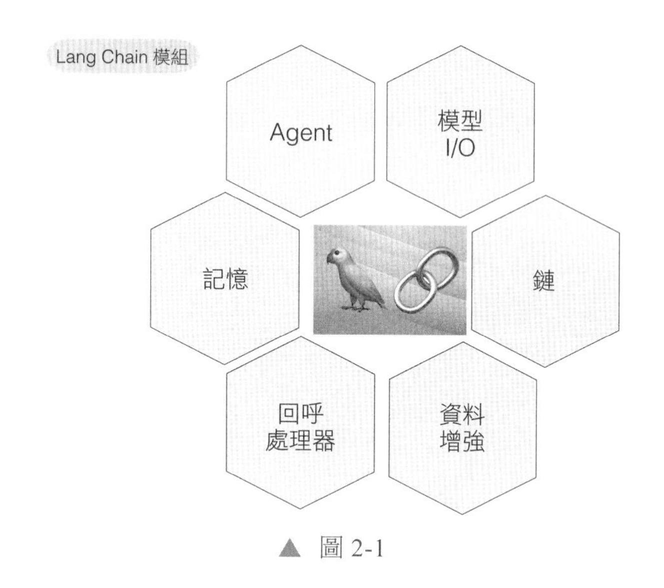

▲ 圖 2-1

1. 模型 I/O（Model IO）：對任何大型語言模型應用來說，其核心無疑都是模型自身。LangChain 提供了與任何大型語言模型均調配的模型包裝器（模型 I/O 的功能），分為 LLM 和聊天模型包裝器（Chat Model）。模型包裝器的提示詞範本功能使得開發者可以範本化、動態選擇和管理模型輸入。LangChain 自身並不提供大型語言模型，而是提供統一的模型介面。模型包裝器這種包裝方式允許開發者與不同模型平臺底層的 API 進行互動，從而簡化了大型語言模型的呼叫，降低了開發者的學習成本。此外，其輸出解析器也能幫助開發者從模型輸出中提取所需的資訊。

2. 資料增強（Data Connection）：許多 LLM 應用需要的使用者特定資料並不在模型的訓練集中。LangChain 提供了載入、轉換、儲存和查詢資料的建構區塊。開發者可以利用文件載入器從多個來源載入文件，透過文件轉換器進行文件切割、轉換等操作。向量儲存和資料檢索工具則提供了對嵌入資料的儲存和查詢功能。

3. 鏈（Chain）：單獨使用 LLM 對於簡單應用可能是足夠的，但面對複雜的應用，往往需要將多個 LLM 模型包裝器或其他元件進行鏈式連接。LangChain 為此類「鏈式」應用提供了介面。

4. 記憶（Memory）：大部分的 LLM 應用都有一個對話式的介面，能夠引用之前對話中的資訊是至關重要的。LangChain 提供了多種工具，幫助開發者為系統增加記憶功能。記憶功能可以獨立使用，也可以無縫整合到鏈中。記憶模組需要支援兩個基本操作，即讀取和寫入。在每次執行中，鏈首先從記憶模組中讀取資料，然後在執行核心邏輯後將當前執行的輸入和輸出寫入記憶模組，以供未來引用。

5. Agent：核心思想是利用 LLM 選擇操作序列。在鏈中，操作序列是強制寫入的，而在 Agent 代理中，大型語言模型被用作推理引擎，確定執行哪些操作，以及它們的執行順序。

6. 回呼處理器（Callback）：LangChain 提供了一個回呼系統，允許開發者在 LLM 應用的各個階段對狀態進行干預。這對於日誌記錄、監視、串流處理等任務非常有用。透過 API 提供的 callbacks 參數，開發者可以訂閱這些事件。

2.2 LangChain 的開發流程

為了更深入地理解 LangChain 的開發流程，本節將以建構聊天機器人為實際案例進行詳細演示。圖 2-2 展示了一個設計聊天機器人的 LLM 應用程式。

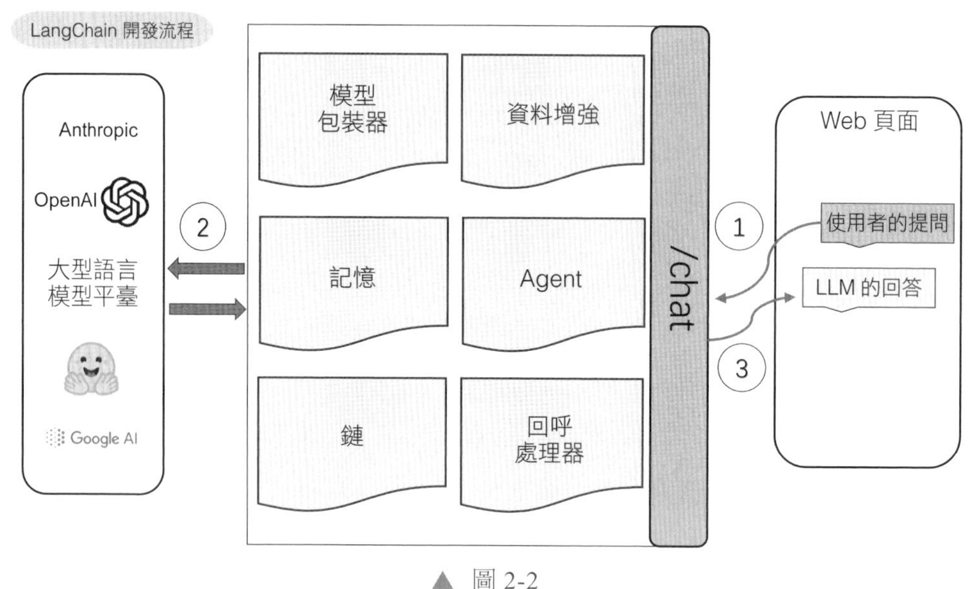

▲ 圖 2-2

除了 Web 伺服器等傳統元件，這個應用程式架構中還引入了兩個額外的元件：一個 LLM 整合中介軟體，如 LangChain（圖 2-2 的中間部分），以及一個大型語言模型（圖 2-2 左側）。中介軟體提供一個 API，業務邏輯控制器呼叫它以啟用聊天機器人功能。具體的 LLM 是基於設定決定的。當使用者提問時（步驟①），聊天機器人控制器程式呼叫 LangChain API（透過 LangChain 的 6 大模組設定的介面），在內部與 LLM（步驟②）互動，由 LLM 來理解問題並生成回答（步驟③），顯示在終端使用者的聊天介面上（圖 2-2 右側的 Web 頁面）。

串列 1 展示了如何使用 LangChain 和 OpenAI 的 GPT-3.5-Turbo-0613 大型語言模型實現聊天機器人業務邏輯。這段 Python 程式首先建立了 ChatOpenAI 類別的實例（代表 GPT-3.5 聊天模型包裝器）。第 4~9 行在路徑 '/chat' 下建立了一個 POST 端點，可以利用 FastAPI 函數庫。當使用者向聊天機器人提交一個問題時，chat 函數就會被觸發，請求物件在其輸入屬性中封裝使用者的提問。為了處理請求，程式第 7 行實例化了一個 LLMChain 鏈元件，接收了一個聊天模型包裝器 llm 和一個提示詞範本 prompt，實現了一個 LangChain 的內建預設定聊天機器人，可以與終端使用者互動。第 8 行處理使用者的提問：執行 LLMChain 鏈元件，接收使用者的提問並將其作為輸入，傳回大型語言模型生成的回應。

這個回應持有對使用者提問的答案，並在第 9 行程式執行後傳回給使用者。

➔ 串列 1

```
1    llm = ChatOpenAI( # LLM initialization parameters
2    model_name="gpt-3.5-turbo-0613", openai_api_key=" 你的金鑰 " ↩,
         temperature=0.9)
3    _prompt = """ 你是一個發言友善的 AI 助理。請現在回答使用者的提問：{question}。"""
4    @app.post("/chat") # Chatbot controller URL endpoint
5    async def chat (request):
6        prompt = PromptTemplate.from_template(_prompt)
7        chat_chain = LLMChain(llm=llm,prompt=prompt)
8        response = chat_chain(request.input) # 終端使用者的提問字串
9        return {"response": response["text"]}
```

2.2.1 開發金鑰指南

LangChain 自身是一個整合框架，不需要開發者註冊和登入，也不需要設定金鑰。但是在 LLM 開發過程中，要使用第三方平臺的模型或工具，需要遵守第三方的開發者協定，而且幾乎所有的付費平臺都使用金鑰作為 API 呼叫的資費依據，這一點不僅適用於 LLM，還適用於其他各種 API 工具。這表示，如果你沒有相應平臺的金鑰，你將無法使用其服務，特別是當你依賴像 OpenAI 這樣的第三方平臺時，保護金鑰的安全並確保其不被洩露是非常關鍵的。

在本書中，程式範例中使用了 3 種金鑰策略。本節將以 OpenAI 平臺為例，詳細說明如何獲取和使用金鑰。儘管各個平臺可能有所不同，但其金鑰獲取和使用方法大致相似。你可以查看第三方平臺的官方文件或教學，通常會提供詳細的步驟和範例。

獲取開發金鑰

在開始使用 OpenAI 的 API 之前，你需要先註冊一個 OpenAI 帳戶並獲取 API 金鑰。以下是獲取金鑰的步驟：造訪 OpenAI 官方網站，如果你還沒有帳戶，請點擊「註冊」並按照提示完成註冊過程；登入你的帳戶，跳躍到「我的」「API Keys」部分，你可以看到你的 API 金鑰，或透過一個「+」選項來生成新的金鑰；

複製金鑰並將其儲存在一個安全的地方，確保不要與他人分享或公開你的金鑰。

3 種使用金鑰的方法

方法 1：直接將金鑰強制寫入在程式中。

這是最直接的方法，但也是最不安全的。直接在程式中提供金鑰的範例如下所示：

```
# 強制寫入傳參方式
openai_api_key=" 填入你的金鑰 "
from langchain.llms import OpenAI
llm = OpenAI(openai_api_key = openai_api_key)

# 或在引入 os 模組後強制寫入設定 os 的環境變數，簡單地使用 llm = OpenAI() 來初始化類別
import os
os.environ["OPENAI_API_KEY"] = " 填入你的金鑰 "
llm = OpenAI()
```

注意：這種方法的缺點是，如果你的程式被公開或與他人分享，你的金鑰也可能被洩露。由於本書案例主要用於解釋，因此每個需要開發金鑰的程式範例都採用這種「顯眼」的方式。但是推薦開發者使用方法 2 或方法 3。方法 1 通常是為了簡化和說明如何使用 API 金鑰，在教學、文件或範例程式中向使用者展示如何設定和使用金鑰，並不是實際應用中推薦的做法。在實際的生產環境或專案中，直接在程式中強制寫入金鑰是不推薦的。

方法 2：使用環境變數。這是一種更安全的方法，你可以在你的本地環境或伺服器上設定環境變數，將金鑰儲存為環境變數，然後在程式中使用它。舉例來說，在 Linux 或 macOS 系統上，你可以在命令列中執行：

```
export OPENAI_API_KEY=" 填入你的金鑰 "
```

當你在 Python 程式中初始化 OpenAI 類別時，不需要傳遞任何參數，因為 LangChain 框架會自動從環境中檢測並使用這個金鑰。你可以簡單地使用 llm = OpenAI() 命令來初始化類別，如下所示：

```
from langchain.llms import OpenAI
llm = OpenAI()
```

這樣，即使程式被公開，你的金鑰也不會被洩露，因為它不是直接寫在程式中的。

方法 3：使用 getpass 模組。這是一種互動式的方法，允許使用者在執行程式時輸入金鑰，你可以簡單地使用 llm = OpenAI() 命令來初始化類別，如下所示：

```
import os
import getpass

os.environ['OPENAI_API_KEY'] = getpass.getpass('OpenAI API Key:')

from langchain.llms import OpenAI
llm = OpenAI()
```

當你執行這段程式時，它會提示你輸入 OpenAI API 金鑰。這種方法的好處是，金鑰不會被儲存在程式或環境變數中，而是直接從使用者那裡獲取。

管理和使用金鑰是一個重要的任務，需要確保金鑰的安全。上述 3 種方法提供了不同的金鑰使用方式，你可以根據自身需求和安全考慮選擇合適的方法。無論選擇哪種方法，都要確保不要公開或與他人分享你的金鑰。

2.2.2 撰寫一個命名程式

在 LLM 應用程式開發領域，LangChain 為開發者帶來了前所未有的可能性。透過撰寫一個命名程式，你將對 LangChain 框架有一個初步的了解。

安裝和基礎設定

首先，為了能夠順利進行開發工作，需要確保電腦上安裝了相應的 Python 套件。開發者可以透過以下命令輕鬆完成安裝：

```
pip install openai langchain
```

每一個與 API 互動的應用都需要一個 API 金鑰。開發者可以建立一個帳戶並獲取金鑰，為了確保 API 金鑰的安全，最佳實踐是將其設定為環境變數：

```
export OPENAI_API_KEY=" 你的 API 金鑰 "
```

但是，如果開發者不熟悉如何設定環境變數，也可以直接在初始化模型包裝器 OpenAI 時傳入金鑰：

```
from langchain.llms import OpenAI
llm = OpenAI(openai_api_key=" 你的 API 金鑰 ")
```

撰寫命名程式

有了這些基礎設定，接下來就可以利用 LLM 進行實際的程式設計工作了。想像一下，有一個程式可以基於使用者的描述來為公司、產品或專案提供創意命名建議。比如，當輸入「為一家生產多彩襪子的公司取一個好名字」時：

```
llm.predict(
    "What would be a good company name for a company that makes "
    "colorful socks?"
)
```

Feetful of Fun 這個名字聽起來不錯。如此，一個簡潔的、能提供創意命名建議的程式就誕生了。

```
# 輸出：Feetful of Fun
```

2.2.3 建立你的第一個聊天機器人

在前面的實踐中，我們成功建立了一個命名程式，借助 LangChain 框架進行啟動。這個程式中僅使用了 LangChain 的模型包裝器模組。現在，為了更加全面地了解 LangChain，下面你將建立你的第一個聊天機器人，並深入體驗 LangChain 的 6 大核心模組（回顧圖 2-1）。

在各種場景中提供給使用者自然、流暢對話體驗的聊天機器人可以滿足多種使用者需求。考慮一個典型的場景：使用者早上打開聊天機器人介面，首先打招呼問「早上好」，隨後詢問「今天天氣怎麼樣？」並在結束對話前問「最近有什麼熱門新聞嗎？」這樣的場景要求聊天機器人不僅具備與使用者日常聊天的能力，還要能即時回應關於天氣的詢問並進行即時的新聞搜尋。

面對從簡單的日常對話到複雜的資訊查詢等多重任務，需要一個強大且靈活的工具來支援。因此，可以選擇依賴 LangChain 的元件和鏈來實現這些功能。

以剛才的場景為例，當使用者詢問天氣或需要搜尋新聞時，LangChain 提供的 API 允許聊天機器人輕鬆處理這些任務：

（1）聊天機器人首先請求 LLM 解釋使用者的輸入（例如「今天天氣怎麼樣？」），並根據這些輸入為其生成一個輔助的查詢請求。這裡可以用到的元件是聊天模型包裝器、LLMChain 鏈元件，或設定一個 Agent 代理；

（2）根據這個查詢請求，聊天機器人會從天氣服務中獲取相關的資料或從新聞資料庫中搜尋相關內容。透過 LangChain 的內建搜尋工具，可以獲取天氣和新聞；

（3）最後，聊天機器人請求 LLM 基於獲得的資料為使用者生成一個自然語言的回答，例如「今天是晴天，溫度約為 35℃。關於熱門新聞，最近國際上主要關注的是……」

這表示，開發者無須為每一個步驟撰寫複雜的背景程式。透過 LangChain 的元件和鏈，開發者只需要簡單地將使用者的問題輸入，再將 LangChain 傳回的答案直接傳遞給使用者即可。這種方式不僅大大簡化了開發流程，還確保了聊天機器人能提供給使用者自然、豐富的資訊。

環境設定和金鑰設定

首先，需要安裝 Python 套件：

```
pip install openai LangChain
```

存取 API 需要一個 API 金鑰，你可以透過建立並存取一個帳戶來獲得。一旦得到金鑰，可將其設定為環境變數：

```
export openai_api_key=""
```

LangChain 的 schema 定義了 AIMessage、HumanMessage 和 SystemMessage 這 3 種角色類型的資料模式基於這些資料模式，可以像使用函數一樣將參數傳遞給訊息物件。

舉例來說，如果想要與聊天機器人對話，只需要把你想要說的話用 HumanMessage 函數封裝起來，如 HumanMessage(content=" 你好 !")。然後將這筆訊息放入一個串列，傳遞給聊天模型包裝器 ChatOpenAI，這樣就可以開始與聊天機器人進行交流了。如果想讓這個聊天機器人將一段英文翻譯為法文，則可以這樣撰寫程式：

```
from langchain.chat_models import ChatOpenAI
from langchain.schema import (
    AIMessage,
    HumanMessage,
    SystemMessage
)

chat = ChatOpenAI(temperature=0)
chat.predict_messages([
    HumanMessage(
        content=(
            "Translate this sentence from English to French. "
            "I love programming."
        )
    )
])
```

這段程式首先匯入了需要的模組和函數，然後建立了一個 ChatOpenAI 物件，並且設定了溫度參數為 0，這表示模型的輸出將具有更低的隨機性。之後呼叫 chat.predict_messages 方法，向該方法傳遞了一個包含 HumanMessage 的訊息物件串列。這個 HumanMessage 物件中包含了我們想要翻譯的英文句子。最後，模型將傳回一個 AIMessage 物件，其中包含了這句英文的法文翻譯。I love programming 翻譯為法文為 J'aime programmer。

```
AIMessage(content="J'aime programmer.", additional_kwargs={})
```

提示詞範本

提示詞範本是一種特殊的文字，它可以為特定任務提供額外的上下文資訊。在 LLM 應用中，使用者輸入通常不直接被傳遞給模型本身，而是被增加到一個更大的文字，即提示詞範本中。提示詞範本為當前的具體任務提供了額外的上下文資訊，這能夠更進一步地引導模型生成預期的輸出。

在 LangChain 中，可以使用 MessagePromptTemplate 來建立提示詞範本。可以用一個或多個 MessagePromptTemplate 建立一個 ChatPromptTemplate，範例程式如下：

```
from langchain.prompts.chat import (
    ChatPromptTemplate,
    SystemMessagePromptTemplate,
    HumanMessagePromptTemplate,
)

template = (
    "You are a helpful assistant that translates {input_language} to "
    "{output_language}."
)
system_message_prompt =
     SystemMessagePromptTemplate.from_template(template)

human_template = "{text}"
human_message_prompt =
    HumanMessagePromptTemplate.from_template(human_template)

chat_prompt = ChatPromptTemplate.from_messages([
    system_message_prompt,
    human_message_prompt
])
```

```
chat_prompt.format_messages(
    input_language="English",
    output_language="French",
    text="I love programming."
)
```

上述程式首先定義了兩個範本：一個是系統訊息範本，描述了任務的上下文（翻譯幫手的角色和翻譯任務）；另一個是人類訊息範本，其中的內容是使用者的輸入。

然後，使用 ChatPromptTemplate 的 from_messages 方法將這兩個範本結合起來，生成一個聊天提示詞範本。

當想要檢查發送給模型的提示詞是否確實與預期的提示詞相符時，可以呼叫 ChatPromptTemplate 的 format_messages 方法，查看該提示詞範本的最終呈現：

```
[
    SystemMessage(
        content=(
            "You are a helpful assistant that translates "
            "English to French."
        ),
        additional_kwargs={}
    ),
    HumanMessage(content="I love programming.")
]
```

透過這種方式，不僅可以讓聊天模型包裝器生成預期的輸出，還能讓開發者不必擔心提示詞是否符合訊息串列的資料格式，只需要提供具體的任務描述即可。

建立第一個鏈

下面，我們將上述步驟整合為一條鏈。使用 LangChain 的 LLMChain（大型語言模型包裝鏈）對模型進行包裝，實現與提示詞範本類似的功能。這種方式更為直觀易懂，你會發現，匯入 LLMChain 並將提示詞範本和聊天模型傳遞進去後，鏈就造好了。鏈的執行可以透過函數式呼叫實現，也可以直接「run」一下。以下是相關程式：

```
from langchain import LLMChain
from langchain.chat_models import ChatOpenAI
from langchain.prompts.chat import (
    ChatPromptTemplate,
    SystemMessagePromptTemplate,
    HumanMessagePromptTemplate,
)

# 初始化 ChatOpenAI 聊天模型，溫度設定為 0
chat = ChatOpenAI(temperature=0)

# 定義系統訊息範本
template = (
    "You are a helpful assistant that translates {input_language} to "
    "{output_language}."
)
system_message_prompt =
    SystemMessagePromptTemplate.from_template(template)

# 定義人類訊息範本
human_template = "{text}"
human_message_prompt =
    HumanMessagePromptTemplate.from_template(human_template)

# 將這兩個範本組合到聊天提示詞範本中
chat_prompt = ChatPromptTemplate.from_messages([
    system_message_prompt,
    human_message_prompt
])

# 使用 LLMChain 組合聊天模型元件和提示詞範本
chain = LLMChain(llm=chat, prompt=chat_prompt)

# 執行鏈，傳入參數
chain.run(
    input_language="English",
```

```
    output_language="French",
    text="I love programming."
)
```

這段程式首先初始化了一個 ChatOpenAI 聊天模型，然後定義了系統訊息範本和人類訊息範本，並將它們組合在一起建立了一個聊天提示詞範本。接著，使用 LLMChain 來組合聊天模型和提示詞範本。最後執行鏈，並傳入使用者輸入作為參數。這樣，我們就可以方便地與 LLM 互動，並且不需要每次都為提示詞範本提供所有的參數。

Agent

當代生活越來越依賴於各種資訊，比如想要去郊遊時需要查詢當天的天氣狀況、路況資訊等，這時聊天機器人就可以發揮巨大的作用了。不僅如此，它甚至可以幫助制訂計畫。那麼，如何讓聊天機器人完成這樣的任務呢？這就需要借助 LangChain 的高級模組 Agent 了。

目前，Agent 是 LangChain 中最先進的模組，它的主要職責是基於輸入的資訊動態選擇執行哪些動作，以及確定這些動作的執行順序。一個 Agent 會被賦予一些工具，這些工具可以執行特定的任務。Agent 會反覆選擇一個工具，執行這個工具，觀察輸出結果，直到得出最終的答案。換句話說，Agent 就像一個決策者，它決定使用什麼工具來獲取天氣資訊，我們只需要關注它給的最終答案即可。

要建立並載入一個 Agent，你需要選擇以下幾個要素：

（1）聊天模型包裝器：這是驅動 Agent 的 LLM。

（2）工具：執行特定任務的函數，舉例來說，Google 搜尋、資料庫查詢、Python REPL，甚至其他 LLM 鏈。

（3）代理名稱：一個字元，用於選擇具體的 Agent 類別。這個類別中含有一組預先定義的「提示詞範本」，這些範本有助 LLM 更準確地判斷在不同場景或任務下應該如何執行。比如，如果一個 Agent 類別是專門用於進行網頁資料爬取的，那麼它的提示詞範本中可能會包含與爬取相關的各種任務指示，以幫助 LLM 更準確地執行這類任務。在以下的程式範例中，我們將使用 SerpAPI 查詢搜尋引擎來建立一個 Agent。

安裝必要的 Python 函數庫：

```
pip -q install  openai
pip install LangChain
```

設定金鑰：

```
# 設定 OpenAI 的 API 金鑰
os.environ["OPENAI_API_KEY"] = " 填入你的金鑰 "
# 設定 Google 搜尋的 API 金鑰
os.environ["SERPAPI_API_KEY"] = ""

from langchain.agents import load_tools
from langchain.agents import initialize_agent
from langchain.agents import AgentType
from langchain.chat_models import ChatOpenAI
```

載入控制 Agent 的大型語言模型：

```
chat = ChatOpenAI(temperature=0)
```

載入一些工具：

```
tools = load_tools(["serpapi", "llm-math"], llm=llm)
```

注意這裡的 llm-math 工具使用了一個 LLM，因此需要將其傳入。

用工具、大型語言模型，以及想要使用的 Agent 類型初始化一個 Agent：

```
agent =initialize_agent(tools, chat, agent=AgentType.CHAT_ZERO_SHOT_REACT_
DESCRIPTION, verbose=True)
```

測試 Agent：

```
agent.run("What will be the weather in Shanghai three days from now?")
```

透過以上步驟，我們成功建立並執行了一個 Agent，它能夠幫助從網路上獲取資訊，並進行一些數學計算。這樣，無論想要查詢天氣、路況，還是計畫郊遊，都可以輕鬆地透過這個聊天機器人得到所需的資訊。

記憶元件

在此之前，我們實現的聊天機器人雖然已經能使用工具進行搜尋並進行數學運算，但它仍然是無狀態的，在對話中無法追蹤與使用者的互動資訊，這表示它無法引用過去的訊息，也就無法根據過去的互動理解新的訊息。這對聊天機器人來說顯然是不足的，因為我們希望聊天機器人能夠理解新訊息，並在此基礎上理解過去的訊息。

LangChain 提供了一個名為「記憶」的元件，用於維護應用程式的狀態。這個元件不僅允許使用者根據最新的輸入和輸出來更新應用狀態，還支援使用已儲存的階段狀態來調整或修改即將輸入的內容。這樣，它能為實現更複雜的對話管理和資訊追蹤提供基礎設施。

記憶元件具有兩個基本操作：讀取（Reading）和寫入（Writing）。在執行核心邏輯之前，系統會從記憶元件中讀取資訊以增強使用者輸入。執行核心邏輯之後，傳回最終答案之前，系統會將當前執行的輸入和輸出寫入記憶元件，以便在未來的執行中引用。

這種設計方式提供了一種靈活且可擴展的方法，使得 LangChain 可以更有效地管理對話和應用狀態。在內建的記憶元件中，最簡單的是緩衝記憶。緩衝記憶只是將最近的一些輸入 / 輸出預置到當前的輸入中，下面我們透過程式來查看這個過程。

首先，從 langchain.prompts 中匯入一些類別和函數。然後，建立一個 ChatOpenAI 物件。具體如下：

```
from langchain.prompts import (
    ChatPromptTemplate,
    MessagesPlaceholder,
    SystemMessagePromptTemplate,
```

```
    HumanMessagePromptTemplate
)
from langchain.chains import ConversationChain
from langchain.chat_models import ChatOpenAI
from langchain.memory import ConversationBufferMemory

prompt = ChatPromptTemplate.from_messages([
    SystemMessagePromptTemplate.from_template(
     """
The following is a friendly conversation between a human and an AI.
The AI istalkative and provides lots of specific details from its
context. If the AI does not know the answer to a question,
it truthfully says it does not know.
"""
    ),
    MessagesPlaceholder(variable_name="history"),
    HumanMessagePromptTemplate.from_template("{input}")
])

llm = ChatOpenAI(temperature=0)
```

接著，建立一個 ConversationBufferMemory 物件，這是 LangChain 內建的記憶元件之一：

```
memory = ConversationBufferMemory(return_messages=True)
```

最後，建立一個 ConversationChain 物件，它是一個階段鏈元件，該元件會使用之前建立的 ChatOpenAI 物件和 ConversationBufferMemory 物件。階段鏈也是內建的元件，傳入參數後即可實例化執行：

```
conversation = ConversationChain(memory=memory, prompt=prompt, llm=llm)
```

建立了階段鏈之後，就可以用它獲取機器人回應了：

```
conversation.predict(input=" 你好，我是李特麗 !")
```

舉例來說，可以向階段鏈中輸入「你好，我是李特麗！」然後，階段鏈就會根據儲存狀態和使用者輸入生成一個回應。由於記憶類型是緩衝記憶，所以階段鏈的回應會考慮最近幾輪的對話資訊。

在後面的階段中，聊天機器人會記住這個名字。你也可以給聊天機器人取一個特別的名字，因為有記憶的存在，它會記住自己的名字。

總的來說，透過使用記憶元件，聊天機器人不僅可以進行搜尋和數學運算，還能引用過去的互動，理解新的訊息，這大大提高了聊天機器人的實用性和智慧水準。

祝賀大家，到這裡，你的第一個聊天機器人已開發完成。

2.3 LangChain 運算式

LangChain 秉持的核心設計理念是「做一件事並把它做好」。這種設計理念強調，每一個工具或元件都應該致力於解決一個特定的問題，並能夠與其他工具或元件整合。在 LangChain 中，這種設計理念的表現是，它的各個元件都是獨立且模組化的。舉例來說，透過使用管道操作符號「|」，開發者可以輕鬆地實現各個元件鏈的組合，開發者可以像說話一樣撰寫程式，「直接」和「簡潔」就是 LangChain 運算式的精髓所在。這種運算式不僅使得程式結構更為清晰，還讓程式設計的方式更加接近自然語言的表達，為開發者提供了更為直觀和順滑的程式設計體驗。

考慮到 LangChain 的目標是建構 LLM 應用，因此，開發者可以輕鬆地利用其提供的元件，如 PromptTemplate、ChatOpenAI 和 OutputParser，為 LLM 應用建立自訂的處理鏈。舉例來說，基於 StrOutputParser，開發者可以輕鬆地將 LLM 或 Chat Model 輸出的原始格式轉為更易於處理的字串格式。以下程式範例展示了 LangChain 運算式的實際應用：

```
from langchain.prompts import ChatPromptTemplate
from langchain.chat_models import ChatOpenAI
from langchain.schema.output_parser import StrOutputParser
```

```
# 實例化提示詞範本和聊天模型包裝器
prompt = ChatPromptTemplate.from_template("tell me a joke about {topic}")
model = ChatOpenAI(openai_api_key=" 你的 API 金鑰 ")

# 定義處理鏈
chain = prompt | model | StrOutputParser()

# 呼叫處理鏈
response = chain.invoke({"foo": "bears"})
print(response)
# 輸出："Why don't bears wear shoes?\n\nBecause they have bear feet!"
```

此外，LangChain 的另一個關鍵是管線處理。在軟體開發中，管線處理是一種將多個處理步驟組合在一起的方法，其中每個步驟的輸出都是下一個步驟的輸入。這種設計不僅簡化了 LLM 應用程式開發流程，還確保了輸出的高效性和可靠性。

開發者們在使用 LangChain 建構 LLM 應用時，不僅可以利用其元件化的設計優勢，還可以確保應用具有較高的靈活性和可擴展性，這些都是現代 LLM 應用程式開發中的關鍵要素。

注意，使用管道操作符號進行鏈式呼叫（即 prompt | model | StrOutputParser()）需要新版本的 LangChain 倉庫支援，開發者們請務必將 LangChain 升級到最新版本。

為了幫助開發者更進一步地理解和使用 LangChain 運算式，接下來的部分將詳細介紹 LangChain 中的一些常見運算式。

提示詞範本 + 模型包裝器

提示詞範本與模型包裝器的組合組成了最基礎的鏈元件，通常用在大多數複雜的鏈中。複雜的鏈元件通常都包含提示詞範本和模型包裝器，這是與 LLM 互動的基礎元件，可以說缺一不可。請看以下範例：

```
from langchain.prompts import ChatPromptTemplate
from langchain.chat_models import ChatOpenAI
```

```
# 實例化提示詞範本和聊天模型包裝器
prompt = ChatPromptTemplate.from_template("tell me a joke about {topic}")
model = ChatOpenAI(openai_api_key=" 你的 API 金鑰 ")

# 定義處理鏈
chain = prompt | model

# 呼叫處理鏈
response = chain.invoke({"foo": "bears"})
print(response)

# 輸出：AIMessage(content='Why don\'t bears use cell phones? \n\n
Because they always get terrible "grizzly" reception!',
additional_kwargs={}, example=False)
```

為了獲得更加可控和有針對性的輸出，確保輸出的文字符合期望和需求，經常要將 additional_kwargs 傳入模型包裝器。在下面舉出的程式範例中，chain = prompt | model.bind(stop=["\n"]) 這行程式表示，當 LLM 生成文字並遇到分行符號 \n 時，應該停止進一步的文字生成：

```
chain = prompt | model.bind(stop=["\n"])
response = chain.invoke({"foo": "bears"})

# 輸出 response：AIMessage(content="Why don't bears use cell phones?",
additional_kwargs={}, example=False)
```

bind 方法同樣支援 OpenAI 的函數回呼功能，可以將函數描述串列綁定到模型包裝器上：

```
functions = [
    {
      "name": "joke",
      "description": "A joke",
      "parameters": {
        "type": "object",
        "properties": {
          "setup": {
```

```
            "type": "string",
            "description": "The setup for the joke"
          },
          "punchline": {
            "type": "string",
            "description": "The punchline for the joke"
          }
        },
        "required": ["setup", "punchline"]
      }
    }
  ]
chain = prompt | model.bind(function_call= {"name": "joke"}, functions=
functions)

response = chain.invoke({"foo": "bears"}, config={})

# 輸出 response：AIMessage(content='', additional_kwargs={'function_call':
{'name': 'joke', 'arguments': '{\n  "setup": "Why don\'t bears wear
shoes?",\n  "punchline": "Because they have bear feet!"\n}'}},
example=False)
```

提示詞範本 + 模型包裝器 + 輸出解析器

可以在提示詞範本與模型包裝器的組合基礎上，再增加一個輸出解析器。範例如下：

```
from  langchain.schema.output_parser import StrOutputParser

chain = prompt | model | StrOutputParser()
response = chain.invoke({"foo": "bears"}, config={})

# 輸出 response："Why don't bears wear shoes?\n\nBecause they have bear feet!"
```

當定義一個要傳回的函數時，你可能不希望進行額外的處理，而只希望直接對函數進行解析。為了滿足這個需求，LangChain 為 OpenAI 提供了一個專門的函數回呼解析器，名為 JsonOutputFunctionsParser。這表示在 LangChain.

output_parsers 下的所有內建輸出解析器的類型都是可用的。此外，還可以根據自己的需要使用自訂的輸出解析器：

```
from langchain.output_parsers.openai_functions import (
    JsonOutputFunctionsParser
)

chain = (
    prompt
    | model.bind(
        function_call={"name": "joke"},
        functions=functions
    )
    | JsonOutputFunctionsParser()
)

response = chain.invoke({"foo": "bears"})

# 輸出 response： {'setup': "Why don't bears wear shoes?",
'punchline': 'Because they have bear feet!'}
```

多功能組合鏈

首先定義兩個提示詞範本 prompt1 和 prompt2，分別用來詢問某人來自哪個城市，以及這個城市位於哪個國家。

chain1 是由 prompt1、model 和 StrOutputParser 組成的鏈，目的是根據給定的人名傳回此人來自哪個城市。

chain2 是更複雜的鏈。它首先使用 chain1 的結果（城市），然後結合 itemgetter 提取的 language 鍵值，生成輸入 prompt2 的完整問題。這個問題隨後會被傳遞給模型，並透過 StrOutputParser 解析：

```
from operator import itemgetter

prompt1 = \
ChatPromptTemplate.from_template("what is the city {person} is from?")
```

```
prompt2 = ChatPromptTemplate.from_template(
    "what country is the city {city} in? respond in {language}"
)

chain1 = prompt1 | model | StrOutputParser()

chain2 = (
    {"city": chain1, "language": itemgetter("language")}
    | prompt2
    | model
    | StrOutputParser()
)

chain2.invoke({"person": "obama", "language": "spanish"})
```

當呼叫 chain2 並傳遞 {"person": "obama", "language": "spanish"} 作為輸入時，整個流程將按循序執行，並傳回最終結果：

```
# 'El país en el que nació la ciudad de Honolulu, Hawái, donde nació Barack
Obama, el 44º presidente de los Estados Unidos, es Estados Unidos.'
```

下面我們加大難度，建立一個更複雜的組合鏈。先定義 4 個提示詞範本，涉及顏色、水果、某國家國旗顏色，以及水果和國家（國旗）的顏色對應關係。

chain1 是一個簡單的鏈，根據 prompt1 生成一個隨機顏色。

chain2 是一個複雜的鏈，首先使用 RunnableMap 和 chain1 來獲取一個隨機顏色。接下來，這個顏色被用作兩個並行鏈的輸入，分別詢問此顏色的水果有什麼，以及哪個國家的國旗是這個顏色的。範例程式如下：

```
from langchain.schema.runnable import RunnableMap

prompt1 = \
ChatPromptTemplate.from_template("generate a random color")

prompt2 = \
ChatPromptTemplate.from_template("what is a fruit of color: {color}")
```

```
prompt3 = \
ChatPromptTemplate.from_template("what is countries flag that has the color:
{color}")

prompt4 = \
ChatPromptTemplate.from_template("What is the color of {fruit} and
{country}")

chain1 = prompt1 | model | StrOutputParser()

chain2 = RunnableMap(steps={"color": chain1}) | {
    "fruit": prompt2 | model | StrOutputParser(),
    "country": prompt3 | model | StrOutputParser(),
} | prompt4
```

最後，這兩個並行鏈的傳回結果（一個水果和一個國家）被用作 prompt4 的輸入，詢問這個水果和這個國家的國旗是什麼顏色的。

```
chain2.invoke({})
# ChatPromptValue(messages=[HumanMessage(content="What is the color of A fruit that
has a color similar to #7E7DE6 is the Peruvian Apple Cactus (Cereus repandus). It is
a tropical fruit with a vibrant purple or violet exterior. and The country's flag
that has the color #7E7DE6 is North Macedonia.", additional_kwargs={},
example=False)])
```

第 3 章 模型 I/O

在所有 LLM 應用中，核心元素無疑都是模型本身。與模型進行有效的互動是實現高效、靈活和可擴展應用的關鍵。LangChain 提供了一系列基礎建構區塊，使你能夠與主流語言模型進行對接。

3.1 什麼是模型 I/O

LangChain 可以說是大型語言模型應用程式開發的「最後 1 公里」。

2023 年以來，大型語言模型如同雨後春筍般一根接一根地冒出來。其中，知名度較高的幾個模型包括 OpenAI 的 GPT 系列、Anthropic 的 Claude 系列、

Google 的 PaLM 系列，以及 Meta 公司發佈的 LLaMA 系列。這些模型都由各自的模型平臺（見圖 3-1）發佈，並配備了介面供開發者使用。

對開發者來說，要想充分利用這些模型的能力，首先需要了解並掌握每個模型平臺的 API 呼叫介面。有了這些知識，開發者就可以發起呼叫，向模型輸入資料，並獲取模型的輸出結果。

問題是，初學者面對許多的大型語言模型平臺和各自不同的 API 呼叫協定，可能會感到困惑甚至望而卻步。畢竟，每個模型平臺都有其特定的呼叫方式和規範，初學者需要投入大量的時間和精力去學習和理解。舉例來說，OpenAI 就發佈了十幾種不同的大型語言模型，其中 2023 年發佈的 GPT-4 模型需要使用 Chat 類型的 API 進行呼叫。這表示，每當想要使用一個新的模型時，就需要重新學習和理解這個模型特定的 API 呼叫方式，這無疑增加了開發者的工作負擔。這就像每當遇到一個新的語言環境就需要重新學習一門新的語言一樣，既費時又費力。

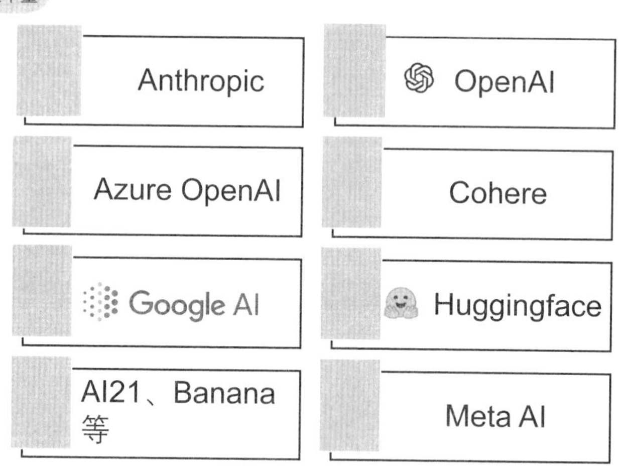

▲ 圖 3-1

對那些想要利用大型語言模型建構應用的開發者來說，同樣如此。以應用程式為例，一個複雜的應用可能包含各種不同的功能需求，這就表示可能需要呼叫不同類型的模型來滿足這些需求。比如，在處理文字分類任務時，可能只需要一個參數較少、規模較小的模型就能夠實現。但在處理聊天場景任務時，則需要一個能夠理解使用者輸入並能讓對話具有「說人話」感覺的模型，比如 GPT-4。這就需要掌握和管理更多的模型呼叫方式，無疑增加了開發的複雜度。

為了解決這些問題，LangChain 推出了模型 I/O，這是一種與大型語言模型互動的基礎元件。模型 I/O 的設計目標是使開發者無須深入理解各個模型平臺的 API 呼叫協定就可以方便地與各種大型語言模型平臺進行互動（圖 3-2 中的③）。本質上來說，模型 I/O 元件是對各個模型平臺 API 的封裝，這個元件封裝了 50 多個模型介面。

這就好比 LangChain 提供了通用包裝器，無論你要和哪種模型進行互動，都可以透過這個包裝器（圖 3-2 中第③部分的 LLM 模型包裝器和聊天模型包裝器）來實現。開發者可以很方便地與最新、最強大的模型（如 2023 年 7 月的 GPT-4）進行互動，也可以與本地私有化部署的語言模型，甚至在 HuggingFace 上找到的開放原始碼模型進行互動。只需要幾行程式，開發者就可以與這些模型對話，無須關心模型平臺的底層 API 呼叫方式。

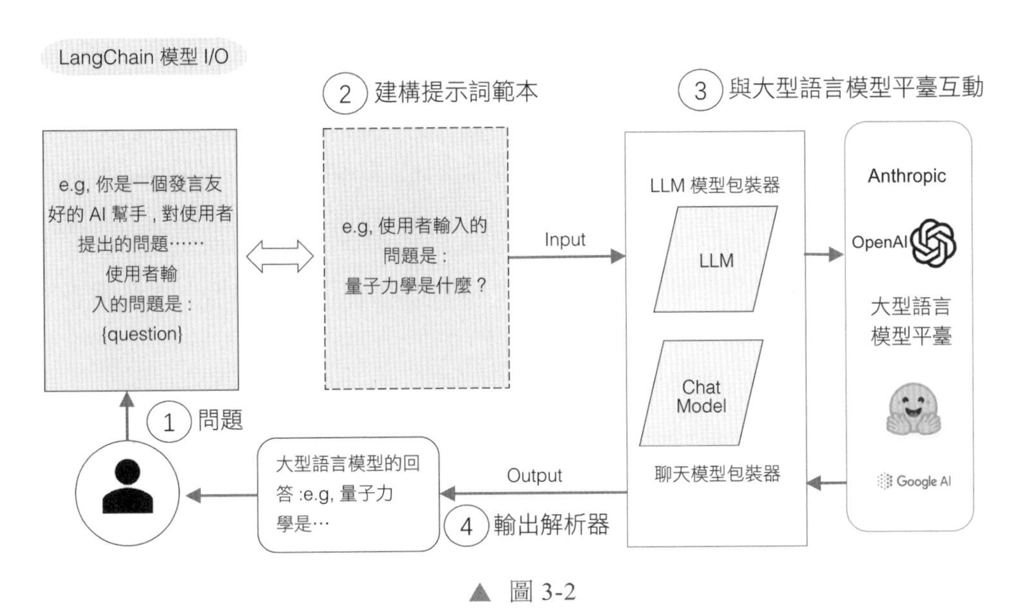

▲ 圖 3-2

那如何使用 LangChain 的基礎元件模型 I/O 來存取各個平臺的大型語言模型呢？模型 I/O 元件提供了 3 個核心功能。

模型包裝器：透過介面呼叫大型語言模型，見圖 3-3 中的模型預測（Predict）部分。

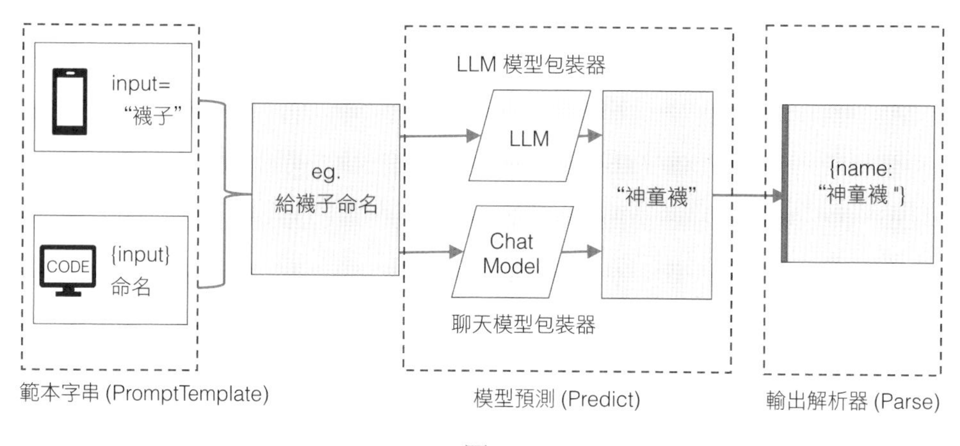

▲ 圖 3-3

提示詞範本管理：將使用者對 LLM 的輸入進行範本化，並動態地選擇和管理這些範本，即模型輸入（Model I），見圖 3-3 中的範本字串（PromptTemplate）部分。

輸出解析器：從模型輸出中提取資訊，即模型輸出（Model O），見圖 3-3 中的輸出解析器（Parse）部分。

3.2 模型 I/O 功能之模型包裝器

截至 2023 年 7 月，LangChain 支援的大型語言模型已經超過了 50 種，這其中包括了來自 OpenAI、Meta、Google 等頂尖科技公司的大型語言模型，以及各類優秀的開放原始碼大型語言模型。對於這些大型語言模型，LangChain 都提供了模型包裝器以實現互動。

隨著大型語言模型的發展，LangChain 的模型包裝器元件也在不斷升級，以適應各個大模型平臺的 API 變化。2023 年，OpenAI 發佈了 GPT-3.5-Turbo 模型，並且在他們的平臺上增加了一個全新類型的 API，即 Chat 類型 API。這種 API 更適合用於聊天場景和複雜的應用場景，例如多輪對話。截至 2023 年 8 月，最新的 GPT-4 模型和 Anthropic 的 Claude 2 模型都採用了 Chat 類型 API。這種 API 也正在成為模型平臺 API 的發展趨勢。如果不使用這種 API，將無法利用最強大的 GPT-4 模型，也無法生成接近「人類標準」的自然語言對話文字。因此，選擇適合自己應用需求的 API，以及配套的 LangChain 模型包裝器元件，是在使用大型語言模型進行開發時必須考慮的重要因素。

3.2.1 模型包裝器分類

LangChain 的模型包裝器元件是基於各個模型平臺的 API 協定進行開發的，主要提供了兩種類型的包裝器。一種是通用的 LLM 模型包裝器，另一種是專門針對 Chat 類型 API 的 Chat Model（聊天模型包裝器）。

如圖 3-4 所示，以 OpenAI 平臺的兩種類型 API 為例，如果使用 text-davinci-003 模型，則匯入的是 OpenAI 的 LLM 模型包裝器（圖 3-4 第①步），而使用 GPT-4 模型則需要匯入 ChatOpenAI 的聊天模型包裝器（圖 3-4 第②步）。選擇的模型包裝器不同，獲得的模型回應也不同。選擇 LLM 模型包裝器獲得的回應是字串（圖 3-4 第③步），選擇聊天模型包裝器，它接收一系列的訊息作為輸入，並傳回一個訊息類型作為輸出，獲得的回應是 AIMessage 訊息資料（圖 3-4 第④步）。

LangChain 的模型包裝器元件提供了一種方便的方式來使用各種類型的大型語言模型，無論是通用的 LLM 模型包裝器，還是專門針對聊天場景的聊天模型包裝器，都能讓開發者更高效率地利用大型語言模型的能力。

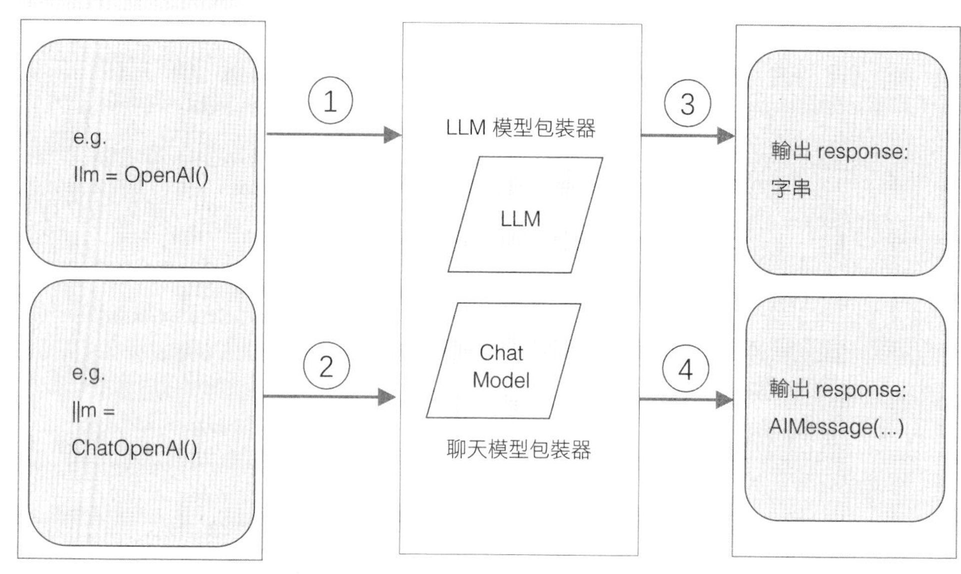

▲ 圖 3-4

LLM 模型包裝器是一種專門用於與大型語言模型文字補全類型 API 互動的元件。這種類型的大型語言模型主要用於接收一個字串作為輸入，然後傳回一個補全的字串作為輸出。比如，你可以輸入一個英文句子的一部分，然後讓模型生成句子的剩餘部分。這種類型的模型非常適合用於自動寫作、撰寫程式、生成創意內容等任務。

例如你想使用 OpenAI 的 text-davinci-003 模型，你可以選擇使用 OpenAI 模型包裝器，範例如下：

```
from langchain.llms import OpenAI
openai = OpenAI(model_name="text-davinci-003")
```

程式中的 openai 是 OpenAI 類別的實例，它繼承了 OpenAI 類別的所有屬性和方法，你可以使用這個 openai 物件來呼叫 OpenAI 的 text-davinci-003 模型，匯入的 OpenAI 類別即 LangChain 的模型包裝器，專門用於處理 OpenAI 公司的 Completion 類型 API。

2023 年，LangChain 已經實現了 50 種不同大型語言模型的 Completion 類型 API 的包裝器，包括 OpenAI、Llama.cpp、Cohere、Anthropic 等。也就是說，開發者無須關注這 50 個模型平臺的底層 API 是如何呼叫的，LangChain 已經包裝好了呼叫方式，開發者可以「隨插即用」。

透過 LangChain.llms 獲取的所有物件都是大型語言模型的包裝器，這些物件稱為 LLM 模型包裝器。所有的 LLM 模型包裝器都是 BaseLLM 的子類別，它們繼承了 BaseLLM 的所有屬性和方法，並根據需要增加或覆蓋一些自己的方法。這些包裝器封裝了各平臺上的大型語言模型的功能，使得開發者可以以物件導向的方式使用這些大型語言模型的功能，而無須直接與各個模型平臺的底層 API 進行互動。

需要注意的是，OpenAI 的 Text Completion 類型 API 在 2023 年 7 月進行了最後一次更新，該 API 現在只能用於存取較舊的歷史遺留模型，如 2020—2022 年的模型 text-davinci-003、text-davinci-002、Davinci、Curie、Babbage、Ada 等。

OpenAI 的 Text Completion 類型 API 與新的 Chat Completion 類型 API（以下簡稱「Chat 類型 API」）不同。Text Completion 類型 API 使得開發者可以直接提供一段具有特定上下文的文字，然後讓模型在這個上下文的基礎上生成相應的輸出。儘管這種方式在某些場景下可能會更方便，比如翻譯和寫文案的場景，但在需要模擬對話或複雜互動的情況下，OpenAI 平臺建議使用 Chat 類型 API。

相比之下，如果要使用 OpenAI 的最新模型，如 2023 年以後的模型 GPT-4 和 GPT-3.5-Turbo，那麼你需要透過 Chat 類型 API 進行存取。這表示，如果你想充分利用 OpenAI 最新的技術，就需要將應用程式或服務從使用 Text Completion 類型 API 遷移到使用 Chat 類型 API 上。

LangChain 建立了聊天模型包裝器元件，調配了模型平臺的 Chat 類型 API。

透過 LangChain.chat_models 獲取的所有物件都是聊天模型包裝器。聊天模型包裝器是一種專門用於與大型語言模型的 Chat 類型 API 互動的包裝器元件。設計這類包裝器主要是為了調配 GPT-4 等先進的聊天模型，這類模型非常適合用於建構能與人進行自然語言交流的多輪對話應用，比如客服機器人、語音幫手等。它接收一系列的訊息作為輸入，並傳回一個訊息作為輸出。

2023 年 7 月，LangChain 已經實現了 6 個針對不同模型平臺的聊天模型包裝器：

① ChatOpenAI：用於包裝 OpenAI Chat 大型語言模型（如 GPT-4 和 GPT-3.5- Turbo）；

② AzureChatOpenAI：用於包裝 Azure 平臺上的 OpenAI 模型；

③ PromptLayerChatOpenAI：用於包裝 PromptLayer 平臺上的 OpenAI 模型；

④ ChatAnthropic：用於包裝 Anthropic 平臺上的大型語言模型；

⑤ ChatGooglePalm：用於包裝 Google Palm 平臺上的大型語言模型；

⑥ ChatVertexAI：用於包裝 Vertex AI 平臺上的大型語言模型，Vertex AI 的 PaLM API 中包含了 Google 的 Pathways Language Model 2（PaLM 2）的發佈端點。

聊天模型包裝器都是 BaseChatModel 的子類別，繼承了 BaseChatModel 的所有屬性和方法，並根據需要增加或覆蓋一些自己的方法。

舉例來說，如果你想使用最先進的 GPT-4 模型，那麼可以選擇使用 ChatOpenAI 模型包裝器，範例如下：

```
from langchain.chat_models import ChatOpenAI
llm = ChatOpenAI(temperature=0, model_name="gpt-4")
```

在上述程式中，llm 是 ChatOpenAI 類別的實例，你可以使用這個 llm 物件來呼叫 GPT-4 模型的功能。

LLM 模型包裝器和聊天模型包裝器，都是 LangChain 對各個大型語言模型底層 API 的封裝，開發者無須關注各個模型平臺底層 API 的實現方式，只需要關注模型輸入什麼，以及輸出什麼。

在 LangChain 的官網文件中，凡是涉及模型輸入、輸出的鏈（Chain）和代理（Agent）的範例程式，都會提供兩份。一份是使用 LLM 模型包裝器的，一份是使用聊天模型包裝器的，這是因為兩者之間存在著細微但是很重要的區別。

1. 輸入的區別

對 LLM 模型包裝器，其輸入通常是單一的字串提示詞（prompt）。舉例來說，你可以輸入 "Translate the following English text to French: '{text}'"，然後模型會生成對應的法文翻譯。另外，LLM 模型包裝器主要用於文字任務，例如給定一個提示「今天的天氣如何？」模型會生成一個相應的答案「今天的天氣很好。」

聊天模型包裝器，其輸入則是一系列的聊天訊息。通常這些訊息都帶有發言人的標籤（比如系統、AI 和人類）。每筆訊息都有一個 role（角色）和 content（內容）。舉例來說，你可以輸入 [{"role": "user", "content": 'Translate the following English text to French: "{text}"'}]，模型會傳回對應的法文翻譯，但是傳回內容包含在 AIMessage(…) 內。

2. 輸出的區別

對於 LLM 模型包裝器，其輸出是一個字串，這個字串是模型對提示詞的補全。而聊天模型包裝器的輸出是一則聊天訊息，是模型對輸入訊息的回應。

雖然 LLM 模型包裝器和聊天模型包裝器在處理輸入和輸出的方式上有所不同，但是為了使它們可以混合使用，它們都實現了基礎模型介面。這個介面公開了兩個常見的方法：predict（接收一個字串並傳回一個字串）和 predict messages（接收一則訊息並傳回一則訊息）。這樣，無論你是使用特定的模型，還是建立一個應該匹配其他類型模型的應用，都可以透過這個共用介面來操作。

之所以要區分這兩種類型，主要是因為它們處理輸入和輸出的方式不同，且各自適用的場景不同。透過這種方式，開發者可以更進一步地利用不同類型的大型語言模型，提高模型的適用性和靈活性。

在 LangChain 的發展迭代過程中，每個模組呼叫模型 I/O 功能都提供了 LLM 模型包裝器和聊天模型包裝器兩種程式撰寫方式。因為 OpenAI 平臺的底層 API 發生了迭代，LangChain 為了不增加開發者的程式修改量，更進一步地調配新的大型語言模型發展要求，做了類型劃分。這種劃分已經形成了技術趨勢，同時也為學習 LangChain 提供了線索。

如果你使用的是 LangChain 的 llms 模組匯出的物件，則這些物件是 LLM 模型包裝器，主要用於處理自由形式的文字。輸入的是一段或多段自由形式文字，輸出的則是模型生成的新文字。這些輸出文字可能是對輸入文字的回答、延續或其他形式的回應。

相比之下，如果你使用的是 LangChain 的 chat_models 模組匯出的物件，則這些物件是專門用來處理對話訊息的。輸入的是一個對話訊息串列，每筆訊息都由角色和內容組成。這樣的輸入給了大型語言模型一定的上下文環境，可以提高輸出的品質。輸出的也是一個訊息類型，這些訊息是對連續對話內容的回應。

當看到一個類別的名稱內包含「Chat」時，比如 ChatAgent，那麼就表示要給模型輸入的是訊息類型的資訊，也可以預測 ChatAgent 輸出的是訊息類型。

3.2.2 LLM 模型包裝器

LLM 模型包裝器是 LangChain 的核心元件之一。LangChain 不提供自己的大型語言模型，而是提供與許多不同的模型平臺進行互動的標準介面。

下面透過範例演示如何使用 LLM 模型包裝器。範例程式使用的 LLM 模型包裝器是 OpenAI 提供的模型包裝器，封裝了 OpenAI 平臺的介面，匯入方式和實例化方法對於所有 LLM 模型包裝器都是通用的。

首先，安裝 OpenAI Python 套件：

```
pip install openai LangChain
```

然後匯入 OpenAI 模型包裝器並設定好金鑰：

```
from langchain.llms import OpenAI
OpenAI.openai_api_key = " 填入你的金鑰 "
```

使用 LLM 模型包裝器最簡單的方法是，輸入一個字串，輸出一個字串：

```
# 執行一個最基本的 LLM 模型包裝器，由模型平臺 OpenAI 提供文字生成能力
llm = OpenAI()
llm("Tell me a joke")
```

執行結果如下：

```
'Why did the chicken cross the road?\n\nTo get to the other side.'
```

說明：這裡的執行結果是隨機的，不是固定的。

3.2.3 聊天模型包裝器

當前最大的應用場景便是「Chat」（聊天），比如模型平臺 OpenAI 最熱門的應用是 ChatGPT。為了緊接使用者需求，LangChain 推出了專門用於聊天場景的聊天模型包裝器（Chat Model），以便能與各種模型平臺的 Chat 類型 API 進行互動。

聊天模型包裝器以聊天訊息作為輸入和輸出的介面，輸入不是單一字串，而是聊天訊息串列。

下面透過範例演示輸入聊天訊息串列的聊天模型包裝器如何執行，以及與 3.2.2 節介紹的 LLM 模型包裝器在使用上有什麼區別。

首先安裝 OpenAI Python 套件：

```
pip install openai LangChain
```

然後設定金鑰：

```
import os
os.environ['OPENAI_API_KEY'] = ' 填入你的金鑰 '
```

為了使用聊天模型包裝器，這裡將匯入 3 個資料模式（schema）：一個由 AI 生成的訊息資料模式（AIMessage）、一個人類使用者輸入的訊息資料模式（HumanMessage）、一個系統訊息資料模式（SystemMessage）。這些資料模式通常用於設定聊天環境或提供上下文資訊。

然後匯入聊天模型包裝器 ChatOpenAI，這個模型包裝器封裝了 OpenAI 平臺 Chat 類型的 API，無須關注 OpenAI 平臺的介面如何呼叫，只需要關注向這個 ChatOpenAI 中輸入的內容：

```
from langchain.schema import (
  AIMessage,
  HumanMessage,
  SystemMessage
)
from langchain.chat_models import ChatOpenAI
```

向 ChatOpenAI 聊天模型包裝器輸入的內容必須是一個訊息串列。訊息串列的資料模式需要符合 AIMessage、HumanMessage 和 SystemMessage 這 3 種資料模式的要求。這樣設計的目的是提供一種標準和一致的方式來表示和序列化輸入訊息。序列化是將資料結構轉為可以儲存或傳輸的資料模式的過程。在 ChatOpenAI 中，序列化是指將訊息物件轉為可以透過 API 發送的資料。這樣，接收訊息的一方（OpenAI 平臺的伺服器）就能知道如何正確地解析和處理每則訊息了。

在本範例中，SystemMessage 是指在使用大型語言模型時用於設定系統的系統訊息，HumanMessage 是指使用者訊息。下面將 SystemMessage 和 HumanMessage 組合成一個聊天訊息串列，輸入模型。這裡使用的模型是 GPT-3.5-Turbo。如果你有 GPT-4，也可以使用 GPT-4。

```
chat = ChatOpenAI(model_name="gpt-3.5-turbo",temperature=0.3)
messages = [
  SystemMessage(content=" 你是個命名大師，你擅長為創業公司命名字 "),
  HumanMessage(content=" 幫我給新公司取個名字，要包含 AI")
]
```

```
response=chat(messages)

print(response.content,end='\n')
```

建立一個訊息串列 messages，這個串列中包含了一系列 SystemMessage 和 HumanMessage 物件。每個訊息物件都有一個 content 屬性，用於儲存實際的訊息內容。舉例來說，在上面的範例程式中，系統訊息的內容是「你是個命名大師，你擅長為創業公司命名字」，使用者訊息的內容是「幫我給新公司取個名字，要包含 AI」。

當你呼叫 chat(messages) 時，ChatOpenAI 物件會接收這個訊息串列，然後按照 AIMessage、HumanMessage 和 SystemMessage 這 3 種資料模式將其序列化並發送到 OpenAI 平臺的伺服器上。伺服器會處理這些訊息，生成 AI 的回應，然後將這個回應發送回 ChatOpenAI 聊天模型包裝器。聊天模型包裝器接收回應，回應是一個 AIMessage 物件，你可以透過 response.content 方法獲取它的內容。

包含「AI」的創業公司名稱的建議：

```
1. AIgenius
2. AItech
3. AIvision
4. AIpros
5. AIlink
6. AIsense
7. AIsolutions
8. AIwave
9. AInova
10. AIboost

希望這些名稱能夠給你一些啟發！
```

相比於 LLM 模型包裝器，聊天模型包裝器在使用過程中確實更顯複雜一些。主要是因為，聊天模型包裝器需要先匯入 3 種資料模式，並且需要組合一個訊息串列 messages，最後從回應物件中解析出需要的結果。而 LLM 模型包裝器則簡單許多，只需要輸入一個字串就能直接得到一個字串結果。

為什麼聊天模型包裝器會設計得如此複雜呢？這其實是因為各個模型平臺的 Chat 類型 API 接收的資料模式不統一。為了能夠正確地與這些 API 進行互動，必須定義各種訊息的資料模式，滿足各個模型平臺 Chat 類型 API 的所需，以獲取期望的聊天訊息結果。如果不使用統一的資料模式，每次向不同的模型平臺提交輸入時，都需要對輸入進行單獨的處理，這無疑會增加開發工作量。而且，如果不進行類型檢查，那麼一旦出現類型錯誤，可能會在程式執行時期才發現，進而導致程式崩潰，或產生不符合預期的結果。

儘管聊天模型包裝器在使用過程中的複雜性較高，但這種複雜性是有價值的。透過前置對資料模式的處理，可以簡化和統一資料處理流程，減小出錯的可能性。這樣，開發者在使用大型語言模型時，可以將更多的注意力放在業務邏輯的開發上，而不必被各種複雜的資料處理和錯誤處理所困擾。這種設計理念也可以讓開發者不必為各模型平臺的 API 呼叫方式不同而煩惱，可以更快速地整合和使用這些強大的大型語言模型。

聊天模型包裝器的設計目標是處理複雜的對話場景，它需要處理的輸入是一個聊天訊息串列，支援多輪對話。這個串列中的每一則訊息都包含了訊息角色（AI 或使用者）和訊息內容，它們合在一起組成了一個完整的對話上下文。這種輸入方式非常適合處理那些需要引入歷史對話內容以便生成帶有對話上下文的回應的任務。

LLM 模型包裝器的設計目標是處理那些只需要單一輸入就可以完成的任務，如文字翻譯、文字分類等。因此，它只需要一個字串作為輸入，不需要複雜的訊息串列和對話上下文。這種簡潔的輸入方式使得 LLM 模型包裝器在處理一些簡單的任務時更加便捷。

3.3 模型 I/O 功能之提示詞範本

在 LangChain 框架中，提示詞不是簡單的字串，而是一個更複雜的結構，是一個「提示詞工程」。這個結構中包含一個或多個提示詞範本（PromptTemplate 類別的實例），每個提示詞範本可以接收一些輸入變數，並根據這些變數生成對應的提示詞，這樣就可以根據具體的需求和情境動態地建立各種各樣的提示詞。這就是提示詞範本的核心思想和工作方式。

舉例來說，可能有一個提示詞範本用於生成寫郵件時的提示詞，這個範本需要接收如收件人、主題、郵件內容等輸入變數，然後根據這些變數生成如「寫一封給 { 收件人 } 的郵件，主題是 { 主題 }，內容是 { 郵件內容 }」這樣的提示詞範本字串。

這種工程化的提示詞建構方式，可以產出適用於各種應用程式的內容，而不僅是簡單的聊天內容。複雜的提示詞可以用於生成文章、撰寫郵件、回答問題、執行任務等各種場景，大大提高了大型語言模型的實用性和可用性。

3.3.1 什麼是提示詞範本

提示詞可以被視為向大型語言模型提出的請求，它們表明了使用者希望模型舉出何種反應。提示詞的品質直接影響模型的回答品質，決定了模型能否成功完成更複雜的任務。

在 LangChain 框架中，提示詞是由「提示詞範本」（PromptTemplate）這個包裝器物件生成的。每一個 PromptTemplate 類別的實例都定義了一種特定類型的提示詞格式和生成規則。在 LangChain 中，要想建構提示詞，就必須學會使用這個包裝器物件。

你可以將提示詞範本視為一個幕後工作者，它在幕後默默地工作，使用者只看到他們自己輸入的簡單關鍵字，卻獲得了模型舉出的出色回應。這是因為開發者將使用者的輸入嵌入了預先設計好的提示詞範本中，這個範本就是一個包裝器，使用者的輸入經過包裝器的包裝後，最終變成一個高效的提示詞被輸出。這個包裝器還能組合不同的提示詞，提供各種格式化、參數檢驗工具，幫助開發者建構複雜的提示詞。

提示詞範本是一種可複製、可重用的生成提示詞的工具，是用於生成提示詞的範本字串，其中包含預留位置，這些預留位置可以在執行時期被動態替換成實際終端使用者輸入的值，其中可以插入變數、運算式或函數的結果。

提示詞範本中可能包含（不是必須包含）以下 3 個元素。

1. 明確的指令：這些指令可以指導大型語言模型理解使用者的需求，並按照特定的方式進行回應，見圖 3-5 中的「明確的指令」。

2. 少量範例：這些範例可以幫助大型語言模型更進一步地理解任務，並生成更準確的響應，見圖 3-5 中的「少量範例」。

3. 使用者輸入：使用者的輸入可以直接引導大型語言模型生成特定的答案，見圖 3-5 中的「使用者輸入」。

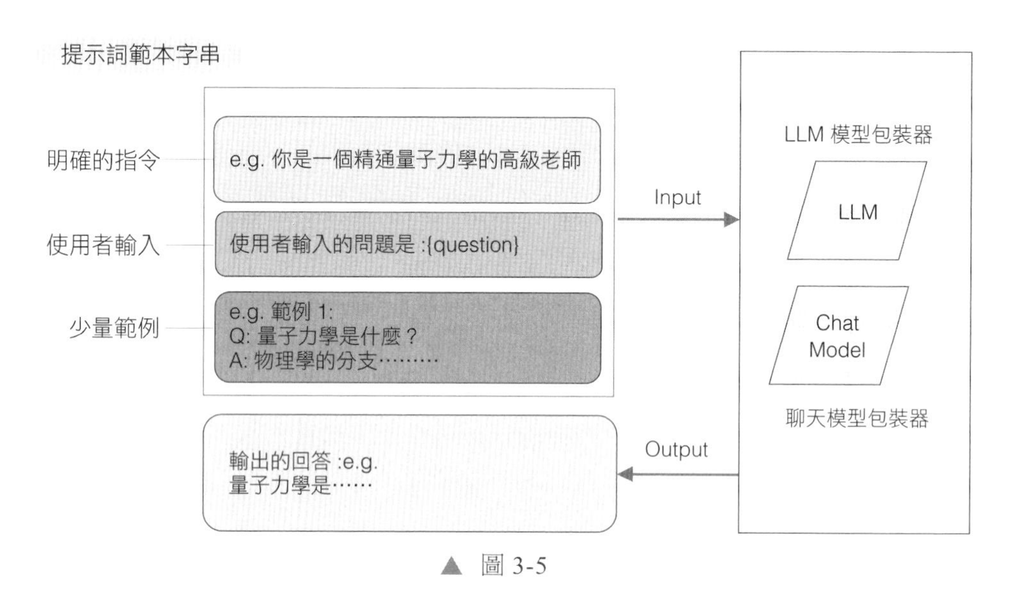

▲ 圖 3-5

透過靈活使用這些元素建立新的提示詞範本，可以更有效地利用大型語言模型的能力，提高其在各種應用場景下的表現。

提示詞範本可批次生成提示詞，它可以接收開發者對任務的描述文字，也可以接收使用者輸入的一系列參數。比如，要給公司的產品取一個好聽的名字，使用者輸入的是產品的品類名稱，如「襪子」「毛巾」，然而我們並不需要為每一個品類都撰寫一個提示詞，使用提示詞範本，根據使用者輸入的不同品類名稱生成對應的提示詞即可：「請給公司的 { 品類名稱 }，取一個簡單且容易傳播的產品名字」。

提示詞範本的職責就是根據大型語言模型平臺的 API 類型，包裝並生成適合的提示詞。為了滿足不同類型模型平臺底層 API 的需求，提示詞範本提供了 format 方法和 format_prompt 方法，輸出可以是字串、訊息串列，以及 ChatPromptValue 形式。比如對於需要輸入字串的 LLM 模型包裝器，提示詞範本會使用 to_string 方法將提示詞轉化為一個字串。而對於需要輸入訊息串列的聊天模型包裝器，提示詞範本則會使用 to_messages 方法將提示詞轉化為一個訊息串列。

總的來說，提示詞範本就是一種能夠產生動態提示詞的包裝器，開發者將資料登錄包裝器，經過包裝後，輸出的是調配各個模型平臺的提示詞。

3.3.2 提示詞範本的輸入和輸出

如前所述，提示詞範本是一個輸入資料並輸出提示詞的包裝器，那麼開發者可以向它輸入什麼樣的資料呢？具體的輸出又是什麼樣的呢？本節將重點介紹。

提示詞範本的輸入

開發者向提示詞範本輸入的資料可以有很多來源，根據來源不同，可分為內部資料和外部資料。

內部資料是指那些已經被 LangChain 框架封裝好的資料，以及開發者寫的範例和需求描述文字（圖 3-5 中的「明確的指令」和「少量範例」）。比如，LangChain 的許多 Agent 和 Chain 實例物件都內建了自己的提示詞。這些提示詞都被預先定義在原始程式 prompt.py 檔案中，使用時直接匯入即可，例如可以匯入預製的 API_RESPONSE_ PROMPT，它是引導模型根據 API 回應回答使用者問題的提示詞，匯入方式如下：

```
from langchain.chains.api.prompt import API_RESPONSE_PROMPT
```

API_RESPONSE_PROMPT 在原始程式中的定義如下：

```
API_RESPONSE_PROMPT_TEMPLATE = (
API_URL_PROMPT_TEMPLATE
+ """ {api_url}

Here is the response from the API:

{api_response}

Summarize this response to answer the original question.

Summary:"""
)

API_RESPONSE_PROMPT = PromptTemplate(
input_variables=["api_docs", "question", "api_url", "api_response"],
template=API_RESPONSE_PROMPT_TEMPLATE,
)
```

匯入 API_RESPONSE_PROMPT 後，格式化外部輸入變數，將提示詞提交給模型平臺的 API：

```
from langchain.chains.api.prompt import API_RESPONSE_PROMPT
prompt= API_RESPONSE_PROMPT.format(api_docs="",question="",
api_url="", api_response="")
```

建構複雜的提示詞就像蓋房子，LangChain 的提示詞範本做了「蓋房子」的基建工程，比如內建的提示詞範本不僅可以解決大多數的業務需求，還可以檢查資料格式、規劃提示詞結構、格式化提示詞等。這些基建工程通常用於描述模型的任務，或用於指示模型的行為。

外部資料則是開發者自由增加的資料，這些資料可以來自各種通路。最主要的外部資料有使用者的輸入、使用者和模型的歷史聊天記錄，以及開發者為模型增加的外部知識庫資料、程式執行的上下文管理資訊。舉例來說，開發者可以收集並使用歷史聊天記錄，這些歷史聊天記錄可以幫助模型理解之前的對話上下文，從而生成更加連貫和有用的回答。開發者也可以使用使用者的輸入，這些輸入被填充到範本佔位字串中，可以幫助模型理解使用者的需求，從而生成更加符合使用者期望的回答。此外，開發者還可以撰寫自己的範例文字，或匯入外部的文件部分，這些範例文字和文件部分可以幫助大型語言模型理解任務需求，增加大型語言模型的「腦容量」和「記憶時長」，從而生成更加高品質的回答。

圖 3-6 是一個典型的加入外部資料的提示詞範本，它服務於 RAG 任務。RAG 主要採用外部的知識庫文件，將其插入提示詞範本字串中，讓模型學習可能包含答案的上下文內容，模型學習了這些知識庫文件後，生成答案的精確度將提升。2023 年，AI 創新領域常見的實踐應用就是透過 RAG 提升機器人的回答品質。在 LangChain 框架中，通常用 context 代表檢索到的相關文件內容，比如圖 3-6 中的節點① {docs[i]}，另外節點②是跟模型包裝器互動過一次後生成的答案，也作為提示詞的「中間答案」，最終形成節點③的提示詞。

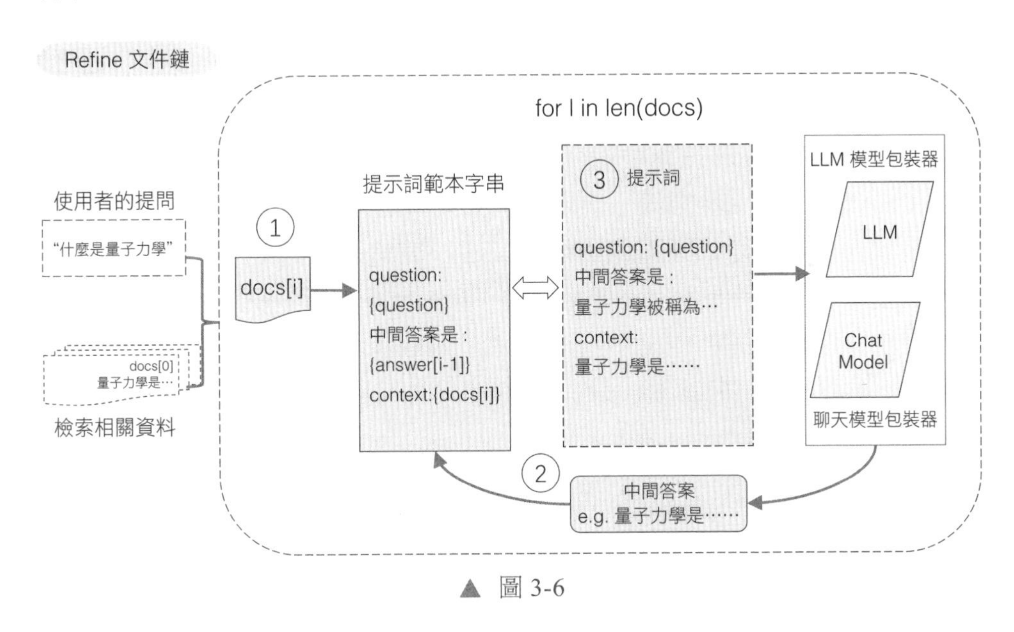

▲ 圖 3-6

在圖 3-6 中，節點①和節點②注入提示詞範本的資料即外部資料。更加複雜的 RAG 場景中還會加入歷史聊天記錄，聊天記錄也是一種外部資料。

總的來說，無論是內部資料還是外部資料，都是供提示詞範本包裝器生成更好提示詞的，從而可以開發出更加強大的大型語言模型應用。建構提示詞的過程就是一項「提示詞工程」。

提示詞範本的輸出

在 LangChain 中，提示詞範本輸出的是適用於各種模型平臺 API 類型的提示詞。舉例來說，LLM 類型 API 接收的輸入是一個字串，而 Chat 類型 API 接收的是一個訊息串列。如果你使用 GPT-4 模型，那麼你就需要準備一個訊息串列提示詞，而 ChatPromptTemplate 包裝器輸出的就是符合 GPT-4 模型要求的提示詞。同模型包裝器的分類一樣，提示詞範本包裝器也分為 PromptTemplate 包裝器和 ChatPromptTemplate 包裝器兩類。

PromptTemplate 包裝器可以輸出一個字串類型的提示詞。這個字串可能包含一些特定的任務描述、使用者問題，或其他的上下文資訊，它們都被整合在一起，組成了一個完整的、用於引導模型生成預期輸出的提示詞。字串類型提示詞如下：

```
' You are a helpful assistant that translates English to French '
```

ChatPromptTemplate 包裝器可以生成一個訊息串列格式的提示詞。模型平臺的 Chat 類型 API 通常需要一個訊息串列作為輸入，在這種情況下，這種包裝器將建構出一個包含多個訊息物件的提示詞。每個訊息物件都代表一筆訊息，它可能是一個使用者問題、一個 AI 回答，或一行系統指令。這些訊息被組織在一起，形成了一個清晰的對話流程，用於引導模型完成複雜的對話任務。訊息串列格式的提示詞如下：

```
[
    SystemMessage(
        content=(
            'You are a helpful assistant that translates English '
            'to French.'
        ),
        additional_kwargs={}
    ),
    HumanMessage(
        content='I love programming.',
        additional_kwargs={}
    )
]
```

無論使用哪種類型的 API，只要選擇對應的提示詞範本包裝器，就可以輕鬆生成符合 API 要求的提示詞，這極大地簡化了建構提示詞的過程，使得開發者可以將更多的精力放在最佳化業務邏輯上，而無須手動處理複雜的資料轉換和格式化工作。

3.3.3 使用提示詞範本建構提示詞

LangChain 提供了一套內建的提示詞範本，這些範本可以用來生成各種任務提示詞。在一些基礎和通用的場景中，使用內建範本可能就足夠了，但在一些特定和複雜的場景中，可能需要建立自訂範本。這裡介紹最常見的使用 LangChain 內建範本來建構提示詞的方法。

PromptTemplate 包裝器

PromptTemplate 是 LangChain 提示片語件中最核心的類別，建構提示詞的步驟本質上是實例化這個類別的過程。這個類別被實例化為物件，在 LangChain 的各個鏈元件中被呼叫。

在實例化 PromptTemplate 類別時，兩個關鍵參數是 template 和 input_variables。只需要準備好這兩個參數就可以實例化一個基礎的 PromptTemplate 類別，生成結果就是一個 PromptTemplate 物件，即一個 PromptTemplat 包裝器。

```
from langchain import PromptTemplate
template = """
You are an expert data scientist with an expertise in building deep learning
models.
Explain the concept of {concept} in a couple of lines
"""
# 實例化 PromptTemplate：
prompt = PromptTemplate(template=template, input_variables=["concept"])
```

值得注意的是，PromptTemplate 包裝器接收內部資料（實例化時定義的 template 和 input_variables）和外部資料（執行鏈時傳遞的資料），在使用鏈元件呼叫時，外部資料（使用者輸入）是透過鏈元件傳遞的，而非直接傳遞給提示詞範本包裝器的。

如果不需要透過鏈元件進行呼叫，PromptTemplate 包裝器還提供了一些其他方法。舉例來說，format 方法可以將 PromptTemplate 包裝器的使用者輸入和範本字串的變數進行綁定，形成一個完整的提示詞，方便查看完整的提示詞內容，範例如下：

```
from langchain import PromptTemplate
template = """
You are an expert data scientist with an expertise in building deep
Learning models. Explain the concept of {concept} in a couple of lines
"""

# 實例化範本的第一種方式：
prompt = PromptTemplate(template=template, input_variables=["concept"])

# 實例化範本的第二種方式：
# prompt = PromptTemplate.from_template(template)
# 將使用者的輸入透過 format 方法嵌入提示詞範本，並且做格式化處理
final_prompt = prompt.format(concept="NLP")
```

列印 final_prompt 提示詞，結果如下：

```
'\nYou are an expert data scientist with an expertise in building deep learning
models. \nExplain the concept of NLP in a couple of lines\n'
```

建立提示詞範本主要涉及兩個要求：

需要有一個 input_variables 屬性，這個屬性指定了提示詞範本期望的輸入變數。這些輸入變數生成提示詞需要的資料，比如在以上範例中，輸入變數就是 {concept}。

如果不想顯式指定輸入變數，還可以使用 from_template 方法，見上述程式中的第二種方式。這個方法接收與預期的 input_variables 對應的關鍵字參數，並傳回格式化的提示詞。在上面的範例中，from_template 方法實例化範本，format 方法接收 concept="NLP" 作為輸入，並傳回格式化後的提示詞。

PromptTemplate 包裝器可以被鏈元件呼叫，也可以呼叫其他方法（結合外部使用者輸入和內部定義的關鍵參數），最終的結果是實現內部資料和外部資料的整合，形成一個完整的提示詞。

ChatPromptTemplate 包裝器

ChatPromptTemplate 包裝器與 PromptTemplate 包裝器不同，ChatPrompt Template 包裝器建構的提示詞是訊息串列，支援輸出 Message 物件。LangChain 提供了內建的聊天提示詞範本（ChatPromptTemplate）和角色訊息提示詞範本。角色訊息提示詞範本包括 AIMessagePromptTemplate、SystemMessagePrompt Template 和 HumanMessage PromptTemplate 這 3 種。

無論看起來多麼複雜，建構提示詞的步驟都是通用的，將內建的範本類別實例化為包裝器物件，用包裝器來格式化外部的使用者輸入，呼叫類別方法輸出提示詞。

下面我們將上一個範例改造為使用 ChatPromptTemplate 包裝器建構提示詞的範例。先匯入內建的聊天提示詞範本和角色訊息提示詞範本：

```
from langchain.prompts import (
    ChatPromptTemplate,
    PromptTemplate,
    SystemMessagePromptTemplate,
    AIMessagePromptTemplate,
    HumanMessagePromptTemplate,
)
```

改造想法是生成人類訊息和系統訊息類型的提示詞物件，將 SystemMessage PromptTemplate 類別和 HumanMessagePromptTemplate 類別實例化為包裝器，再實例化 ChatPromptTemplate 類別，將前面兩個物件作為參數傳遞給 ChatPromptTemplate 類別實例化後的包裝器，呼叫其 from_messages 方法生成訊息串列提示詞包裝器實例。

先使用 from_template 方法實例化 SystemMessagePromptTemplate 類別和 Human MessagePromptTemplate 類別，傳入定義的 template 範本字串，得到人類訊息範本物件和系統訊息範本物件：

```
from langchain import PromptTemplate

template = """
You are an expert data scientist
with an expertise in building deep learning models.
"""
system_message_prompt =
    SystemMessagePromptTemplate.from_template(template)
human_template="Explain the concept of {concept} in a couple of lines"
human_message_prompt = \
HumanMessagePromptTemplate.from_template(human_template)
```

將上述兩個範本物件作為參數傳入 from_messages 方法，轉化為 ChatPrompt Template 包裝器：

```
chat_prompt=ChatPromptTemplate.from_messages(
[system_message_prompt,
human_message_prompt])
```

列印結果，如下：

```
ChatPromptTemplate(
    input_variables=['concept'],
    output_parser=None,
    partial_variables={},
    messages=[
        SystemMessagePromptTemplate(
            prompt=PromptTemplate(
                input_variables=[],
                output_parser=None,
                partial_variables={},
                template=(
                    '\nYou are an expert data scientist with an expertise '
                    'in building deep learning models. \n'
                ),
                template_format='f-string',
                validate_template=True
            ),
            additional_kwargs={}
```

```
        ),
        HumanMessagePromptTemplate(
            prompt=PromptTemplate(
                input_variables=['concept'],
                output_parser=None,
                partial_variables={},
                template=(
                    'Explain the concept of {concept} in a couple of lines'
                ),
                template_format='f-string',
                validate_template=True
            ),
            additional_kwargs={}
        )
    ])
```

最後使用包裝器的 format 方法將使用者輸入傳入包裝器，組合為完整的提示詞：

```
chat_prompt.format_prompt(concept="NLP")
```

呼叫 format_prompt 方法，獲得的是 ChatPromptValue 物件：

```
ChatPromptValue(messages=[SystemMessage(content='\nYou are an expert data
scientist with an expertise in building deep learning models. \n',
additional_kwargs={}), HumanMessage(content='Explain the concept of NLP
in a couple of lines', additional_kwargs={}, example=False)])
```

ChatPromptValue 物件中有 to_string 方法和 to_messages 方法。呼叫 to_messages 方法：

```
chat_prompt.format_prompt(concept="NLP").to_messages()
```

結果如下：

```
[SystemMessage(content='\nYou are an expert data scientist with an expertise in
building deep learning models. \n', additional_kwargs={}),
HumanMessage(content='Explain the concept of NLP in a couple of lines', additional_
kwargs={}, example=False)]
```

呼叫 to_string 方法，結果如下：

```
'System: \nYou are an expert data scientist with an expertise in building deep
learning models. \n\nHuman: Explain the concept of NLP in a couple of lines'
```

值得一提的是，PromptTemplate 包裝器和 ChatPromptTemplate 包裝器在實現方式上存在差異，包括它們所使用的內建範本及實例化方法都有所不同。

PromptTemplate 包裝器的內建範本是 PromptTemplate 類別，而 ChatPrompt Template 包裝器的內建範本是 ChatPromptTemplate 類別。PromptTemplate 的實例化方法相對簡單，只需要傳遞 input_variables 和 template 參數後直接進行函數式呼叫或使用 from_template 的類別方法進行呼叫即可，比如：

```
PROMPT = PromptTemplate.from_template (template=template)
```

相比之下，ChatPromptTemplate 的實例化方法就複雜多了。它接收的參數是已經實例化的多個物件串列（如 system_message_prompt 和 human_message_prompt）。如果把 ChatPromptTemplate 實例化的物件視為「大包」，那麼傳入的包裝器就是「小包」，形成了一種「大包裝小包」的情況。此外，這個「大包」的實例化類別方法也與 PromptTemplate 不同，它使用的是 from_messages 方法，這個方法只接收訊息串列形式的參數，比以下面程式中的變數 messages：

```
messages = [
SystemMessagePromptTemplate.from_template(system_template),
HumanMessagePromptTemplate.from_template("{question}"),
]
CHAT_PROMPT = ChatPromptTemplate.from_messages(messages)
```

儘管存在差異，但 PromptTemplate 包裝器和 ChatPromptTemplate 包裝器的實例化仍有一定的通用規律，這些規律方便記憶和使用。以 format 為首碼的類別方法主要用於在實例化範本物件後將外部使用者輸入格式化並傳入物件內。如果是實例化 LLM 模型包裝器的內建範本物件，需要使用 format 方法，而實例化聊天模型包裝器的內建範本物件則使用 format_prompt 方法。

同理，以 from_ 為首碼的類別方法主要用於實例化內建範本物件。PromptTemplate 類別只能使用 from_template 方法，而 ChatPromptTemplate 類別則使用 from_messages 方法。

此外，為了實現這兩種類型的相互轉換，聊天模型包裝器使用 format_prompt 方法實例化範本物件，生成的物件符合 PromptValue 資料模式。所有傳回該資料模式的物件都包含以 to_ 為首碼的方法名稱，包括 to_string 方法和 to_messages 方法，分別用於匯出字串和包含角色的訊息串列。

3.3.4 少樣本提示詞範本

少樣本提示是一種基於機器學習的技術，利用少量的樣本（即提示詞的範例部分）來引導模型對特定任務進行學習和執行。這些範例能讓模型理解開發者期望它完成的任務的類型和風格。在替定的任務中，這些提示通常包含問題（或任務描述）及相應的答案或解決方案。

舉例來說，如果希望一個大型語言模型能夠以某種特定的風格來回答使用者的問題，那麼可以給模型提供幾個已經按照這種風格撰寫好的問題和答案對。這樣，模型就能透過這些範例來理解期望的回答風格，並在處理新的使用者問題時盡可能地模仿這種風格。

OpenAI 的文件中也強調了這種技術的重要性。文件指出，儘管通常情況下，為所有範例提供適用的一般性指令比範例化所有任務更為高效，但在某些情況下，提供範例可能更為簡單，尤其是當你想讓模型複製一種難以明確描述的特定回應風格時。在這種情況下，「少樣本提示」能夠透過少量的範例，幫助模型理解並複製這種特定的回應風格，從而大大提高模型的使用效率和效果。

FewShotPromptTemplate 類別與 PromptTemplate 類別

FewShotPromptTemplate 是 LangChain 內建的少樣本提示詞範本類別，其獨特之處在於支援動態增加範例和選擇範例。這樣，範例在提示詞中就不再是固定的，而是可以動態變化的，能夠適應不同的需求。這符合 OpenAI 文件中的建議，LangChain 也認為這個內建範本是必須有的，它可以為開發者節約大量的時間。另外，LangChain 還封裝了範例選擇器，以支援這種範本的動態化。

透過觀察 FewShotPromptTemplate 類別的原始程式，可以看到它如何實現這種動態化。這個類別繼承自 PromptTemplate 類別，它的實例化方法和 PromptTemplate 類別完全一樣。然而，FewShotPromptTemplate 類別在參數上多了一些內容，例如 examples（範例）和 example_selector（範例選擇器），這些參數可以在實例化範本物件時增加範例，或在執行時期動態選擇範例。

即使這個類別中增加了一些新的特性，但它的使用方式仍然和 PromptTemplate 類別一樣。如果你想要在鏈元件上使用它，那麼只需要像使用 PromptTemplate 類別一樣使用即可。實際上，FewShotPromptTemplate 類別只是給實例化範本物件增加了更多的外部資料，即範例，並沒有改變使用方式。

如果你想引導模型得到更好的結果，可以更多地使用 FewShotPromptTemplate 類別，因為它在 PromptTemplate 類別的基礎上增加了範例功能。正如前面所說的，增加範例的提示詞會引導模型生成更準確的回答。

PromptTemplate 類別和 FewShotPromptTemplate 類別都是 LangChain 的內建提示詞範本類別，但它們有一些重要的區別。

PromptTemplate 類別是一種基本的提示詞範本，它接收一個包含變數的範本字串和一個串列，範例如下：

```
example_prompt=PromptTemplate(input_variables=["input","output"],
    template="""
詞語： {input}\n
反義詞： {output}\n
"""
)
```

template 是一個包含兩個變數 {input} 和 {output} 的範本字串，而 input_variables 是一個包含這兩個變數名稱的串列。PromptTemplate 物件可以用來生成提示詞，例如透過呼叫 example_prompt.format(input=" 好 ", output=" 壞 ") 可以生成提示詞「\n 詞語 : 好 \n\n 反義詞 : 壞 \n\n」。

FewShotPromptTemplate 類別提供了更高級的功能，不僅繼承了 PromptTemplate 類別的所有屬性和方法，還增加了一些新的參數來支援少樣本範例：

```
few_shot_prompt = FewShotPromptTemplate(
  examples=examples,
  example_prompt=example_prompt,
  example_separator="\n",
  prefix="來玩個反義詞接龍遊戲，我說詞語，你說它的反義詞\n",
  suffix="詞語：{input}\n反義詞：",
  input_variables=["input"],
)
```

在這個範例中，examples 是範例串列，example_prompt 是用於格式化串列中範例的 PromptTemplate 物件。而 prefix 和 suffix 則組成了用於生成最終提示詞的範本，其中 suffix 還接收使用者的輸入。這種設計使得 FewShotPromptTemplate 類別可以在舉出指導和接收使用者輸入的同時，還能展示一系列的範例。

可以看到，FewShotPromptTemplate 類別的 prefix 和 suffix 參數的組合實際上等價於 PromptTemplate 類別的 template 參數，因此它們的目的和作用是一樣的。然而，FewShotPromptTemplate 類別提供了更高的靈活性，因為它允許在提示詞中增加範例。這些範例可以是強制寫入在範本中的，也可以是動態選擇的，具體取決於是否提供了 ExampleSelector 物件。

總的來說，FewShotPromptTemplate 類別是 PromptTemplate 類別的擴展，它在保留了 PromptTemplate 類別所有功能的同時，還提供了對少樣本範例的支援，可以更方便地使用少樣本提示技術，而這種技術已經被證明能夠改善模型的性能。

少樣本提示詞範本的使用

要想使用少樣本提示詞範本，首先需要了解新參數。在 FewShotPromptTemplate 類別中，參數 example_selector、example_prompt、prefix 和 suffix 具有以下含義和使用方式。

example_selector 是一個 ExampleSelector 物件，用於選擇要被格式化的範例（這些範例被嵌入提示詞）。如果你想讓模型基於一組範例來生成響應，那麼你可以提供一個 ExampleSelector 物件，該物件會根據某種策略（例如隨機選擇、基於某種標準選擇等）從一組範例中選擇一部分。如果沒有提供 ExampleSelector 物件，那麼你應該直接提供一個範例串列（透過 examples 參數）。example_selector 是必填參數。

example_prompt 是一個 PromptTemplate 物件，用於格式化單一範例。當你提供了一組範例（無論是直接提供範例串列，還是提供 ExampleSelector 物件）後，FewShotPromptTemplate 類別會透過 example_prompt 來格式化這些範例，生成最終的提示詞。example_prompt 是必填參數。

前面說過，prefix 和 suffix 參數的組合實際上等價於 PromptTemplate 類別的 template 參數，因此它們的目的和作用是一樣的。其中 suffix 參數是必填的。

下面我們撰寫一個包含正反義詞的範例串列，少樣本提示詞範本需要傳入的 examples 參數的格式如下：

```
examples = [
    {"input": "高", "output": "矮"},
    {"input": "胖", "output": "瘦"},
    {"input": "精力充沛", "output": "萎靡不振"},
    {"input": "快樂", "output": "傷心"},
    {"input": "黑", "output": "白"},
]
```

假設現在的任務是讓模型進行反義詞接龍遊戲。在這個任務中，給模型一個詞，然後期望模型傳回這個詞的反義詞。我們需要提供一些範例，例如「高」的反義詞是「矮」，「胖」的反義詞是「瘦」，依此類推。像建構提示詞範本物件一樣，建構一個普通的 PromptTemplate 物件，用於格式化單一範例：

```
example_prompt=PromptTemplate(input_variables=["input","output"],
    template="""
詞語： {input}\n
反義詞： {output}\n
"""
)
```

呼叫 format 方法，填入 input 和 output 參數：

```
example_prompt.format(**examples[0])
# 列印的結果：'\n 詞語： 高 \n\n 反義詞： 矮 \n\n'
```

當你寫 example_prompt.format(**examples[0]) 時，**examples[0] 會將第一個字典的鍵值對解開，作為關鍵字參數傳遞給 format 方法，等價於 example_prompt.format (input=" 高 ", output=" 矮 ")，然後透過實例化 FewShotPromptTemplate 類別來設定提示詞範本：

```
few_shot_prompt = FewShotPromptTemplate(
  examples=examples,
  example_prompt=example_prompt,
  example_separator="\n",
  prefix=" 來玩個反義詞接龍遊戲，我說詞語，你說它的反義詞 \n",
  suffix=" 現在輪到你了，詞語： {input}\n 反義詞： ",
  input_variables=["input"],
)
few_shot_prompt.format(input=" 好 ")
```

需要為模型設定一些標準的範例（examples），以幫助模型理解任務需求。接下來，實例化一個 FewShotPromptTemplate 類別，然後傳入範例。example_prompt 是一個 PromptTemplate 物件，用於格式化單一範例。還要設定一個首碼（prefix=" 來玩個反義詞遊戲，我說詞語，你說它的反義詞 \n"）和一個尾碼（suffix=" 詞語：{input}\n 反義詞：")，這樣可以幫助建構一個結構清晰的提示詞文字：

```
' 來玩個反義詞接龍遊戲，我說詞語，你說它的反義詞
詞語： 高
反義詞： 矮

詞語： 胖
反義詞： 瘦

詞語： 精力充沛
反義詞： 萎靡不振

```

```
詞語： 快樂
反義詞： 傷心

詞語： 黑
反義詞： 白'
```

可以看到，上述範例仍然使用 FewShotPromptTemplate 類別的函數式呼叫方法來實例化物件。執行程式，看看模型能否正確地生成期望的結果。舉例來說，如果輸入「冷」，模型就應該傳回「熱」，這就是我們期望看到的結果。

```
from langchain.llms import OpenAI
from langchain.chains import LLMChain
chain = LLMChain(llm=OpenAI(openai_api_key="這裡填入 OpenAI 的金鑰"),
prompt=few_shot_prompt)
chain.run("冷")
```

這段程式中首先實例化了一個 LLMChain 物件。這個物件是 LangChain 函數庫中的核心元件，可以視為一個執行鏈，它將各個步驟連接在一起，形成一個完整的執行流程。LLMChain 物件在實例化時需要兩個關鍵參數：一個是 llm，這裡使用了 OpenAI 提供的大型語言模型；另一個是 prompt，這裡傳入的是剛剛建立的 few_shot_ prompt 物件。

然後透過呼叫 LLMChain 物件的 run 方法來執行執行鏈。這個方法中傳入了一個字串「冷」，這個字串將作為輸入傳遞給 few_shot_prompt 物件。最後，模型傳回了「熱」，這就是我們期望看到的反義詞。

```
'熱'
```

範例選擇器

實際應用程式開發中面臨的情況常常很複雜，舉例來說，可能需要將一篇新聞摘要作為範例加入提示詞。更具挑戰性的是，還可能需要在提示詞中加入大量的歷史聊天記錄或從外部知識庫獲取的資料。然而，大型語言模型可以處理的字數是有限的。如果提供的每個範例都是一篇新聞摘要，那麼很可能會超過模型能夠處理的字數上限。

為了解決這個問題，LangChain 在 FewShotPromptTemplate 類別上設計了範例選擇器（Example Selector）參數。範例選擇器的作用是在傳遞給模型的範例中進行選擇，以確保範例的數量和內容長度不會超過模型的處理能力。這樣，即使有大量的範例，模型也能夠有效地處理提示詞，而不會因為範例過多或內容過長而無法處理。而且，嘗試適應所有範例可能會非常昂貴，尤其是在運算資源和時間上。

這就是範例選擇器能發揮作用的地方，它幫助選擇最適合的範例來提示模型。範例選擇器提供了一套工具，這些工具能基於策略選擇合適的範例，如根據範例長度、輸入與範例之間的 n-gram 重疊度來評估其相似度並評分，找到與輸入具有最大餘弦相似度的範例，或透過多樣性等因素來選擇範例，從而保持提示成本的相對穩定。

根據長度選擇範例是很普遍和現實的需求，下面我們介紹具體方法。3.3.4 節關於少樣本提示詞範本的範例程式裡沒有提供範例選擇器物件，而是透過 examples 參數直接提供了一個範例串列。本節範例提供 ExampleSelector 參數，使用範例選擇器，選擇根據長度選擇範例的 LengthBasedExampleSelector 類別，其他幾種策略工具類別 LangChain 都設計開發者可以直接匯入使用。

本節範例首先匯入 LangChain 的 LengthBasedExampleSelector 類別，其他均重複 3.3.4 節少樣本提示詞範本的程式。LengthBasedExampleSelector 類別是一個範例選擇器，用於根據指定的長度選擇範例。

```
from langchain.prompts.example_selector import LengthBasedExampleSelector
```

然後實例化一個 LengthBasedExampleSelector 物件，傳入之前定義的範例串列（examples）和範例提示詞範本（example_prompt），並設定最大長度（max_length）為 25。這表示範例選擇器將選擇那些長度不超過 25 的範例。

```
example_selector = LengthBasedExampleSelector(
  examples=examples,
  example_prompt=example_prompt,
  max_length=25,
)
```

接著建立一個 FewShotPromptTemplate 物件，傳入新建立的範例選擇器參數（example_selector）及其他參數，根據選擇器所選擇的範例來生成提示詞：

```
example_selector_prompt = FewShotPromptTemplate(
  example_selector=example_selector,
  example_prompt=example_prompt,
  example_separator="\n",
  prefix=" 來玩個反義詞接龍遊戲，我說詞語，你說它的反義詞 \n",
  suffix=" 現在輪到你了，詞語： {input}\n 反義詞： ",
  input_variables=["input"],
)
example_selector_prompt.format(input=" 好 ")
```

當呼叫 example_selector_prompt.format(input=" 好 ") 後，程式將根據 input 值和範例選擇器來生成一個提示詞：

```
' 來玩個反義詞接龍遊戲，我說詞語，你說它的反義詞 \n\n\n 詞語： 高 \n\n 反義詞： 矮 \n\n\n\n
詞語： 胖 \n\n 反義詞： 瘦 \n\n\n 現在輪到你了，詞語： 好 \n 反義詞： 壞 '
```

在結果中，我們發現並不是所有的範例都出現在了生成的提示詞中，這是因為設定的最大長度為「25」，一些過長的範例被選擇器過濾掉了。此時將最大長度參數改為「100」（max_length=100）：

```
example_selector = LengthBasedExampleSelector(
  examples=examples,
  example_prompt=example_prompt,
  max_length=100, # 將最大長度由 25 修改為 100
)
```

所有的範例都將被選擇，因為所有範例的長度都不超過「100」，結果如下：

```
[{'input': ' 高 ', 'output': ' 矮 '}, {'input': ' 胖 ', 'output': ' 瘦 '}, {'input': ' 精
力充沛 ', 'output': ' 萎靡不振 '}, {'input': ' 快樂 ', 'output': ' 傷心 '}, {'input': ' 黑 ',
'output': ' 白 '}]
```

這段程式展示了如何使用基於長度的範例選擇器（LengthBasedExample Selector）和少樣本提示詞範本（FewShotPromptTemplate）來建立複雜的提示

詞。這種方法可以有效地管理複雜的範例集，確保生成的提示詞不會因過長而被截斷。

範例選擇器是一種用於選擇需要在提示詞中包含什麼範例的工具。LangChain 中提供了多種範例選擇器，分別實現了不同的選擇策略。

1. 基於長度的範例選擇器（LengthBasedExampleSelector）：根據範例的長度來選擇範例。這在擔心提示詞長度可能超過模型處理視窗長度時非常有用。對於較長的輸入，它會選擇較少的範例，而對於較短的輸入，它會選擇更多的範例。

2. 最大邊際相關性選擇器（MaxMarginalRelevanceExampleSelector）：根據範例與輸入的相似度及範例之間的多樣性來選擇範例。透過找到與輸入最相似（即嵌入向量的餘弦相似度最大）的範例來迭代增加範例，同時對已選擇的範例進行懲罰。

3. 基於 n-gram 重疊度的選擇器（NGramOverlapExampleSelector）：根據範例與輸入的 n-gram 重疊度來選擇和排序範例。n-gram 重疊度是一個介於 0.0 和 1.0 之間的浮點數。該選擇器還允許設定一個設定值，重疊度低於或等於設定值的範例將被剔除。

4. 基於相似度的選擇器（SemanticSimilarityExampleSelector）：根據範例與輸入的相似度來選擇範例，透過找到與輸入最相似（即嵌入向量的餘弦相似度最大）的範例來實現。

LangChain 設計範例選擇器的目的是幫助開發者在面對大量範例時能夠有效地選擇最適合當前輸入的範例，以提升模型的性能和效率。對於上述範例選擇器，它們實例化參數的方式的確有所不同，但都需要在其中傳入基礎的參數，如 examples 和 example_prompt。根據範例選擇器的不同，還有一些額外的參數需要設定。

對於 LengthBasedExampleSelector，除了 examples 和 example_prompt，還需要傳入 max_length 參數來設定範例的最大長度：

```
example_selector = LengthBasedExampleSelector(
    examples=examples,
    example_prompt=example_prompt,
    max_length=25,
)
```

對於 MaxMarginalRelevanceExampleSelector，除了 examples，還需要傳入一個用於生成語義相似性測量的嵌入類別（OpenAIEmbeddings()），一個用於儲存嵌入類別和執行相似性搜尋的 VectorStore 類別（FAISS），並設定需要生成的範例數量（k=2）：

```
example_selector = MaxMarginalRelevanceExampleSelector.from_examples(
    examples,
    OpenAIEmbeddings(),
    FAISS,
    k=2,
)
```

對於 NGramOverlapExampleSelector，除了 examples 和 example_prompt，還要傳入一個 threshold 參數用於設定範例選擇器的停止設定值：

```
example_selector = NGramOverlapExampleSelector(
    examples=examples,
    example_prompt=example_prompt,
    threshold=-1.0,
)
```

對於 SemanticSimilarityExampleSelector，除了 examples，還需要傳入一個用於生成語義相似性測量的嵌入類別（OpenAIEmbeddings()），一個用於儲存嵌入類別和執行相似性搜尋的 VectorStore 類別（Chroma 或其他 VectorStore 類別均可），並設定需要生成的範例數量（k=1）。

```
example_selector = SemanticSimilarityExampleSelector.from_examples(
    examples,
    OpenAIEmbeddings(),
    Chroma,
    k=1
)
```

每種範例選擇器都有其獨特的參數設定方案，以滿足不同的範例選擇需求。參數設定雖然不一樣，但是使用方式基本一致：實例化後，透過 example_selector 參數傳遞給 FewShotPromptTemplate 類別。

應該注意的是，每一種範例選擇器都可以透過函數方式來實例化，或使用類別方法 from_examples 來實例化。比如 MaxMarginalRelevanceExampleSelector 類別使用類別方法 from_examples 來實例化，而 LengthBasedExampleSelector 類別則使用函數方式實例化。

3.3.5 多功能提示詞範本

LangChain 提供了極其靈活的提示詞範本方法和組合提示詞的方式，能滿足各種開發需求。在所有的方法中，基礎範本和少樣本提示詞範本是最基礎的，其他所有的方法都在此基礎上進行擴展。

LangChain 提供了一套預設的提示詞範本，可以生成適用於各種任務的提示詞，但是可能會出現預設提示詞範本無法滿足需求的情況。舉例來說，你可能需要建立一個帶有特定動態指令的提示詞範本。在這種情況下，LangChain 提供了很多不同功能的提示詞範本，支援建立複雜結構的提示詞範本。多功能提示詞範本包括 Partial 提示詞範本、PipelinePrompt 組合範本、序列化範本、組合特徵庫和驗證範本。

（1）Partial 提示詞範本功能

有時你可能會面臨一個複雜的設定或建構過程，其中某些參數在早期已知，而其他參數在後續步驟中才會知道。使用 Partial 提示詞範本可以幫助你逐步建構最終的提示詞範本，Partial 會先傳遞當前的時間戳記，最後剩餘的是使用者的輸入填充。Partial 提示詞範本適用於已經建立了提示詞範本物件，但是還沒有明確的使用者輸入變數的場景。LangChain 以兩種方式支援 Partial 提示詞範本：實例化物件的時候指定屬性值（partial_variables={"foo": "foo"}）；或得到一個實例化物件後呼叫 partial 方法。

```
prompt = PromptTemplate(template="{foo}{bar}", input_variables=["foo", "bar"])
partial_prompt = prompt.partial(foo="foo");
print(partial_prompt.format(bar="baz"))
```

這裡使用 Partial 提前傳遞了變數 foo 的值，模擬使用者輸入變數 bar 的值，最終的提示詞如下：

```
foobaz
```

可以透過 PipelinePrompt 組合範本來組合多個不同的提示詞，這在希望重用部分提示詞時非常有用：

```
full_template = """
{introduction}
{example}
{start}
"""
full_prompt = PromptTemplate.from_template(full_template)
input_prompts = [
    ("introduction", introduction_prompt),
    ("example", example_prompt),
    ("start", start_prompt)
]
pipeline_prompt=PipelinePromptTemplate(final_prompt=full_prompt,
pipeline_prompts=input_prompts)
```

（2）PipelinePrompt 組合範本功能

PipelinePromptTemplate 實例化的時候，將 pipeline_prompts 屬性設定成了一個包含 3 個範本物件的串列，並且設定了 final_prompt 屬性的範本字串。將這 3 個範本物件與範本字串整合為一個完整的提示詞物件。

（3）序列化範本功能

LangChain 支援載入 JSON 和 YAML 格式的提示詞範本，用於序列化和反序列化提示詞資訊。你可以將應用程式的提示詞範本儲存到 JSON 或 YAML 檔案中（序列化），或從這些檔案中載入提示詞範本（反序列化）。序列化範本功能可以讓開發者對提示詞範本進行共用、儲存和版本控制。

```
{
        "_type": "few_shot",
        "input_variables": ["adjective"],
        "prefix": "Write antonyms for the following words.",
        "example_prompt": {
            "_type": "prompt",
            "input_variables": ["input", "output"],
            "template": "Input: {input}\nOutput: {output}"
        },
        "examples": "examples.json",
        "suffix": "Input: {adjective}\nOutput:"
}
```

例如你有一個 JSON 檔案，裡面定義了實例化提示詞範本類別的參數：

```
prompt = load_prompt("few_shot_prompt.json")
print(prompt.format(adjective="funny"))
```

使用 load_prompt 方法可以很便利地利用外部檔案，建構自己的少樣本提示詞範本，如下：

```
Write antonyms for the following words.

    Input: happy
    Output: sad

    Input: tall
    Output: short

    Input: funny
Output:
```

（4）組合特徵庫功能

為了個性化大型語言模型應用，你可能需要將模型應用與特定使用者的最新資訊進行組合。特徵庫可以極佳地保持這些資料的新鮮度，而 LangChain 提供了一種方便的方式，可以將這些資料與大型語言模型應用進行組合，做法是從提示詞範本內部呼叫特徵庫，檢索值，然後將這些值格式化為提示詞。

（5）驗證範本功能

最後，PromptTemplate 類別會驗證範本字串，檢查 input_variables 是否與範本中定義的變數匹配。可以透過將 validate_template 設為 False 來禁用這種方式。這表示，如果你確信範本字串和輸入變數是正確匹配的，你可以選擇關閉這個驗證功能，以節省一些額外的計算時間。PromptTemplate 類別預設使用 Python f-string 作為範本格式，也支援其他範本格式，如 jinja2，可以透過 template_format 參數來指定。這表示，除了 Python 的 f-string 格式，你還可以選擇使用像 jinja2 這樣的更強大、更靈活的範本引擎，以適應更複雜的範本格式需求。

3.4 模型 I/O 功能之輸出解析器

在使用 GPT-4 或類似的大型語言模型時，一個常見的挑戰是如何將模型生成的輸出格式轉化為可以在程式中直接使用的格式。對於這個問題，通常使用 LangChain 的輸出解析器（OutputParsers）工具來解決。

雖然大型語言模型輸出的文字資訊可能非常有用，但應用與真實的軟體資料世界連接的時候，希望得到的不僅是文字，而是更加結構化的資料。為了在應用程式中展示這些結構化的資訊，需要將輸出轉為某種常見的資料格式。可以撰寫一個函數來提取輸出，但這並不理想。比如在模型指導提示詞中加上「請輸出 JSON 格式的答案」，模型會傳回字串形式的 JSON，還需要透過函數將其轉化為 JSON 物件。但是在實踐中常常會遇到異常問題，例如傳回的字串 JSON 無法被正確解析。

處理生產環境中的資料時，可能會遇到千奇百怪的輸入，導致模型的回應無法解析，因此需要增加額外的更新來進行異常處理。這使得整個處理流程變得更為複雜。

另外，大型語言模型目前確實存在一些問題，例如機器幻覺，這是指模型在理解或生成文字時會產生錯誤或誤解。另一個問題是為了顯得自己「聰明」而加入不必要的、冗長華麗的敘述，這可能會導致模型輸出過度詳細，顯得

「話癆」。這時你可以在提示詞的結尾加上「你的答案是：」，模型就不會「話癆」了。

在真實的開發環境中，開發者不僅希望獲取模型的輸出結果，還希望能夠對輸出結果進行後續處理，比如解析模型的輸出資料。

這就是為什麼在大型語言模型的開發中，結構化資料，如陣列或 JSON 物件，顯得尤為重要。結構化資料在軟體開發中起著至關重要的作用，它提高了資料處理的效率，簡化了資料的儲存和檢索，支援資料分析，並且有助提高資料品質。

結構化資料可以幫助開發者更進一步地理解和處理模型的輸出結果，比如透過解析輸出的 JSON 物件，可以得到模型的預測結果，而不僅是一個長文字字串。也可以根據需要對這些結果進行進一步的處理，例如提取關鍵資訊、進行資料分析等，這樣不僅可以得到模型的「直接回答」，還可以根據自己的需求進行訂製化的後續處理，比如傳遞給下一個任務函數，從而更進一步地利用大型語言模型。

3.4.1 輸出解析器的功能

輸出解析器具有兩大功能：增加提示詞範本的輸出指令和解析輸出格式。看到這裡你也許會感到很奇怪，解析輸出格式很好理解，但是輸出解析器跟提示詞範本有什麼關係呢？

確實，從名稱上看，輸出解析器（OutputParser）似乎與提示詞範本沒有關係，因為它聽起來更像用於處理和解析輸出的工具。然而實際上，輸出解析器是透過改變提示詞範本，即增加輸出指令，來指導模型按照特定格式輸出內容的。換句話說，原本的提示詞範本中不包含輸出指令，如果你想得到某種特定格式的輸出結果，就得使用輸出解析器。這樣做的目的是分離提示詞範本的輸入和輸出，輸出解析器會把增加「輸出指令」這件事做好。如果不要求模型按照特定的格式輸出結果，則保持原提示詞範本即可。

舉例來說，下面這個輸出指令要求模型輸出一系列用逗點分隔的值（CSV），即模型的答案中應該含有多個值，這些值之間用逗點分隔。

```
"Your response should be a list of comma separated values, "
            "eg: `foo, bar, baz`"
```

大型語言模型接收到這行指令並且進行意圖辨識後，回應的結果是使用逗點分隔的值（CSV）。你可以直接將這個指令寫入提示詞範本，也可以建構好提示詞範本後使用輸出解析器的預設指令。兩者的效果是等價的，區別在於親自寫還是使用預設指令，以及一起寫還是分開寫。

這些區別決定了 LangChain 輸出解析器的意義。輸出解析器的便利性表現在，你想要某種輸出格式時不需要手動寫入輸出指令，而是匯入預設的輸出解析器即可。除了預設大量的輸出指令，輸出解析器的 parse 方法還支援將模型的輸出解析為對應的資料格式。總的來說，輸出解析器已經寫好了輸出指令（注入提示詞範本的字串），也寫好了輸出資料的格式處理函數，開發者不需要「重複造輪子」。

LangChain 提供了一系列預設的輸出解析器，這些輸出解析器能夠針對不同的資料型態舉出合適的輸出指令，並將輸出解析為不同的資料格式。這些輸出解析器包括：

1. BooleanOutputParser：用於解析布林數值型態的輸出。
2. CommaSeparatedListOutputParser：用於解析以逗點分隔的串列類型的輸出。
3. DatetimeOutputParser：用於解析日期時間類型的輸出。
4. EnumOutputParser：用於解析列舉類型的輸出。
5. ListOutputParser：用於解析串列類型的輸出。
6. PydanticOutputParser：用於解析符合 Pydantic 大型語言模型需求的輸出。
7. StructuredOutputParser：用於解析具有特定結構的輸出。

還是拿剛才的以逗點分隔的串列類型的輸出指令舉例，我們來看看 LangChain 是如何撰寫輸出指令的。CommaSeparatedListOutputParser 類別的原始程式如下：

```
class CommaSeparatedListOutputParser(ListOutputParser):
    """Parse out comma separated lists."""

    def get_format_instructions(self) -> str:
        return (
            "Your response should be a list of comma separated values, "
            "eg: `foo, bar, baz`"
        )

    def parse(self, text: str) -> List[str]:
        """Parse the output of an LLM call."""
        return text.strip().split(", ")
```

從以上程式中可以很直觀地看到預設的輸出指令：

```
"Your response should be a list of comma separated values, "
            "eg: `foo, bar, baz`"
```

實例化CommaSeparatedListOutputParser類別之後，呼叫get_format_instructions()方法傳回上述字串。其實這個字串就是前面範例中用逗點分隔的輸出指令。同CommaSeparatedListOutputParse 輸出解析器一樣，其他幾種輸出解析器也按照不同的資料型態預設了相應的輸出指令，parse 方法內處理了不同類型的資料，這些都是 LangChain 造好的「輪子」。

3.4.2 輸出解析器的使用

輸出解析器的使用主要依靠提示詞範本物件的 partial 方法注入輸出指令的字串，主要的實現方式是利用 PromptTemplate 物件的 partial 方法或在實例化 PromptTemplate 物件時傳遞 partial_variables 參數。這樣做可以提高程式的靈活性，使得提示詞的預留位置變數可以根據需要動態增加或減少。使用這種方式可為提示詞範本增加輸出指令，指導模型輸出。

具體操作是，首先使用 output_parser.get_format_instructions() 獲取預設的輸出指令，然後在實例化 PromptTemplate 類別時將 format_instructions 作為 partial_variables 的一部分傳入，如此便在原有的提示詞範本中追加了 format_instructions 變數，這個變數是輸出指令字串。

以下是相關的範例程式：

```
format_instructions = output_parser.get_format_instructions()
prompt = PromptTemplate(
    template="List five {subject}.\n{format_instructions}",
    input_variables=["subject"],
    partial_variables={"format_instructions": format_instructions}
)
```

在這段程式中，PromptTemplate 的範本字串 template 中包含兩個預留位置變數 {subject} 和 {format_instructions}。在實例化 PromptTemplate 物件時，除了要傳入 input_variables=["subject"] 參數，還要透過 partial_variables={"format_instructions": format_instructions} 參數預先填充 {format_instructions} 變數，這樣就成功地為提示詞範本增加了輸出解析器所提供的輸出指令。

現在透過下面的範例完成輸出解析器的兩大功能：增加輸出指令和解析輸出格式，同時展示如何將輸出解析器運用到鏈元件上。

首先，採用 CommaSeparatedListOutputParser 輸出解析器：

```
from langchain.output_parsers import CommaSeparatedListOutputParser
from langchain.prompts import PromptTemplate
from langchain.llms import OpenAI
output_parser = CommaSeparatedListOutputParser()
```

然後，使用 output_parser.get_format_instructions() 方法獲取預設的格式化輸出指令。這個字串輸出指令會指導模型如何將輸出格式化為以逗點分隔的訊息串列。接下來，建立一個 PromptTemplate 提示詞範本物件：

```
format_instructions = output_parser.get_format_instructions()
prompt = PromptTemplate(
    template="List five {subject}.\n{format_instructions}",
```

```
    input_variables=["subject"],
    partial_variables={"format_instructions": format_instructions}
)
```

這個提示詞範本中定義了一個字串範本，其中包含兩個預留位置變數 {subject} 和 {format_instructions}。{subject} 是希望模型產生的串列主題，例如「ice cream flavors」，而 {format_instructions} 是從輸出解析器中獲取的預設的輸出指令。這裡引入 OpenAI 的 LLM 模型包裝器。

列印 format_instructions 的結果，內容是「Your response should be a list of comma separated values, eg: `foo, bar, baz`」。

```
from langchain.chains import LLMChain

chain = LLMChain(
    llm=OpenAI(
        openai_api_key=" 填入 OpenAI 的金鑰 "
    ),
    prompt=prompt
)
```

將 subject 的值設為 ice cream flavors，然後呼叫 prompt.format(subject="ice cream flavors") 方法，傳回一個完整的提示詞字串，包含指導模型產生 5 種霜淇淋口味的指令。

匯入 LLMChain 鏈元件，為 OpenAI 模型類別設定金鑰，將 PromptTemplate 類別實例化後的物件傳入 LLMChain 鏈：

```
output = chain("ice cream flavors")
```

執行這個鏈得到的是一個 JSON 物件，output['text'] 是模型回答的字串，然後呼叫輸出解析器的 parse() 方法將這個字串解析為一個串列。由於輸出解析器是 CommaSeparatedListOutputParser，所以它會將模型輸出的以逗點分隔的文字解析為串列。

```
output_parser.parse(output['text'])
```

最後得到的結果是一個包含 5 種霜淇淋口味的串列，代表口味的值用逗點隔開：

```
['Vanilla',
 'Chocolate',
 'Strawberry',
 'Mint Chocolate Chip',
 'Cookies and Cream']
```

3.4.3 Pydantic JSON 輸出解析器

PydanticOutputParser 輸出解析器可以指定 JSON 資料格式，並指導 LLM 輸出符合開發者需求的 JSON 格式資料。

可以使用 Pydantic 來宣告資料模式。Pydantic 的 BaseModel 就像一個 Python 資料類別，但它具有實際的類型檢查和強制轉換功能。

下面是最簡單的 Pydantic JSON 輸出解析器範例程式，匯入 OpenAI 模型包裝器和提示詞範本包裝器：

```
from langchain.prompts import (PromptTemplate)
from langchain.llms import OpenAI
```

匯入 PydanticOutputParser 類別：

```
from langchain.output_parsers import PydanticOutputParser
from pydantic import BaseModel, Field, validator
from typing import List
```

這裡使用 LLM 模型包裝器，實現與機器人的對話：

```
model = OpenAI(openai_api_key =" 填入你的金鑰 ")
```

定義資料結構 Joke，實例化 PydanticOutputParser 輸出解析器，將該輸出解析器預設的輸出指令注入提示詞範本：

```
# 定義所需的資料結構
class Joke(BaseModel):
  setup: str = Field(description="question to set up a joke")
  punchline: str = Field(description="answer to resolve the joke")

  # 使用 Pydantic 輕鬆增加自訂的驗證邏輯
  @validator("setup")
  def question_ends_with_question_mark(cls, field):
    if field[-1] != "?":
      raise ValueError("Badly formed question!")
    return field

# 建立一個用於提示 LLM 生成資料結構的查詢
joke_query = "Tell me a joke."

# 設定一個輸出解析器，並將指令注入提示詞範本
parser = PydanticOutputParser(pydantic_object=Joke)

prompt = PromptTemplate(
  template="Answer the user query.\n{format_instructions}\n{query}\n",
  input_variables=["query"],
  partial_variables={"format_instructions":
      parser.get_format_instructions()},
)

_input = prompt.format_prompt(query=joke_query)

output = model(_input.to_string())

parser.parse(output)
```

將使用者輸入「ice cream flavors」綁定到提示詞範本的 query 變數上，使用 LLM 模型包裝器與模型平臺進行互動。將該輸出解析器預設的輸出指令綁定到提示詞範本的 format_instructions 變數上：

```
_input = prompt.format(subject="ice cream flavors")
output = model(_input)
```

呼叫輸出解析器的 parse 方法，將輸出解析為 Pydantic JSON 格式：

```
output_parser.parse(output)
```

最終的結果是符合 Joke 定義的資料格式：

```
Joke(setup='Why did the chicken cross the road?', punchline='To get to the other side!')
```

3.4.4 結構化輸出解析器

OutputParsers 是一組工具，其主要目標是處理和格式化模型的輸出。它包含了多個部分，但對實際的開發需求來說，其中最關鍵的部分是結構化輸出解析器（StructuredOutputParser）。這個工具可以將模型原本傳回的字串形式的輸出，轉化為可以在程式中直接使用的資料結構。特別要指出的是，透過定義輸出的資料結構，提示詞範本中加入了包含這個定義的輸出指令，讓模型輸出符合該定義的資料結構。本質上來說就是透過告訴模型態資料結構定義，要求模型舉出一個符合該定義的資料，不再僅是一句話的回答，而是抽象的資料結構。

使用結構化輸出解析器時，首先需要定義所期望的輸出格式。輸出解析器將根據這個期望的輸出格式來生成模型提示詞，從而引導模型產生所需的輸出，例如使用 StructuredOutputParser 來獲取多個欄位的傳回值。儘管 Pydantic/JSON 解析器更強大，但在早期實驗中，選擇的資料結構只包含文字欄位。

首先從 LangChain 中匯入所需的類別和方法：

```
from langchain.output_parsers import (
    StructuredOutputParser, ResponseSchema
)
from langchain.prompts import (
    PromptTemplate, ChatPromptTemplate,
    HumanMessagePromptTemplate
)
from langchain.llms import OpenAI
from langchain.chat_models import ChatOpenAI
```

然後定義想要接收的回應模式：

```
response_schemas = [
    ResponseSchema(
        name="answer",
        description="answer to the user's question"
    ),
    ResponseSchema(
        name="source",
        description=(
            "source used to answer the user's question, "
            "should be a website."
        )
    )
]

output_parser = \
StructuredOutputParser.from_response_schemas(response_schemas)
```

接著獲取一個 format_instructions，包含將回應格式化的輸出指令，然後將其插入提示詞範本：

```
format_instructions = output_parser.get_format_instructions()

prompt = PromptTemplate(
    template=(
        "answer the users question as best as possible.\n"
        "{format_instructions}\n{question}"
    ),
    input_variables=["question"],
    partial_variables={
        "format_instructions": format_instructions
    }
)

model = OpenAI(openai_api_key =" 填入你的金鑰 ")
_input = prompt.format_prompt(question="what's the capital of france?")
output = model(_input.to_string())
output_parser.parse(output)
```

傳回結果如下：

```
{'answer': 'Paris', 'source': '請參考本書程式倉庫 URL 映射表，找到對應資源://www.
worldatlas.com/articles/what-is-the-capital-of-france.html'}
```

接下來是一個在聊天模型包裝器中使用這個方法的範例：

```
chat_model = ChatOpenAI(openai_api_key =" 填入你的金鑰 ")

prompt = ChatPromptTemplate(
    messages=[
        HumanMessagePromptTemplate.from_template(
            "answer the users question as best as possible.\n"
            "{format_instructions}\n{question}"
        )
    ],
    input_variables=["question"],
    partial_variables={
        "format_instructions": format_instructions
    }
)

_input = prompt.format_prompt(question="what's the capital of france?")
output = chat_model(_input.to_messages())
output_parser.parse(output.content)  # 多包一層 content
```

傳回結果如下：

```
{'answer': 'Paris', 'source': '請參考本書程式倉庫 URL 映射表，找到對應資源://
en.wikipedia.org/wiki/Paris'}
```

這就是使用 PromptTemplate 和 StructuredOutputParser 來格式化和解析模型輸入及輸出的完整過程。

第 4 章 資料增強模組

在這一章，將主要探討如何在 LangChain 框架中連接外部的資料，即資料增強模組（Data Connection）。我們的生活周圍充斥著各種各樣的資料，例如本地的文件、網頁上的知識、企業內部的知識庫、各類研究報告、軟體資料庫以及聊天的歷史記錄等。這些資料，無論是廣泛的網際網路資料，還是具有特定價值的企業內部資料，都是建構和最佳化大型語言模型的重要資源。

4.1 資料增強模組的相關概念

但是你可能會問，既然已經有了強大的大型語言模型，例如 OpenAI 的 GPT-4，為什麼還需要連接外部的資料呢？原因其實很簡單，那就是大型語言模型的「知識」是有限的。以 OpenAI 的 GPT-4 為例，它的資料集只訓練到 2023 年 4 月份，也就是說，這個時間之後的資料並沒有被模型學習和理解。所以，到 2023 年下半年，仍會看到 ChatGPT 在其介面上提示：ChatGPT 可能會產生關於人、地點或事件的不準確資訊。這是因為模型在訓練資料集之外的知識領域中，其預測能力是受限的。

除此之外，還需要個性化的知識，比如企業的內部知識。想像一下，如果你有一個企業，你可能希望你的聊天機器人能夠理解和回答一些關於你的產品或服務的具體問題，這些問題的答案往往需要依賴於你的企業內部的專有知識。大型語言模型無法直接存取這些知識，因此需要將這些知識以某種方式連接到大型語言模型。

連接外部資料不僅可以填補大型語言模型的「知識」缺失，而且還能讓開發的應用程式更加「可靠」。當模型需要回答一個問題時，它可以根據真實的外部資料進行回答，而非僅依賴於它在訓練時學習的知識。舉例來說，當詢問模型「2023 年的新冠病毒疫苗有哪些副作用？」時，模型可以根據最新的醫學研究報告來提供答案，而非依賴於它在兩年前學習的可能已經過時的知識進行回答。

這些大型語言模型不僅需要連接外部的資料，填補缺失的「知識」，同時還受到了提示詞的限制。正如我們在說明模型 I/O 的提示詞範本資料來源時提到的，建構好的提示詞範本需要依靠外部資料。然而，這種提示詞的字元數量是有限的，這就是我們所說的 Max Tokens 概念。

為了解決大型語言模型的這些限制問題，LangChain 設計了資料增強模組。設計這個模組的目的是檢索與使用者輸入的問題相關的外部資料，包括篩選相關問題和相關的文件。然後，這些相關資料會形成提示詞範本，提交給 LLM 或 Chat Model 類型的模型包裝器。這些模型包裝器封裝了各個大型語言模型平臺的底層 API，使得我們可以方便地與這些平臺進行互動，獲取大型語言模型平臺的輸出。

然而，載入了這些外部的文件資料後，我們經常希望對它們進行轉換以更進一步地適應應用程式。最簡單的例子是將一個長文件切割成多個較小的文件，避免文件長度超過 GPT-4 模型的 Max Tokens。為了實現這一目標，LangChain 框架提供了一系列內建的文件轉換器，這些文件轉換器可以對文件進行切割、組合、過濾等操作。舉例來說，可以使用這些轉換器將一個長篇的研究報告切割成一系列的小段落，每個小段落都可以作為一個獨立的輸入提交給模型。

4.1.1 LEDVR 工作流

資料增強模組是一個多功能的資料增強整合工具，我們可以方便地稱作 LEDVR（圖 4-1），其中，L 代表載入器（Loader），E 代表嵌入模型包裝器（Text Embedding Model），D 代表文件轉換器（Document Transformers），V 代表向量儲存庫（VectorStore），R 代表檢索器（Retriever）。

載入器負責從各種來源載入資料作為文件，其中文件是由文字和相關中繼資料組成的。無論是簡單的 .txt 檔案，還是任何網頁文字內容，載入器都可以將它們載入為文件。

嵌入模型包裝器是一個專為與各種文字嵌入模型（如 OpenAI、Cohere、Hugging Face 等）互動而設計的類別。它的作用與模型 I/O 模組的 LLM 模型包裝器和聊天模型包裝器一樣。

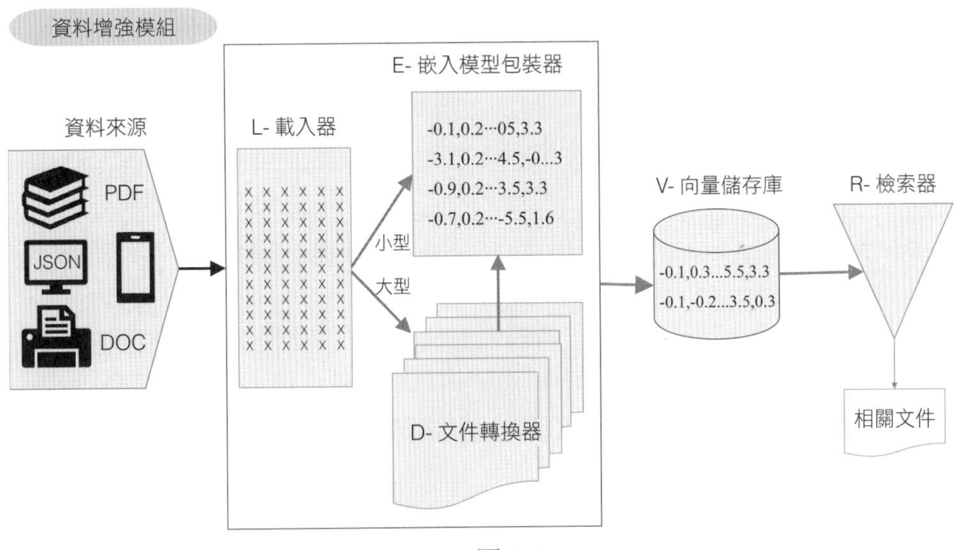

▲ 圖 4-1

文件轉換器主要用來對文件進行切割、組合、過濾等各種轉換。資料增強模組提供了一系列內建的文件轉換器。最常見的文件轉換是切割文件，舉例來說，將大型文件切割為小部分文件。文字切割器（RecursiveCharacterTextSplitter）是最常見的文件轉換工具。文件轉換器的目的是將載入的文件轉為可被嵌入模型包裝器操作的文件資料格式。

向量儲存庫是用於儲存和檢索嵌入向量的工具，處理的資料是透過模型平臺的文字嵌入模型（Text Embedding Model）轉換的向量資料，這是處理非結構化資料的一種常見方法。向量儲存庫負責儲存嵌入資料並執行向量檢索。在檢索時，可以嵌入非結構化查詢，以檢索與嵌入資料「最相似」的嵌入向量。

檢索器是一個介面，傳回非結構化查詢的文件。它比向量儲存庫更通用。檢索器無須儲存文件，只需要傳回（或檢索）文件。

下面以一個具體的程式範例來解析 LangChain 資料處理流程中的各個步驟。首先，使用載入器，建立一個 WebBaseLoader 實例，用於從網路載入資料。在這個例子中，載入的是一篇部落格文章。文件載入器讀取該網址的內容，並將其轉為一份文件資料。

```
from langchain.document_loaders import WebBaseLoader
loader = WebBaseLoader("http://developers.mini1.cn/wiki/luawh.html")
data = loader.load()
```

隨後，使用嵌入模型包裝器，將這些切割後的文字資料轉為向量資料。建立一個 OpenAIEmbeddings 實例，用於將文字轉為向量。

```
from langchain.embeddings.openai import OpenAIEmbeddings
embedding = OpenAIEmbeddings(openai_api_key=" 填入你的 OpenAI 金鑰 ")
```

接下來，使用文件轉換器，將資料切割為小塊，然後轉為文件格式的資料。這是為了讓資料更進一步地適應資料增強模組的工作流程。建立一個 RecursiveCharacterTextSplitter 實例作為切割工具，並指定每個部分的大小為 500 個字元。使用這個切割工具按照每個部分 500 個字元將資料切割成多個部分。

```
from langchain.text_splitter import RecursiveCharacterTextSplitter
text_splitter = RecursiveCharacterTextSplitter(chunk_size=500, chunk_overlap=0)
splits = text_splitter.split_documents(data)
```

然後，進入工作流的向量儲存庫環節，建立一個向量儲存庫：FAISS 實例，用於儲存這些向量資料。

```
from langchain.vectorstores import FAISS
vectordb = FAISS.from_documents(documents=splits, embedding=embedding)
```

最後，實例化一個檢索器，在這些資料中進行檢索。建立一個 ChatOpenAI 實例和一個 MultiQueryRetriever 實例，用於執行檢索問答。在這個例子中，使用相似度查詢方法 get_relevant_documents，檢索「LUA 的主機語言是什麼？」。

```
from langchain.chat_models import ChatOpenAI
from langchain.retrievers.multi_query import MultiQueryRetriever

question = "LUA 的主機語言是什麼 ?"
llm = ChatOpenAI(openai_api_key=" 填入你的金鑰 ")
retriever_from_llm = MultiQueryRetriever.from_llm(
    retriever=vectordb.as_retriever(), llm=llm
)
docs = retriever_from_llm.get_relevant_documents(question)
```

透過這個例子，最後獲得了 4 個與檢索問題相關的來源文件部分。第一個來源文件部分即為「LUA 的主機語言是什麼？」這個問題的答案，「Lua 提供了非常易於使用的擴展介面和機制：由主機語言（通常是 C 或 C++）提供這些功能」。

```
print(docs[0])
<LangChain.vectorstores.faiss.FAISS at 0x228dfa4b050>
Document(page_content='Lua 提供了非常易於使用的擴展介面和機制：由主機語言 ( 通常是 C 或
C++) 提供這些功能，Lua 可以使用它們，就像內建的功能一樣。其他特性 :', metadata={'source':
'http://developers.mini1.cn/wiki/luawh.html', 'title': ' 什麼是 Lua 程式設計 | 開發者指
令稿說明文件 ', 'description': ' 迷你世界開發者介面文件 ', 'language': 'zh-CN'})
```

由以上範例我們可以看到，LangChain 如何將載入器、嵌入模型包裝器、文件轉換器、向量儲存庫和檢索器有機地組合在一起，形成一個從載入、轉換、嵌入、儲存到檢索的完整流程。

4.1.2 資料型態

在資料增強模組中，主要操作兩種類型的資料：文件資料和向量資料。這兩種資料型態在 LangChain 資料增強模組的處理流程中可以自由流通和轉換。

文件資料主要透過載入器從各種不同的來源被載入進資料增強模組。無論是簡單的文字檔，還是網頁內容，甚至是 YouTube 視訊的轉錄，都可以被載入為文件資料。在這個過程中，每一個文件都被視為一個包含文字和相關中繼資料的單元。

一旦文件資料被載入進來，就可以將它們傳遞給文件轉換器進行處理。最常見的處理就是切割文件，另外還有壓縮文件、過濾文件。做這些轉換主要是為了使文件資料更進一步地適應應用需求。

經過處理的文件資料會被傳遞給嵌入模型包裝器，在這裡，它們會被轉為向量資料，完成文字向量化。文字向量化是將原始文字資料轉為向量的過程。向量是用於機器學習模型處理的數值表示形式。這些向量資料會被儲存在向量儲存庫中，在需要時會對它們進行檢索。檢索過程由檢索器完成，它根據使用者的查詢傳回相應的資料。

總的來說，資料在 LangChain 的資料增強模組中，透過載入器、嵌入模型包裝器、文件轉換器、向量儲存庫和檢索器的處理後，被規範化為文件資料和向量資料兩種類型，這兩種類型的資料能夠自由地在各個元件之間流通和轉換。

4.2 載入器

在 LangChain 的資料處理流程中，載入器起著至關重要的作用。它從各種資料來源載入資料，並將資料轉為「文件」（Document）的格式。

載入器有暴露的 load 方法，用於從指定的資料來源讀取資料，並將其轉換成一個或多個文件。這使得 LangChain 能夠處理各種形式的輸入資料，不僅限於文字資料，還可以是網頁、視訊字幕等。

值得注意的是，載入器還可以選擇性地實現一個 lazy load 方法，該方法的作用是實現資料的懶載入，即在需要時才將資料載入到記憶體中。這樣可以有效地減少記憶體佔用，並提高資料處理的效率。

下面是最簡單的載入器的程式範例，它可以載入簡單 .txt 檔案：

```
from langchain.document_loaders import TextLoader
# 程式倉庫中有這個檔案，也可以加入自己的測試檔案。如果檔案中包含中文，請指定
encoding="utf-8"
loader = TextLoader(file_path="./index.md",encoding="utf-8")
loader.load()
```

檔案中的所有內容都被載入到了文件資料中。

```
[Document(page_content='在語言模型中，一個 Token 並不是指一個字元，而是指一個詞或一個詞的一部分。對英文，一個 Token 可能是一個完整的單字，也可能是一個單字的一部分。對中文，通常一個中文字就是一個 Token。這是由語言模型的編碼方式決定的。\n\n 讓以英文為例。在許多 NLP 任務和一些語言模型中，英文通常會被切割為子詞或字元。舉例來說，「apple」可能被切割為一個 Token，即 ["apple"]，而「apples」可能被切割為兩個 Token，即 ["apple", "s"]。這是因為模型在訓練時學習到，「s」常常用於表示複數。所以，「apples」被切割為兩個 Token。\n\n 對於中文，由於其語言特性，通常每個字元就是一個 Token，即每個中文字都是一個 Token。但是在某些特殊情況下，如一些複雜的或不常見的中文字，可能會被編碼為兩個或更多的 Token。這通常發生在使用子詞編碼方法的模型中，如 Byte Pair Encoding（BPE）或 Unigram Language Model（ULM）。\n\n 至於每個英文單字對應 0.75 個 Token 的例子，這是一個假設的平均值，用於說明如果一個英文單字被切割為多個 Token，那麼模型能處理的單字數量可能會比 Token 數量多。在實際情況中，這個比值可能會根據具體的文字和模型的編碼方式有所不同。\n\n 這裡需要明確的是，無論英文還是中文，一個 Token 並不一定等於一個字元或一個單字，而是取決於具體的編碼方式。在理解和使用語言模型時，需要考慮到這一點。', metadata={'source': './index.md'})]
```

不同文件資料格式的載入方法

LangChain 有很強的資料載入能力，而且它可以處理各種常見的資料格式，例如 CSV、檔案目錄、HTML、JSON、Markdown 及 PDF 等。下面，分別介紹這些不同的文件格式資料的載入方法。

CSV

逗點分隔值（Comma-Separated Values，CSV）檔案是一種使用逗點來分隔值的文字檔。檔案的每一行都是一筆資料記錄，每筆記錄包含一個或多個用逗點分隔的欄位。LangChain 將 CSV 檔案的每一行都視為一個獨立的文件。

CSVLoader 是 BaseLoader 的子類別，主要用於從 CSV 檔案載入資料，並將其轉為一系列的 Document 物件。每個 Document 物件代表 CSV 檔案的一行，CSV 檔案的每一行都被轉為鍵值對，並輸出到 Document 物件的 page_content 中。對於從 CSV 檔案載入的每個文件，在預設情況下來源都被設定為 file_path 參數的值。如果設定 source_column 參數的值為 CSV 檔案中的列名稱，那麼每個文件的來源將被設定為指定 source_column 的列的值。

可以設定的主要參數包括：

- file_path：CSV 檔案的路徑。
- source_column：可選參數，用於指定作為文件來源的列的名稱。
- encoding：可選參數，用於指定打開檔案的編碼方式。
- csv_args：可選參數，傳遞給 csv.DictReader 的參數。

CSVLoader 的典型用法是建立一個 CSVLoader 實例，然後呼叫其 load 方法來載入檔案，以下面的範例：

```
loader = CSVLoader(file_path='data.csv', encoding='utf-8')
documents = loader.load()
```

在這個例子中，documents 是從 data.csv 檔案中載入的 Document 物件的串列。每個 Document 物件代表檔案中的一行。

檔案目錄

對於檔案目錄，LangChain 提供了一種方法來載入目錄中的所有檔案。在底層，它預設使用 UnstructuredLoader 來實現這個功能。這表示，只要將檔案存放在同一一個目錄下，無論檔案數量是多少，LangChain 都能夠將它們全部載入進來。

DirectoryLoader 是 BaseLoader 的子類別，主要用於從一個指定的目錄載入檔案。每個從目錄中載入的檔案都被處理為一個 Document 物件。

可以設定的主要參數包括：

- loader_cls：用於載入檔案的載入器類別，是 BaseLoader 的子類別。
- loader_kwargs：傳遞給載入器類別的參數。
- recursive：是否遞迴載入子目錄中的檔案。
- show_progress：是否顯示載入進度。

DirectoryLoader 的典型用法是建立一個 DirectoryLoader 實例，並舉出一個檔案目錄的路徑。然後呼叫其 load 方法來載入目錄中的檔案。例如：

```
loader = DirectoryLoader(path='data_directory')
documents = loader.load()
```

在這個例子中，documents 是從 data_directory 目錄中載入的 Document 物件串列。每個 Document 物件代表目錄中的檔案。

HTML

HTML 是用於在 Web 瀏覽器中顯示文件的標準標記語言。LangChain 可以將 HTML 檔案載入為它可以使用的文件。這就表示，它可以直接從網頁上提取並處理資料。

HTMLLoader 的典型用法是建立一個 UnstructuredHTMLLoader 或 BSHTMLLoader 實例。然後呼叫其 load 方法來載入 HTML 檔案。這兩個實例都可以將 HTML 檔案載入為可以在後續過程中使用的文件。同時，它們還會提取網頁標題，並將其作為 title 儲存在中繼資料 metadata 中。

這種方法的優點在於它可以從 HTML 檔案中提取出結構化的資訊，比如段落、標題等，這些資訊在後續的處理中可能會很有用。使用 BSHTMLLoader 載入 HTML 檔案的例子如下：

```
from langchain.document_loaders import BSHTMLLoader
loader = BSHTMLLoader(file_path='example.html')
documents = loader.load()
```

在這個例子中，documents 是從 example.html 文件中載入的 Document 物件的串列，其中每個 Document 物件都代表 HTML 檔案中的一部分內容。

JSON

JSON 是一種使用人類讀取的文字來儲存和傳輸資料物件的開放標準檔案格式和資料交換格式，這些物件由屬性 - 值對和陣列（或其他可序列化值）組成。LangChain 的 JSONLoader 使用指定的 jq 模式來解析 JSON 檔案。jq 是一種適用於 Python 的軟體套件。JSON 檔案的每一行都被視為一個獨立的文件。

JSONLoader 的典型用法是建立一個 JSONLoader 實例。然後呼叫其 load 方法來載入檔案。JSONLoader 可以透過引用一個 jq schema（一種用於處理 JSON 資料的查詢語言）來提取文字並載入到文件中。

可以設定的主要參數包括：

- file_path：JSON 檔案的路徑。
- jq_schema：用於從 JSON 中提取資料或文字的 jq schema。
- content_key：如果 jq schema 的結果是物件（字典）的串列，則使用此鍵從 JSON 中提取內容。
- metadata_func：一個函數，接受由 jq schema 提取的 JSON 物件和預設的中繼資料，傳回更新後的中繼資料的字典。

下面是一個使用 JSONLoader 載入 JSON 檔案的例子：

```
from langchain.document_loaders import JSONLoader
loader = JSONLoader(file_path='example.json', jq_schema='.[]')
documents = loader.load()
```

在這個例子中，documents 是從 example.json 檔案載入的 Document 物件的串列，其中每個 Document 物件都代表 JSON 檔案中的一部分內容。

下面的串列提供了一些可能的 jq_schema 參考值，使用者可以根據 JSON 資料的結構使用這些值來提取內容。在上面的例子中，指定了 jq_schema='.[]'，對應的 JSON 格式是 ["...", "...", "..."]。如果你預期的 JSON 格式是 [{"text": ...}, {"text": ...}, {"text": ...}]，則可以設定 jq_schema='.[].text '

```
JSON        -> [{"text": ...}, {"text": ...}, {"text": ...}]
jq_schema   -> ".[].text"

JSON        -> {"key": [{"text": ...}, {"text": ...}, {"text": ...}]}
jq_schema   -> ".key[].text"

JSON        -> ["...", "...", "..."]
jq_schema   -> ".[]"
```

Markdown

Markdown 是一種使用純文字編輯器建立格式化文字的羽量級標記語言。LangChain 可以將 Markdown 文件載入為在後續過程中能夠使用的文件。設定 mode="elements" 後，Markdown 文件會被解析成其各個基本組成元素，例如標題、段落、串列和程式區塊等。

MarkdownLoader 的典型用法是建立一個 UnstructuredMarkdownLoader 實例。然後呼叫其 load 方法來載入文件。

下面是一個使用 UnstructuredMarkdownLoader 載入 Markdown 文件的例子：

```
markdown_path = "../../../../../README.md"
loader = UnstructuredMarkdownLoader(markdown_path, mode="elements")
documents = loader.load()
```

PDF

PDF 是 Adobe 在 1992 年開發的一種檔案格式，這種格式的文件在各種不同的環境下都能以一種標準和一致的方式呈現，無論是文字還是影像。LangChain 可以將 PDF 文件載入為能夠在後續過程中使用的文件。

LangChain 的資料增強模組中有多種文件載入器可以載入 PDF 文件。下面將介紹一些主要的 PDF 文件載入器及其用法。

1. PyPDF 文件載入器：它可以將 PDF 文件載入為文件陣列，陣列中的每個文件包含頁面內容和頁碼的中繼資料。範例如下：

```
from langchain.document_loaders import MathpixPDFLoader
loader = MathpixPDFLoader("example_data/layout-parser-paper.pdf")
```

或可以使用 UnstructuredPDFLoader 載入：

```
from langchain.document_loaders import UnstructuredPDFLoader
loader = UnstructuredPDFLoader("example_data/layout-parser-paper.pdf")
```

在底層，UnstructuredPDFLoader 會為不同的文字區塊建立不同的元素。在預設情況下，它會將這些元素合併在一起，但可以透過指定 mode="elements" 來輕鬆地分離這些元素。

2. 線上 PDF 文件載入器：它可以載入線上 PDF 文件，並將其轉為可以在下游使用的文件格式，範例如下：

```
from langchain.document_loaders import OnlinePDFLoader
loader = OnlinePDFLoader(" 請參考本書程式倉庫 URL 映射表，找到對應資源 ://arxiv.org/
pdf/2302.03803.pdf")
```

3. PyPDFium2 文件載入器：使用 PyPDFium2 文件載入器載入 PDF 文件的範例如下：

```
from langchain.document_loaders import PyPDFium2Loader
loader = PyPDFium2Loader("example_data/layout-parser-paper.pdf")
data = loader.load()
```

4. PDFMiner 文件載入器：使用 PDFMiner 文件載入器載入 PDF 文件的範例如下：

```
from langchain.document_loaders import PDFMinerLoader
loader = PDFMinerLoader("example_data/layout-parser-paper.pdf")
```

5. 使用 PDFMiner 文件載入器可生成 HTML 文件。這對於將文字按照語義劃分為各個部分非常有幫助，生成的 HTML 內容可以透過使用 Python 的 BeautifulSoup 函數庫進行解析和處理，以獲取關於字型大小、頁碼、PDF 檔案表頭 / 頁尾等更多結構化的資訊。

6. PyMuPDF 文件載入器：這是最快的一種 PDF 文件載入器，它輸出的文件包含關於 PDF 及其頁面的詳細中繼資料，且為每頁傳回一個文件。

```
from langchain.document_loaders import PyMuPDFLoader
```

7. PyPDFDirectoryLoader 文件載入器可從目錄載入 PDF 文件，範例如下：

```
from langchain.document_loaders import PyPDFDirectoryLoader
```

8. PDFPlumberLoader 文件載入器：與 PyMuPDF 文件載入器類似，其輸出的文件包含關於 PDF 及其頁面的詳細中繼資料，且為每頁傳回一個文件。

以上是 LangChain 支援的 PDF 文件載入器及其使用範例。

4.3 嵌入模型包裝器

在深度學習和自然語言處理領域，嵌入（Embedding）是一種將文字資料轉為浮點數值表示形式的技術，它能夠分析兩段文字之間的相關性。嵌入的典型例子是詞嵌入，這種嵌入將每個詞映射到多維空間中的點，使得語義上相似的詞在空間中的距離更近。詞嵌入是將詞語映射到向量空間中的一種技術，它透過對大量文字資料的訓練，為每個詞語生成一個高維向量。透過這個向量能夠捕捉詞語的語義資訊，舉例來說，相似的詞語（如「男」和「國王」，「女」和「女王」）在向量空間中的位置會非常接近。這是因為嵌入模型在訓練過程中學習到了詞語之間的語義關係。

舉例來說，可以使用預訓練的 Word2Vec 或 GloVe 等模型得到每個詞的向量表示。假設「國王」的向量表示為 [1.2, 0.7, -0.3]，「男」的向量表示為 [1.1, 0.6,

-0.2]，「女王」的向量表示為 [-0.9, -0.8, 0.2]，「女」的向量表示為 [-0.8, -0.7, 0.3]。我們就會發現，相同性別的詞語（如「國王」和「男」）在向量空間中的距離更近，這就反映了它們之間的語義關係。這種關係可以透過計算向量之間的餘弦相似度來量化。

詞嵌入的重要應用就是自然語言處理，例如文字分類、命名實體辨識、情感分析等。詞嵌入透過將詞語轉為向量，然後利用深度學習模型來處理文字資料，實現對語言的理解。

LangChain 框架提供了一個名為 Embeddings 的類別，它為多種文字嵌入模型（如 OpenAI、Cohere、Hugging Face 等）提供了統一的介面。透過該類別實例化的嵌入模型包裝器，可以將文件轉為向量資料，同時將搜尋的問題也轉為向量資料，這使得可透過計算搜尋問題和文件在向量空間中的距離，來尋找在向量空間中最相似的文字。實例化的 Embeddings 類別被稱為嵌入模型包裝器，同 Model I/O 模組的 LLM 模型包裝器和聊天模型包裝器（Chat Model）並稱為三大模型包裝器。OpenAI 平臺的嵌入模型，使用大量的文字資料進行訓練，以盡可能地捕捉和理解人類語言的複雜性。這使得 OpenAI 的嵌入模型可以生成高品質的向量表示，並有效地捕捉文字中的語義關係和模式。在 LangChain 框架中，當你建立一個 OpenAIEmbeddings 類別的實例時，該實例將使用 text-embedding-ada-002 這個型號模型來進行文字嵌入操作。這種嵌入模型對於搜尋、聚類、推薦、異常檢測和分類任務等都有很好的效果。

4.3.1 嵌入模型包裝器的使用

嵌入模型包裝器與其他兩個模型包裝器的使用方法一樣，在使用時需要匯入 Embedding 類別，設定金鑰。嵌入模型包裝器提供了兩個主要的方法，分別是 embed_documents 和 embed_query。前者接受一組文字作為輸入並傳回它們的嵌入向量，而後者接受一個文字並傳回其嵌入向量。之所以分開這兩個方法，是因為模型平臺的嵌入模型對於待搜尋的文件和搜尋查詢本身有不同的嵌入方法。

舉例來說，在使用 OpenAI 的嵌入模型時，可以透過以下程式來嵌入一組文件和一個查詢：

```
from langchain.embeddings import OpenAIEmbeddings
embeddings_model = OpenAIEmbeddings(openai_api_key=" 填入你的金鑰 ")
```

可以使用 embed_documents 方法將一系列文字嵌入為向量。舉例來說，下面的例子將 5 句話嵌入為向量：

```
embeddings = embeddings_model.embed_documents(
    [
        "Hi there!",
        "Oh, hello!",
        "What's your name?",
        "My friends call me World",
        "Hello World!"
    ]
)
len(embeddings), len(embeddings[0])
```

該例子會傳回一個嵌入向量串列，其中每個嵌入向量由 1536 個浮點數組成。

可以使用 embed_query 方法將單一查詢嵌入為向量。這在你想要將一個查詢和其他已嵌入的文字進行比較時非常有用，以下面的範例：

```
embedded_query = embeddings_model.embed_query("What was the name mentioned in
the conversation?")
embedded_query[:5]
```

該例子將傳回查詢的嵌入向量，下面只展示了向量的前 5 個元素。

```
[0.0053587136790156364,
 -0.0004999046213924885,
 0.038883671164512634,
 -0.003001077566295862,
 -0.00900818221271038]
```

4.3.2 嵌入模型包裝器的類型

LangChain 為各種大型語言模型平臺提供了嵌入模型介面的封裝。其中，為 OpenAI 平臺提供的介面封裝為「OpenAIEmbeddings」。這種嵌入方式的特點是能夠充分利用大規模預訓練模型的語義理解能力，其中包括 OpenAI、Hugging Face 等提供的自然語言處理模型。以下是一些具體的嵌入類型：

1. 自然語言模型嵌入：這類嵌入包括 OpenAIEmbeddings、HuggingFaceEmbeddings、HuggingFaceHubEmbeddings、HuggingFaceInstructEmbeddings、SelfHosted HuggingFaceEmbeddings 和 SelfHostedHuggingFaceInstructEmbeddings 等。這類嵌入主要利用諸如 OpenAI、Hugging Face 等自然語言處理模型進行文字嵌入。

2. AI 平臺或雲端服務嵌入：這類嵌入主要依託 AI 平臺或雲端服務的能力進行文字嵌入，這類嵌入主要包括 Elasticsearch、SagemakerEndpoint 和 DeepInfra 等。這類嵌入的主要特點是能夠利用雲端運算的優勢，處理大規模的文字資料。

3. 專門的嵌入模型：這類嵌入專門用於處理特定結構的文字，主要包括 AlephAlpha 的 AsymmetricSemanticEmbedding 和 SymmetricSemanticEmbedding 等，這類嵌入適用於處理結構不同或相似的文字。

4. 自託管嵌入：這類嵌入一般適用於使用者自行部署和管理的場景，如 SelfHostedEmbeddings，給予使用者更大的靈活性和控制權。

5. 模擬或測試用嵌入：舉例來說，FakeEmbeddings 一般用於測試或模擬場景，不涉及實際的嵌入計算。

6. 其他類型：此外，LangChain 還支援一些其他類型的嵌入方式，如 Cohere、LlamaCpp、ModelScope、TensorflowHub、MosaicMLInstructor、MiniMax、Bedrock、DashScope 和 Embaas 等。這些嵌入方式各有特點，能夠滿足不同的文字處理需求。

使用者可以根據自己的具體需求，選擇最合適的文字嵌入類型。同時，LangChain 將持續引入更多的嵌入類型，以進一步提升其處理文字的能力。

4.4 文件轉換器

在大型語言模型開發時代，處理巨量文件成了一個常見且重要的任務。LangChain 框架的資料增強模組為此提供了一系列強大的包裝器，其中文件轉換器就是解決這個問題的關鍵工具之一。

文件轉換器處理任務分為兩個步驟：第一步是對文件進行切割，主要由切割器完成；第二步是將切割後的文件轉為 Document 資料格式。儘管從名稱上看，文件轉換器主要進行的是轉換操作，但實際上，這是從結果出發來定義的。在資料增強模組中，資料以 Document 物件和向量形式在各個包裝器中流通。向量形式的資料由向量儲存庫管理，而被轉為向量之前，資料以 Document 物件的形式存在。

文件轉換器將文件資料切割並轉為 Document 物件後，這些 Document 物件會被傳遞給嵌入模型包裝器，嵌入模型包裝器再將它們轉為嵌入向量，被儲存在向量儲存庫中，檢索器再從向量儲存庫中檢索與使用者輸入的問題相關的文件內容。

你可能會問，為什麼需要切割文件呢？先看看主要用於切割的文件轉換器和文件載入器之間的關係。

文件載入器的主要任務是從各種來源載入資料，然後再透過文件轉換器將這些資料轉為 Document 物件。Document 物件包含文字及其相關中繼資料。這是處理資料的第一步，即將不同格式、不同來源的資料統一為 Document 物件。

然而，透過文件載入器載入後的文件可能非常長，可能包含幾十頁甚至幾百頁的內容。處理這樣長的文件可能會帶來一些問題。一方面，大型語言模型平臺處理長文字的能力是有限的，舉例來說，某些模型平臺有最大 Max Tokens 的限制。另一方面，將整個文件作為一個整體處理可能無法充分發揮模型的作用，因為文件中不同部分的內容可能在語義上存在較大的差異。因此，需要將長文件切割為較小的文字區塊，並使得每個文字區塊在語義上盡可能一致，這就是文件轉換器要完成的文字切割任務，由文字切割器完成。

文字切割器按照一定的策略將文件切割為多個小文字區塊。這些策略可能包括如何切割文字（舉例來說，按照句子切割），如何確定每個小文字區塊的大小（舉例來說，按照一定的字元數切割）等。透過合理的切割，可以保證每個小文字區塊的內容在語義上盡可能一致，並且可以被模型平臺處理。

文字切割

文字切割器的工作原理是：將文字切割成小的、在語義上有意義的文字區塊（通常是句子）。由這些小文字區塊開始，再組合成大的文字區塊，直到達到某個大小（透過某種函數進行測量）。一旦達到該大小，就將該區塊作為一個文字部分。然後開始建立新的文字區塊，新的文字區塊和前一個文字區塊會有一些重疊（以保持區塊與區塊之間的上下文）。這表示，可以沿著兩個不同的軸來訂製文字切割器：文字如何被切割以及如何測量區塊的大小。

這裡推薦的文字切割器是 RecursiveCharacterTextSplitter。這個文字切割器接受一個字元串列作為輸入，它嘗試基於第一個字元進行切割，但如果文字區塊太大，它就會移動到下一個字元，依此類推。在預設情況下，它嘗試切割的字元是 ["\n\n", "\n", " ", ""]。

除了可以控制切割的字元，還可以控制以下幾個方面：

- length_function：如何計算文字區塊的長度。預設只計算字元數量，但是通常會給其傳入一個標記計數器。
- chunk_size：文字區塊的最大大小（由長度函數測量）。
- chunk_overlap：文字區塊之間的最大重疊。有一些重疊可以在文字區塊之間保持連續性（例如採用滑動視窗的方式）。
- add_start_index：是否在中繼資料中包含每個文字區塊在原始文件中的起始位置。

在處理大規模文字資料方面，LangChain 提供了多種文字切割器，以滿足各種類型的應用需求。下面透過範例程式，了解如何使用不同的文字切割器。

1. 按字元切割

這是最簡單的切割方法。它基於字元（預設為 "\n\n"）進行切割，並透過字元數量來測量文字區塊的大小。使用 chunk_size 屬性可設定文字區塊的大小，使用 chunk_overlap 屬性設定文字區塊之間的最大重疊。

```
# This is a long document we can split up.
with open('../../../state_of_the_union.txt') as f:
    state_of_the_union = f.read()
from langchain.text_splitter import CharacterTextSplitter
text_splitter = CharacterTextSplitter(
    chunk_size = 1000,
    chunk_overlap  = 200,
)
texts = text_splitter.create_documents([state_of_the_union])
print(texts[0])
```

2. 程式切割

RecursiveCharacterTextSplitter 切割器，透過遞迴的方式分析程式的結構，允許你對特定的程式語言（透過 Language 列舉類型指定）的程式進行切割。在這個例子中，處理的是 JavaScript 程式。首先定義了一段 JavaScript 程式，然後使用 RecursiveCharacterTextSplitter 的 from_language 類別方法建立一個適用於 JavaScript 語言的切割器。這個方法接受一個 language 參數，它的類型是列舉類型 Language，其可以表示多種程式語言。除了支援 JavaScript，該切割器目前還支援 'cpp'、'go'、'java'、'js'、'php'、'proto'、'python'、'rst'、'ruby'、'rust'、'scala'、'swift'、'markdown'、'latex'、'html'、'sol' 等多種程式語言。

```
from langchain.text_splitter import (
    RecursiveCharacterTextSplitter,
    Language,
)
JS_CODE = """
function helloWorld() {
```

```
            console.log("Hello, World!");
}

// Call the function
helloWorld();
"""

js_splitter = RecursiveCharacterTextSplitter.from_language(
    language=Language.JS, chunk_size=60, chunk_overlap=0
)
js_docs = js_splitter.create_documents([JS_CODE])
js_docs
```

3. Markdown 標題文字切割器

在聊天機器人、線上客服系統或自動問答回覆系統等應用中，文字切割是一個關鍵步驟，常常需要在嵌入和儲存向量之前將輸入文件進行切割。這是因為當嵌入整個段落或文件時，在嵌入過程中會考慮文字內部的整體上下文和句子、短語之間的關係。這樣可以得到一個更全面的向量表示，從而捕捉到文字的廣義主題和主旨。

在這些場景中，切割的目標通常是將具有共同上下文的文字保持在一起。因此，我們可能希望保留文件本身的結構。舉例來說，一個 Markdown 文件是按照標題進行組織的，那麼在特定的標題組內建立區塊是一種直觀的想法。可以使用 MarkdownHeaderTextSplitter 切割器。這個切割器可以根據指定的一組標題來切割一個 Markdown 文件。舉例來說，下面的範例：

```
# Markdown 的一級標題

## Markdown 的二級標題

Markdown 的段落。Markdown 的段落 Markdown 的段落 Markdown 的段落。
Markdown 的段落。
Markdown 的段落。
Markdown 的段落。
Markdown 的段落。
```

可以這樣來設定切割的標題：

```
headers_to_split_on = [
    ("#", "Header 1"),
    ("##", "Header 2"),
]
```

然後，使用 MarkdownHeaderTextSplitter 切割器來進行切割。實例化切割器後，呼叫實例的 split_text 方法，該方法接受 Markdown 文件的內容作為輸入，並傳回 Document 格式的資料。一旦轉為這種資料格式，就可以使用其他切割器的 split_documents 方法進行再切割：

```
# MD splits
markdown_splitter = MarkdownHeaderTextSplitter(headers_to_split_on=headers_to_split_
on)
md_header_splits = markdown_splitter.split_text(markdown_document)
```

這樣，就獲得了按標題切割的文件。然而，這可能還不夠。如果某個標題下的內容非常長，可能還需要進一步切割。這時，可以使用 RecursiveCharacter TextSplitter 切割器來進行字元等級的切割：

```
# Char-level splits
from langchain.text_splitter import RecursiveCharacterTextSplitter
chunk_size = 250
chunk_overlap = 30
text_splitter = RecursiveCharacterTextSplitter(
    chunk_size=chunk_size, chunk_overlap=chunk_overlap
)
# Split
splits = text_splitter.split_documents(md_header_splits)
```

這樣，就可以得到更小的、便於處理的文字區塊了。

4. 按字元遞迴切割

這是為通用文字推薦的文字切割器。這種方法由一組特定的字元或字串（如分行符號、空格等）來控制切割，遞迴地將文字切割成越來越小的部分。一般來說預先定義的字元串列是 ["\n\n", "\n", " ", ""]。這樣切割是盡可能地將所有段落（然後是句子，再然後是單字）保持在一起，因為它們通常看起來是語義相關性最強的文字部分。

5. 按標記（Token）切割

在處理自然語言時，經常需要將長文字切割成小文字區塊以便於模型處理。這時就需要使用標記切割器。標記切割器的主要任務是按照一定的規則將文字切割成小文字區塊，這些小文字區塊的長度通常由模型的輸入限制決定。以下是一些常用的標記切割器。

- Tiktoken 標記切割器：它是由 OpenAI 建立的一種快速的位元組對編碼（BPE）標記器。可以使用它來估計使用的標記數量。對 OpenAI 的模型來說，它的準確度是比較高的。該切割器的文字切割方式是按照傳入的字元進行切割，文字區塊大小也由它計算。該標記切割器的使用方式有些複雜，下面透過程式展示它的使用方式。首先要安裝 tiktoken python 套件。然後匯入 CharacterTextSplitter 類別，再使用類別方法 from_tiktoken_encoder 實例化這個類別。與 SpacyTextSplitter 等其他內建的切割器不一樣的是，Tiktoken 標記切割器是由 CharacterTextSplitter 類別的類方法實例化而來的。

```
pip install tiktoken

# This is a long document we can split up.
with open("../../../state_of_the_union.txt") as f:
    state_of_the_union = f.read()
from langchain.text_splitter import CharacterTextSplitter
text_splitter = CharacterTextSplitter.from_tiktoken_encoder(
    chunk_size=100, chunk_overlap=0
)
texts = text_splitter.split_text(state_of_the_union)
```

- SpaCyTextSplitter 標記切割器：SpaCy 是一種用於高級自然語言處理的開放原始碼軟體函數庫，是用 Python 和 Cython 撰寫的。SpaCyText Splitter 標記切割器的文字切割方式是透過 SpaCy 標記器進行切割，文字區塊大小透過字元數量計算。它是 NLTKTextSplitter 標記切割器的替代方案。

- SentenceTransformersTokenTextSplitter 標記切割器：它是專門用於處理句子轉換模型的專用文字切割器。該切割器的預設行為是將文字切割成適合所要使用的句子轉換器模型的標記視窗的文字區塊。
- NLTKTextSplitter 標記切割器：NLTK（Natural Language Toolkit）是一套支援符號方法和統計方法的自然語言處理 Python 函數庫。與僅在 "\n\n" 處切割不同，NLTKTextSplitter 標記切割器的文字切割方式是透過 NLTK 標記器進行切割，文字區塊大小透過字元數量進行計算。
- Hugging Face 標記切割器：它提供了許多標記器。可使用 Hugging Face 標記切割器的標記器 GPT2TokenizerFast 來計算文字長度（以標記為單位）。該切割器的文字切割方式是按照傳入的字元進行切割。文字區塊大小的計算方式是，使用 Hugging Face 標記器計算出標記數量。這個標記切割器的使用方式更複雜一些，下面透過程式展示它的使用方式。

首先，從 transformers 函數庫匯入 GPT2TokenizerFast 類別，該類別負責使用預訓練的 GPT-2 模型來初始化分詞器，其實例名為 tokenizer。

接著，從 langchain.text_splitter 模組匯入 CharacterTextSplitter 類別，這個類別用於切割文字。

然後，呼叫 CharacterTextSplitter 的 from_huggingface_tokenizer 類別方法，以實例化一個名為 text_splitter 的 Hugging Face 標記切割器。在這個過程中，我們設定該切割器的分詞器為 tokenizer，並且規定每個文字區塊的最大標記數為 100（chunk_size=100），同時確保文字區塊之間沒有重疊（chunk_overlap=0）。

最後，透過呼叫 text_splitter 的 split_text 方法，將 state_of_the_union 文件切割成多個小文字區塊，並將這些切割後的文字區塊儲存在變數 texts 中。

```
from transformers import GPT2TokenizerFast

tokenizer = GPT2TokenizerFast.from_pretrained("gpt2")
```

```
# This is a long document we can split up.
with open("../../../state_of_the_union.txt") as f:
    state_of_the_union = f.read()
from langchain.text_splitter import CharacterTextSplitter
text_splitter = CharacterTextSplitter.from_huggingface_tokenizer(
    tokenizer, chunk_size=100, chunk_overlap=0
)
texts = text_splitter.split_text(state_of_the_union)
```

以上這些標記切割器是框架內建的標記切割器。選擇使用哪種標記切割器主要取決於任務需求和所使用的模型。在選擇標記切割器時，需要考慮模型的輸入限制、希望保留的上下文資訊以及希望如何切割文字等因素。

4.5 向量儲存庫

我們在學習嵌入模型包裝器時，了解到嵌入模型包裝器提供了兩個主要的方法，分別是 embed_documents 和 embed_query。前者接受一組文字作為輸入並傳回它們的嵌入向量，而後者接受一個文字作為輸入並傳回其嵌入向量。也展示了如何利用這個嵌入模型包裝器將查詢敘述轉為浮點數串列，也就是向量。但是，當得到這個向量後，我們應該如何使用它呢？

這就是向量儲存庫要解決的問題。

向量儲存庫可以被看作一個大的包裝器，它負責處理資料增強模組中 LEDVR 工作流的 LED 環節的輸出結果。對開發者來說，使用向量儲存庫可以極大地簡化工作。開發者不需要關心如何與各個模型平臺進行互動，也不需要將資料處理成其他形式。比如，LEDVR 工作流一直都在處理 Document 物件格式的資料，開發者只需要專注於這個格式，然後將資料交給向量儲存庫就可以了。向量儲存庫會在底層處理資料格式的轉換、解析模型包裝器的傳回資料等各種複雜的工作。

舉個簡單的例子，如果單獨將查詢敘述轉為向量，做法是實例化嵌入模型包裝器後，呼叫 embed_documents 方法，但這個方法接受的是字串串列輸入。

如果不使用向量儲存庫則這個包裝器需要先把文字切割器處理過的文件資料，轉為字串串列，最終得到嵌入模型包裝器的字串結果後，還要考慮如何將其轉為向量儲存庫需要的格式，否則使用不了向量儲存庫的查詢功能。

相比之下，如果使用向量儲存庫這個包裝器，則只需要將原始的 Document 物件格式的資料交給向量儲存庫，向量儲存庫會負責將文件轉換成字串，然後將字串轉換成向量，最後將向量儲存起來。當需要查詢時，只需要提供查詢敘述，向量儲存庫會自動將查詢敘述轉換成向量，然後進行查詢。這樣一來，就可以把所有複雜的資料處理工作都交給向量儲存庫。也就是可以忘掉 embed_documents 方法了。因為向量儲存庫幫助做了這些工作，這也正是 LangChain 的設計理念，讓 LangChain 為開發者做更多的事情。

4.5.1 向量儲存庫的使用

在資料增強模組中，資料以 Document 物件和向量的形式在各個包裝器中流通。向量形式的資料由向量儲存庫管理，那麼為什麼要使用向量這種資料格式？這是因為傳統的資料庫的資料是結構化的，而如今很多資料都是非結構化的。

非結構化的資料是指在日常操作中並不遵循固定格式或不容易被資料庫系統辨識的資料。舉例來說，電子郵件、部落格、社交媒體發文、音訊和視訊等。這些資料無法透過預先定義的資料模式進行分類，或不適合透過常規的關聯式資料庫進行處理。

對非結構化資料的需求主要是儲存和搜尋。儲存是為了保留這些資料以供日後分析和使用，而搜尋則是為了從巨量資料中找到所需要的資訊。舉例來說，當在網際網路上搜尋關鍵字時，搜尋引擎會從非結構化的網頁資料中找到與關鍵字相關的資訊。而在巨量資料和人工智慧領域，非結構化的資料也被廣泛用於情感分析、文字分類、語義理解等任務。

處理非結構化的資料的一種常見方法是將其嵌入並儲存為嵌入向量，然後在查詢時嵌入非結構化查詢，再檢索與嵌入查詢「最相似」的嵌入向量。這種方法將複雜的非結構化資料轉為了結構化的向量，大大簡化了資料的處理和分析。向量儲存庫就是實現這個功能的工具，它負責儲存嵌入的資料並執行向量搜尋。

向量儲存庫的工作流程可以透過以下的程式範例來說明。首先，需要安裝 faiss-cpu Python 套件，這是一個用於高效相似性搜尋和聚類的函數庫。

```
pip install faiss-cpu
```

向量儲存庫是透過實例化 VectorStore 類別而來的，這個類別主要提供了一些實例化的類別方法。透過理解這些類別方法的功能，你可根據自己的需求進行向量儲存庫的訂製。其中，from_documents 是一個常用的方法，它接受一個文件串列和一個嵌入模型包裝器作為輸入，傳回一個初始化後的向量儲存庫。這個方法首先從每個文件中提取文字和中繼資料，然後呼叫 from_texts 方法，將文字、嵌入模型以及中繼資料作為輸入，來生成向量儲存庫。這個方法的非同步版本 afrom_documents 提供了同樣的功能，但是它以非同步的方式執行。除此之外，from_texts 方法是一個更基礎的方法，它直接接受一組文字和一個嵌入模型包裝器，以及可選的中繼資料作為輸入，來生成向量儲存庫。這個方法的非同步版本 afrom_texts 也提供了相同的功能。最後，as_retriever 方法傳回一個 VectorStoreRetriever 物件，這個物件包裝了向量儲存庫，並提供了一些用於查詢的方法。舉例來說，它可以執行相似性搜尋，也可以執行最大邊緣相關性搜尋。

所以實例化一個 FAISS（Facebook AI Similarity Search）向量儲存庫（LangChain 封裝了幾十個向量資料庫平臺的服務，這裡選擇的是 FAISS 函數庫，你可以選擇其他函數庫），並將文件區塊 documents 和 OpenAI 的嵌入模型包裝器 OpenAIEmbeddings 一起傳遞給這個向量儲存庫，並使用 from_documents 方法實例化向量儲存庫。此時，向量儲存庫會自動呼叫嵌入模型包裝器將每個文件區塊轉換成一個向量，並將這些向量儲存起來。至此，已經完成了向量儲存庫的準備工作。接下來就可以透過這個向量儲存庫來對文件進行高效的相似性搜尋了，如下所示：

```
from langchain.document_loaders import TextLoader
from langchain.embeddings.openai import OpenAIEmbeddings
from langchain.text_splitter import CharacterTextSplitter
from langchain.vectorstores import FAISS
```

```
# LEDVR：raw_documents 是 L, OpenAIEmbeddings() 是 E, documents 是 D, db 是 V
raw_documents = TextLoader('../../../state_of_the_union.txt').load()
text_splitter = CharacterTextSplitter(chunk_size=1000, chunk_overlap=0)
documents = text_splitter.split_documents(raw_documents)
db = FAISS.from_documents(documents, OpenAIEmbeddings())
```

使用 similarity_search 方法嵌入一個查詢："What did the president say about Ketanji Brown Jackson"。

```
query = "What did the president say about Ketanji Brown Jackson"
docs = db.similarity_search(query)
print(docs[0].page_content)
```

透過比較查詢向量與儲存庫中向量的相似度，就可以找到與查詢最相關的文字。

```
Tonight. I call on the Senate to: Pass the Freedom to Vote Act. Pass the John Lewis
Voting Rights Act. And while you're at it, pass the Disclose Act so Americans can
know who is funding our elections.

    Tonight, I'd like to honor someone who has dedicated his life to serve this
country: Justice Stephen Breyer—an Army veteran, Constitutional scholar, and
retiring Justice of the United States Supreme Court. Justice Breyer, thank you for
your service.

    One of the most serious constitutional responsibilities a President has is
nominating someone to serve on the United States Supreme Court.

  And I did that 4 days ago, when I nominated Circuit Court of Appeals Judge
Ketanji Brown Jackson. One of our nation's top legal minds, who will continue Justice
Breyer's legacy of excellence.
```

向量儲存庫是處理非結構化的資料的強大工具。它可以將複雜的非結構化的資料轉為向量格式。一旦資料被嵌入為向量，便可以使用各種相似度計算方法來評估向量之間的相似性。透過這兩個步驟，向量儲存庫不僅簡化了非結構化資料的儲存，還提供了高效的搜尋功能。

4.5.2 向量儲存庫的搜尋方法

下面透過實例程式了解如何使用向量儲存庫。向量儲存庫主要提供以下幾種搜尋方法。

1. similarity_search(query: str, k: int = 4) -> List[Document]。這個方法接受一個字串查詢和一個整數 k 作為參數，傳回與查詢最相似的 k 個文件的串列。query 是要搜尋的字串，k 是要傳回的文件數量，預設為 4。

2. similarity_search_by_vector(embedding: List[float], k: int = 4) -> List[Document]。這個方法接受一個嵌入向量和一個整數 k 作為參數，傳回與嵌入向量最相似的 k 個文件的串列。嵌入向量是由文字嵌入模型生成的查詢的向量表示。

3. max_marginal_relevance_search(query: str, k: int = 4, fetch_k: int = 20, lambda_ mult: float = 0.5) -> List[Document]。這個方法使用最大邊際相關性演算法傳回選擇的文件。最大邊際相關性演算法最佳化了查詢的相似性和所選擇文件之間的多樣性。query 是要搜尋的字串，k 是要傳回的文件數量，預設為 4。fetch_k 是要傳遞給最大邊際相關性演算法的文件數量。lambda_mult 是一個 0~1 之間的數字，它決定了結果之間的多樣性程度，0 對應最大的多樣性，1 對應最小的多樣性，預設為 0.5。

4. max_marginal_relevance_search_by_vector(embedding: List[float], k: int = 4, fetch_k: int = 20, lambda_mult: float = 0.5) -> List[Document]。這個方法與上面的 max_marginal_relevance_search 方法類似，但是接受的是嵌入向量而非查詢字串作為輸入。

以上所有的方法都有對應的非同步版本，非同步版本方法名稱前有字元 a，比如 asimilarity_search、asimilarity_search_by_vector 等。這些非同步方法可以在程式碼協同中使用，使程式在等待結果的同時可以執行其他任務，這提高了程式的效率。

這些方法傳回的結果都是 List[Document] 資料格式。這也是資料增強模組中最主要的資料格式。無論是載入器載入的文件，還是實例化向量儲存庫時，都使用的是 Document 資料型態。而浮點串列的向量資料型態，通常都在嵌入模型包裝器的內部流通使用，我們甚至可以不知道它到底被轉成了什麼浮點數字，對大部分人來說，浮點數串列只是一堆數字。

4.6 檢索器

在 LEDVR 資料處理流程中，有一個環節可能讓你感到疑惑，那就是最後的「檢索器」環節。你可能會問，既然已經透過 LEDV 流程把外部資料轉為了向量形式並儲存在向量儲存庫中，而且還可以對這個函數庫進行查詢並獲取相關文件，為什麼還需要一個檢索器呢？實際上，這正是本節想要討論的重點，檢索器的最大功能是什麼？此外，之前還強調了向量儲存庫實例的 as_retriever 方法，這個方法傳回一個 VectorStoreRetriever 物件。這個物件甚至還「包裝」了向量儲存庫。為什麼需要一個檢索器？為什麼一定是 LEDVR ？

向量儲存庫種類繁多，比如 Chroma、FAISS、Pinecone、Zilliz 等。若直接和這些向量儲存庫進行互動，則可能需要具備深入的資料庫操作知識，如了解查詢語法，管理資料庫連接，處理錯誤和異常等。這樣的操作可能較為複雜，並帶來不便。

如果有一種方法，能將各種向量儲存庫統一到一個介面上，那就非常方便了。LangChain 為我們做了這個事情，它封裝了 VectorStoreRetriever 類別，提供了一個標準介面。開發者可以透過在向量儲存庫的實例上呼叫 as_retriever 方法得到一個基於向量儲存庫的檢索器，即 VectorStoreRetriever 類別的實例。

我們從原理上來理解檢索器，那就是從向量儲存庫到檢索器，中間只需一個 as_retriever 方法。向量儲存庫呼叫它，便建立了一個檢索器。這就組成了 LEDVR 工作流，as_retriever 方法黏合了 V 和 R，整個 LEDVR 工作流到此結束。

那麼，檢索器是什麼呢？可以把檢索器看作一個向量儲存庫的包裝器，它包裝了一套統一的介面，無論底層的向量儲存庫是什麼，都可以使用同樣的方式對其進行查詢，而這個包裝器的核心就是包裝了向量儲存庫的實例。這使得可以輕鬆地切換不同的向量儲存庫，而無須修改查詢程式。

那麼誰來使用檢索器？檢索器的作用是什麼？其實，在 LangChain 框架中，所有的基礎模組都是為了鏈（Chain）模組的基建工作而設計的。這就像一座大廈的建設，每一塊磚，每一捆鋼筋，都在為整個建築的最終成型做準備。從「誰使用了檢索器」這個角度來看，可以以下這樣來理解這個過程。

在處理使用者查詢時（如圖 4-2 第①步），首先需要透過檢索器獲取相關的文件（如圖 4-2 第③步），這些文件能夠幫助回答使用者的問題。然後，需要將這些文件提交給模型平臺，依靠大型語言模型的能力生成回答（如圖 4-2 第④步）。

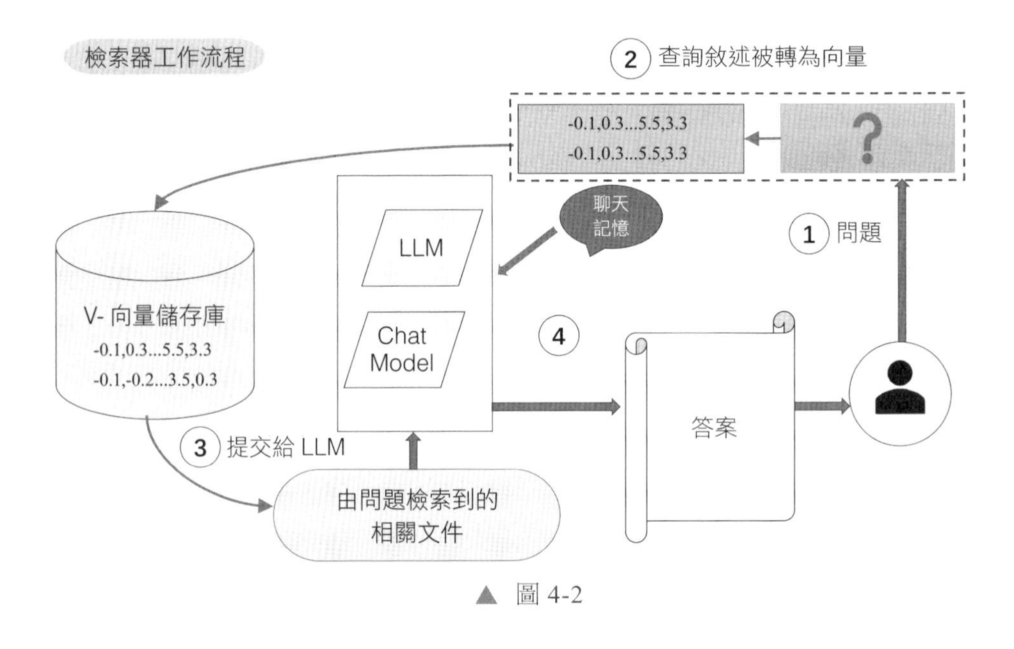

▲ 圖 4-2

這都需要依賴模型平臺的處理能力。然而，LangChain 的設計目標是讓這一切變得簡單和直觀。在內建的鏈元件中，LangChain 將所有這些步驟都整合在一起。只需要指定模型包裝器和檢索器，鏈元件就能完成所有的功能。

比如，當在 LangChain 中設定好模型包裝器和檢索器之後，鏈元件首先會利用檢索器把使用者的問題轉為向量（如圖 4-2 第②步），在向量儲存庫中找到相關的文件，然後將這些文件送入模型包裝器，最後傳回模型生成的答案。在這個過程中，只需要關心如何設定模型包裝器和檢索器，而不需要關心這些基礎模組之間的互動細節，因為所有這些工作都由鏈元件自動完成了。

4.6.1 檢索器的使用

下面使用程式範例來展示如何在 LangChain 中設定模型包裝器和檢索器，然後使用鏈元件來實現資訊檢索並傳回問題答案。首先，使用 TextLoader 載入文字檔 "state_of_the_union.txt"，該檔案包含了一系列的文件：

```
loader = TextLoader("../../state_of_the_union.txt")
documents = loader.load()
```

載入檔案後，使用 CharacterTextSplitter 對文件進行切割，將每篇文件都切割成一系列的文字區塊。每個文字區塊的大小為 1000 個字元，相鄰的文字區塊之間有重疊部分：

```
text_splitter = CharacterTextSplitter(chunk_size=1000, chunk_overlap=0)
texts = text_splitter.split_documents(documents)
```

然後，使用 OpenAIEmbeddings 為文字區塊生成嵌入向量，並使用 Chroma 將這些文字區塊和對應的嵌入向量儲存起來。此過程建立了一個向量儲存庫的實例 docsearch：

```
embeddings = OpenAIEmbeddings()
docsearch = Chroma.from_documents(texts, embeddings)
```

最後，使用 RetrievalQA 建立一個檢索式問答系統。這個系統使用了之前建立的 docsearch 作為檢索器，將 OpenAI 大型語言模型作為回答生成器。這個系統可以根據使用者的問題，找到相關的文字區塊，然後生成回答：

```
qa = RetrievalQA.from_chain_type(llm=OpenAI(),
 chain_type="stuff", retriever=docsearch.as_retriever())
```

在這個過程中，只需要關心如何設定模型包裝器和檢索器，而不需要關心這些元件之間的互動細節，因為鏈元件已經幫我們自動處理了所有的事情。

4.6.2 檢索器的類型

在實際的資訊檢索中，你可能會遇到各種各樣的問題和需求，比如需要精確匹配關鍵字，需要理解語義，需要根據時間排序，需要從網路上獲取最新的資料，等等。而每種類型的檢索器都是為了解決這些特定需求而設計的。

以下是每種類型的檢索器所解決的問題和適用的場景。

1. **自查詢檢索器**。這種檢索器適用於需要透過自然語言查詢來檢索具有一定結構或中繼資料的文件的場景。比如，在一個電子商務網站中，使用者可能會輸入「最新的 iPhone 手機」，自查詢檢索器則可以將這個查詢轉為一個結構化的查詢，比如：{"category": " 手機 ", "brand": "iPhone", "order": "newest"}，從而更精確地獲取使用者想要的結果。

2. **時間加權向量儲存檢索器**。這種檢索器適用於資訊的新舊程度對查詢結果影響較大的場景。比如，在新聞檢索中，使用者通常更關心最新的新聞，因此檢索器需要根據新聞的發佈時間來對結果進行排序。

3. **向量儲存支援的檢索器**。這種檢索器適用於需要基於語義相似度進行查詢的場景。比如，在問答系統中，使用者的問題可能會有很多種表達方式，只有理解了問題的語義，才能找到正確的答案。

4. **網路研究檢索器**。這種檢索器適用於需要從網路上獲取最新資料的場景。比如，使用者可能想要獲取關於一個熱點事件的最新資訊，此時檢索器可以直接從網路上進行檢索，以便獲取到最新的資訊。

第 5 章
鏈

5.1 為什麼叫鏈

許多人在第一次接觸 LangChain 時，可能會因為其名稱誤以為它是區塊鏈相關的東西。然而實際上，LangChain 的名稱源自其框架的核心設計想法：用最簡單的鏈（Chain），將為大型語言模型開發的各個元件連結起來，以建構複雜的應用程式。

我們在了解了模型 I/O 模組後，可以使用模型包裝器與大型語言模型進行對話。在掌握了資料增強模組後，可以連接外部的資料和文件，並使用 LEDVR 工作流來實現對與使用者輸入問題最相關的文件的檢索。當知道如何讓大型語言模型增加記憶後，又可以提升其智慧處理能力。然而，每一個模組在完成自身的功能並獲得結果後，面臨的都是同樣的問題——下一步做什麼？僅一步無法完全回答使用者的問題，那麼應如何安排下一步的行動？LEDVR 工作流的終點在哪裡？

這個問題的答案就在鏈模組和一系列的鏈元件中。鏈的主要功能是管理應用程式中的資料流程動，它將不同的元件（或其他鏈元件）連結在一起，形成一個完整的資料處理流程。每個元件都是鏈中的環節，它們按照預設的順序，接力完成各自的任務。在這個過程中，鏈自動管理各個環節之間的資料傳遞和格式轉換，從而保證了整個流程的順暢執行。

因此，鏈實質上是在處理複雜問題且需要多步驟配合解決時的「接力棒」。它將多個功能模組串聯起來，使得可以將複雜問題分解為一系列的小問題，然後依次解決這些小問題，最終實現對使用者問題的全面解答。所以，無論走到哪一步，鏈都是幫助邁向下一步的關鍵工具。

人們對人工智慧的期望是它能像真實的人類助理一樣，提供實質性的幫助。舉例來說，如果你問你的智慧助理，「2023 年的農曆生肖是什麼？」我們期望它能夠猶如真人助理一般，迅速舉出「兔年」的答案。然而，實際情況卻是，儘管大型語言模型在語言理解方面已經非常出色，但在獲取即時資訊、進行實質性的查詢等方面，仍然存在著一定的侷限。

為了解決這一問題，需要在背景增加一個查詢的步驟，讓應用程式能夠「自己去查詢」相關資訊，然後再透過大型語言模型的語言生成能力，將查詢結果告訴使用者。這個查詢的過程，雖然對使用者來說是看不見的，但對開發者來說，卻是必須要去處理的。只有這樣，開發的智慧助理才能真正做到像人類助理一樣，不僅能夠「說話」，更能夠「做事」。建構複雜應用程式需要將多個大型語言模型或其他模組的能力連結在一起。

在 LangChain 框架中，鏈模組扮演了類似於「助理」的角色。就像我們在生活中遇到各種瑣碎的事情，需要一位貼心的助理幫忙理順，提供有效的解決方案。同樣，當在開發複雜的應用程式時，也需要這樣一個助理，它可以幫助我們有序地組織和管理資料流程動，幫助處理資料增強、模型輸入輸出等環節中的各種事情。

可以想像，這位「助理」就像一位負責營運的經理，它處理的不是公司的人力問題，而是資料和模型包裝器。也可以將各個模型包裝器和內建的鏈元件看作公司的員工，它們有各自的職責和專長，這位助理將它們有序地組織在一起，連接在一起，讓它們在各自的職位上發揮最大的效能，形成一個井然有序的工作流程。

這就是鏈模組的作用，它以極其簡單的方式，實現了強大的功能。它將複雜的任務簡化，將龐大的應用模組化，讓我們在開發複雜應用程式時，能更專注於解決問題，而非陷入瑣碎的資料流程動和格式轉換中。

對開發者來說，鏈模組的設計正好滿足了他們對開發大型語言模型的期望。鏈模組的強大功能及其簡潔的設計讓我們可以更容易地實現複雜應用程式的開發和維護。這也是鏈模組設計的初衷。

鏈模組極佳地表現了其解決問題的理念。每一個鏈都是由一系列元件組成的（如圖 5-1 所示），這些鏈元件可以是大型語言模型、資料查詢模組或文件處理鏈，它們都是為了解決某一特定問題而設計的。這樣的設計，使得我們可以靈活地組合使用各種鏈元件，形成一個完整的資料處理流程，從而解決更複雜的問題。

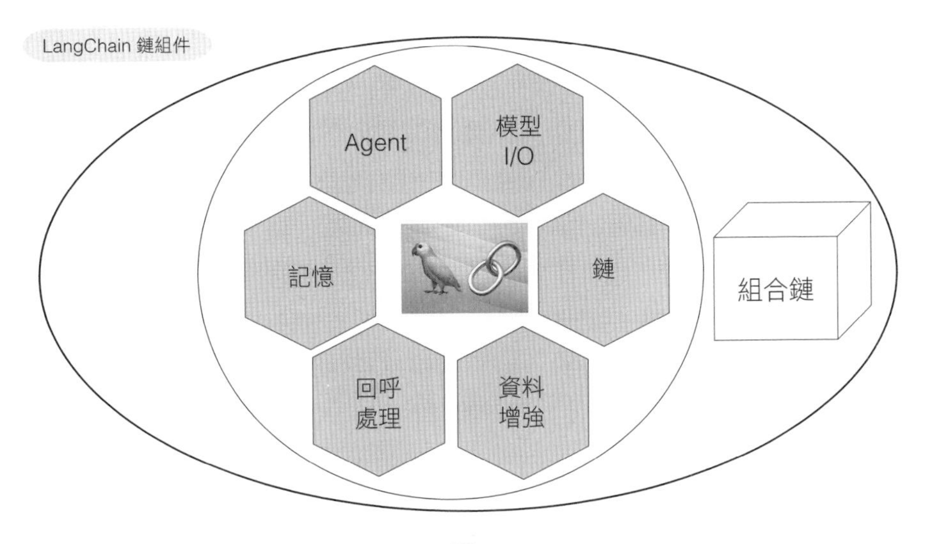

▲ 圖 5-1

理解了鏈的概念，掌握了鏈的基本使用方法後，我們再來了解一下各種各樣的內建鏈元件。這些鏈元件都是為了解決一些常見問題而設計的，包括資料查詢、記憶處理、模型呼叫等。只有了解了這些鏈元件解決的問題，才能更進一步地選擇和使用它們，進一步提升開發效率。這就是我們選擇使用 LangChain 框架，選擇使用鏈模組的原因。

在本書中，我們將整個鏈及其內容稱為「鏈模組」，而將具體的鏈稱為「鏈元件」，比如常見的模型鏈、階段鏈、QA 鏈等都是鏈元件。透過對元件的稱呼可以理解鏈的內容。

5.1.1 鏈的定義

相信你也留意到 LangChain 的 Logo——一隻鸚鵡和鏈條。鸚鵡，象徵大型語言模型的「學舌」能力，提示這類模型對人類文字的強大預測能力。而鏈條，則由無數鏈環組成，象徵鏈模組中各種鏈元件的有序連接。

由鏈模組組織和管理的資料流程動，正如哲學家赫拉克利特所言，「萬物皆流」。鏈模組的設計理念，也契合了古印度哲學家龍樹的觀點：「沒有任何本身就獨立於其他事物的存在」，每個元件的存在和執行都依賴於其他元件，與其他元件息息相關。鏈模組透過「包裝器」的形式，將相互依存和連結的鏈元件具象化，透過這個「包裝器」把鏈元件都「包」在一起，將複雜的程式設計流程變得視覺化。

透過鏈模組對資料的組織和管理，我們看到了一個完整的資料處理流程，從輸入資料的接收，到資料的處理，再到最終的模型預測。每一個過程，就像鏈條上的每一個鏈環，都是為了解決特定問題而存在的，它們相互依賴，相互連結。透過將這些元件連接起來，就形成了一個有序、高效的資料處理鏈條。這就是鏈模組的強大之處，它將分散的元件連接在一起，使得整個應用程式的流程更加清晰、有序，從而更易於理解和管理。

所以鏈到底是什麼？鏈是連接元件、管理元件資料流程的「包裝器」。

那如果沒有鏈，對於大型語言模型的開發會有什麼影響？其實，簡單的應用程式是可以沒有鏈的存在的。鏈也不是「萬金油」，到哪裡都好用，如果是簡單的應用程式，並不需要鏈。但是對於複雜的應用程式，則需要將多個大型語言模型或元件進行「鏈」連接和組合，這樣才能建構出更強大、更具協作性的應用程式。

這種鏈的價值在創新應用中已經獲得了驗證。2023 年，Johei Nakajima 在 Twitter 上分享了一篇名為「Task-driven Autonomous Agent Utilizing GPT-4, Pinecone, and LangChain for Diverse Applications」的論文，其中他介紹了最新的 Baby AGI。雖然 Baby AGI 現在還只是在概念程式階段，但是透過這個概念可以看出，鏈式結構是實現創新應用的非常有價值的工具。

我們再透過程式範例，觀看鏈模組的工作流程：從輸入資料的接收，到資料的處理，再到最終的大型語言模型預測。整個流程是透過使用鏈模組將各個鏈元件連接在一起形成的。

首先，需要安裝所需的函數庫。安裝 OpenAI 和 LangChain 這兩個 Python 函數庫。然後，設定環境變數 OPENAI_API_KEY 用於認證和呼叫 OpenAI 的 API。

```
pip -q install openai LangChain
```

在下面的 llm = OpenAI(temperature=0.9) 這行程式中，實例化了一個大型語言模型物件 llm，並設定了模型的生成文字的多樣性參數 temperature，值應設定為 0~1 之間，越接近 1，代表創意性越強。

```
from langchain.llms import OpenAI
from langchain.prompts import PromptTemplate

llm = OpenAI(temperature=0.9)
```

在下面這段程式中，定義了一個輸入範本 PromptTemplate。這個範本接受一個名為 product 的輸入變數，並使用這個變數來生成一個關於為製作該產品的公司命名的問題。

```
prompt = PromptTemplate(
  input_variables=["product"],
  template="What is a good name for a company that makes {product}?",
)
```

下面程式中的 chain = LLMChain(llm=llm, prompt=prompt) 就是實際使用的鏈。在這裡建構了一個 LLMChain 包裝器，這是使用的第一個內建鏈元件。該包裝器將 llm 和 prompt 這兩個元件連接在一起。

```
from langchain.chains import LLMChain
chain = LLMChain(llm=llm, prompt=prompt)
```

最後，呼叫 chain.run("colorful socks") 方法來執行這個鏈。該鏈首先將輸入的文字 "colorful socks" 插入之前定義的 PromptTemplate 中，生成一個完整的提示詞。然後，它將這個提示詞傳遞給 LLM 模型包裝器，並輸出模型的預測結果。

```
chain.run("colorful socks")
```

這就是鏈模組的使用範例，它將輸入資料的接收、處理和模型預測等步驟連接在一起，形成一個完整的應用程式工作流程。這樣做的好處是，使得整個應用程式的資料流程更加清晰、有序，從而更易於組織和管理。

5.1.2 鏈的使用

Chain 是一個 Python 類別，表示一種操作流程。這是一種可以接受一些輸入，並透過特定的邏輯處理這些輸入，然後產生一些輸出的物件。本節我們分三步來介紹鏈的使用。

1. 準備輸入

首先，需要準備一些輸入，輸入是一個字典，其鍵是由 prompt 物件的 input_variables 屬性決定的。我們需要根據實際的 prompt 物件來確定需要哪些輸入。

2. 實例化鏈類別

接著，需要實例化 Chain 類別。需要提供一個 BasePromptTemplate 物件和一個 BaseLanguageModel 物件。

3. 執行鏈

使用函數式呼叫是最方便的方法，傳遞參數來執行鏈。還可以使用 run()、arun() 或 apply() 方法來執行鏈。這些方法都接受輸入並提供一些可選的參數：

- inputs：字典類型，包含了需要的輸入變數。
- return_only_outputs（可選）：布林值，表示是否只傳回輸出。如果為 True，則只傳回由這個鏈生成的新鍵。如果為 False，則傳回輸入鍵和由這個鏈生成的新鍵。預設為 False。
- callbacks（可選）：用於設定 Chain 執行時期需要呼叫的回呼函數集合。
- include_run_info（可選）：布林值，表示是否在回應中包含執行資訊。預設為 False。

run() 和 arun() 方法都是直接執行鏈並獲取字串的方法。這兩個方法的區別在於，後者支援非同步呼叫。

apply() 方法是一個可以由子類別自訂的方法。舉例來說，在 LLMChain 中，apply() 方法接受一個字典串列作為輸入，每個字典都包含一組輸入。

這是使用鏈的基本步驟。根據具體的 Chain 類別和你的需求，可以適當調整這些步驟。

非同步支援

LangChain 透過使用 asyncio 函數庫為鏈提供非同步支援。

目前 LLMChain（透過使用 arun、apredict 和 acall 方法）、LLMMathChain（透過使用 arun 和 acall 方法）、ChatVectorDBChain 及 QA 鏈支援非同步作業。其他鏈的非同步支援正在規劃中。

使用方法解析

所有的鏈都可以像函數一樣被呼叫。當鏈物件只有一個輸出鍵（也就是說，它的 output_keys 中只有一個元素）時，預期的結果是一個字串，此時可以使用 run 方法。

在 LangChain 中，所有繼承自 Chain 類別的物件，都提供了一些用於執行鏈邏輯的方式，其中一種比較直接的方式就是使用 __call__ 方法。__call__ 方法是 Chain 類別的方法，它讓 Chain 類別的實例可以像函數一樣被呼叫，比如 result = chain(inputs, return_only_outputs=True) 就完成了鏈呼叫。

__call__ 方法的定義如下：

```
def __call__(
    self,
    inputs: Union[Dict[str, Any], Any],
    return_only_outputs: bool = False,
    callbacks: Callbacks = None,
    *,
    tags: Optional[List[str]] = None,
    include_run_info: bool = False,
  ) -> Dict[str, Any]:
```

__call__ 方法的參數中最有用的是以下 3 個：

- inputs：這個參數的值是要傳遞給鏈的輸入，它的類型是 Any，這表示它可以接受任何類型的輸入。
- return_only_outputs：這個參數是一個布林值，如果設為 True，則方法只傳回輸出結果。如果設為 False，則可能傳回其他額外的資訊。
- callbacks：這個參數的值是回呼函數的串列，它們將在鏈執行過程中的某些時刻被呼叫。

__call__ 方法傳回一個字典，這個字典包含了鏈執行的結果和可能的其他資訊。

在 Python 中，如果一個類別定義了 __call__ 方法，那麼這個類別的實例就可以像函數一樣被呼叫。舉例來說，如果 chain 是 Chain 類別的實例，那麼你可以像呼叫函數一樣呼叫 chain：

```
result = chain(inputs, return_only_outputs=True)
```

在這個呼叫中，inputs 是要傳遞給鏈的輸入，return_only_outputs=True 表示只傳回輸出結果。傳回的 result 是一個字典，包含了鏈執行的結果。

最重要的參數是 inputs，如以下範例：

```
chat = ChatOpenAI(temperature=0)
prompt_template = "Tell me a {adjective} joke"
llm_chain = LLMChain(llm=chat, prompt=PromptTemplate.from_template(prompt_template))

llm_chain(inputs={"adjective": "corny"})
```

以上程式傳回的結果是：

```
{'adjective': 'corny',
   'text': 'Why did the tomato turn red? Because it saw the salad dressing!'}
```

可以透過設定 return_only_outputs 為 True 來設定方法只傳回輸出鍵值。

```
llm_chain("corny", return_only_outputs=True)
```

下面傳回的結果就不包含 "adjective": "corny"：

```
{'text': 'Why did the tomato turn red? Because it saw the salad dressing!'}
```

然而，當鏈物件只有一個輸出鍵（也就是說，它的 output_keys 中只有一個元素）時，則可以使用 run 方法執行鏈。

```
# llm_chain only has one output key, so we can use run
llm_chain.output_keys['text']
```

output_keys 中只有一個元素 ['text']，可以使用 run 方法：

```
llm_chain.run({"adjective": "corny"})
```

如果輸入的鍵值只有一個，則預期的輸出也是一個字串，那麼輸入可以是字串也可以是物件，在這種情況下可以使用 run 方法也可以使用 __call__ 方法執行鏈。

run 方法將整個鏈的輸入鍵值（input key values）進行處理，並傳回處理後的結果。需要注意的是，與 __call__ 方法可能傳回字典形式的結果不同，run 方法總是傳回一個字串。這也是為什麼當鏈物件只有一個輸出鍵時，傾向於使用 run 方法，因為這時候處理結果只有一個，傳回字串更直觀也更便於處理。

舉例來說，假設有一個鏈物件，它的任務是根據輸入的文字生成摘要，那麼在呼叫 run 方法時，可以直接將待摘要的文字作為參數輸入，然後得到摘要文字。在這種情況下，可以直接輸入字串，而無須指定輸入映射。

另外，可以很容易地將一個 Chain 物件作為一個工具，透過它的 run 方法整合到 Agent 中，這樣可以將鏈的處理能力直接應用於 Agent 邏輯中。

支援自訂鏈

可以透過子類別化 Chain 來自訂鏈。在其輸出中僅偵錯鏈物件可能比較困難，因為大多數鏈物件涉及相當多的輸入提示前置處理和 LLM 輸出後處理。

鏈的偵錯

將 verbose 參數設定為 True 可以在執行鏈物件時列印出一些鏈物件的內部狀態。

```
conversation = ConversationChain(
  llm=chat,
  memory=ConversationBufferMemory(),
  verbose=True
)
conversation.run("What is ChatGPT?")
```

加記憶的鏈

鏈可以使用 Memory 物件進行初始化，這使得在呼叫鏈時可以持久化資料，從而使鏈具有狀態，如下所示：

```
from langchain.chains import ConversationChain
from langchain.memory import ConversationBufferMemory

conversation = ConversationChain(
  llm=chat,
  memory=ConversationBufferMemory()
)

conversation.run("Answer briefly. What are the first 3 colors of a rainbow?")
# -> The first three colors of a rainbow are red, orange, and yellow.
conversation.run("And the next 4?")
# -> The next four colors of a rainbow are green, blue, indigo, and
violet.
```

鏈序列化

鏈使用的序列化格式是 json 或 yaml。目前，只有一些鏈支援這種類型的序列化。隨著時間的演進會有更多的鏈支援序列化。首先，我們看看如何將鏈儲存到磁碟。這可以透過 .save 方法完成，同時需指定一個帶有 json 或 yaml 副檔名的檔案路徑。可以使用 load_chain 方法從磁碟載入鏈。

5.1.3 基礎鏈類型

基礎鏈的類型分為 4 種：LLM 鏈（LLMChain）、路由器鏈（RouterChain）、順序鏈（Sequential Chain）和轉換鏈（Transformation Chain）。

1. LLM 鏈是一種簡單的鏈。它在 LangChain 中被廣泛應用，包括在其他鏈和代理中。LLM 鏈由提示詞範本和模型包裝器（可以是 LLM 或 Chat Model 模型包裝器）組成。它使用提供的輸入鍵值格式化提示詞範本，然後將格式化的字串傳遞給 LLM 模型包裝器，並傳回 LLM 模型包裝器的輸出。上一節中的範例程式便使用了 LLM 鏈。

2. 路由器鏈是一種使用路由器建立的鏈，它可以動態地選擇給定輸入的下一條鏈。路由器鏈由兩部分組成：路由器鏈本身（負責選擇要呼叫的下一條鏈）和目標鏈（路由器鏈可以路由到的鏈）。

3. 順序鏈在呼叫語言模型後的下一步使用，它特別適合將一次呼叫的輸出作為另一次呼叫的輸入的場景。順序鏈允許我們連接多個鏈並將它們組成在特定場景下執行的管線。順序鏈有兩種類型：SimpleSequentialChain（最簡單形式的順序鏈，其中每一步都有一個單一的輸入 / 輸出，一個步驟的輸出是下一個步驟的輸入）和 SequentialChain（一種更通用的順序鏈，允許多個輸入 / 輸出）。

4. 轉換鏈是一個用於資料轉換的鏈，開發者可以自訂 transform 函數來執行任何資料轉換邏輯。這個函數接受一個字典（其鍵由 input_variables 指定）作為參數並傳回另一個字典（其鍵由 output_variables 指定）。

5.1.4 工具鏈類型

在 LangChain 中，鏈其實就是由一系列工具鏈組成的，每一個工具都可以被視為整個鏈中的環節。這些環節執行的操作可能非常簡單，例如將一個提示詞範本和一個大型語言模型連結起來，形成一個大型語言模型鏈。然而，也可能比較複雜，例如在整個流程中，透過多個環節進行多個步驟的連接。這可能還涉及多個大型語言模型及各種不同的工具程式等。在工具鏈中，一個鏈的輸出將成為下一個鏈的輸入，這就形成了一個輸入 / 輸出的鏈式流程。舉例來說，從大型語言模型的輸出中提取某些內容，作為 Wolfram Alpha 查詢的輸入，然後傳回查詢結果，並再次透過大型語言模型生成傳回給使用者的回應。這就是一個典型的工具鏈的範例。

常見工具鏈的功能與應用

在實際的應用中，一些常見的工具鏈如 APIChain、ConversationalRetrievalQA 等已經被封裝好了。

APIChain 使得大型語言模型可以與 API 進行互動，以獲取相關的資訊。建構該鏈時，需要提供一個與指定 API 文件相關的問題。

ConversationalRetrievalQA 鏈在問答鏈的基礎上提供了一個聊天歷史元件。它首先將聊天歷史（不是明確傳入，就是從提供的記憶體中檢索）和問題合併成一個獨立的問題，然後從檢索器中查詢相關的文件，最後將這些文件和問題傳遞給一個問答鏈，用以傳回回應。

對於需要將多個文件進行合併的任務，可以使用文件合併鏈，如 MapReduce DocumentsChain 或 StuffDocumentsChain 等。

對於需要從同一段落中提取多個實體及其屬性的任務，則可以使用提取鏈。

還有一些專門設計用來滿足特定需求的鏈，如 ConstitutionalChain，這是一個保證大型語言模型輸出遵循一定原則的鏈，透過設定特定的原則和指導方針，使得大型語言模型生成的內容符合這些原則，從而提供更受控、符合倫理和上下文的回應內容。

工具鏈的使用方法

工具鏈的使用方法通常是先使用類別方法實例化，然後透過 run 方法呼叫，輸出結果是一個字串，然後將這個字串傳遞給下一個鏈。類別方法通常以「from」和下畫線開始，比較常見的有 from_llm() 和 from_chain_type()，它們都接受外部的資料來源作為參數。

from_llm() 方法的名稱表示實例化時，傳遞的 LLM 模型包裝器在內部已被包裝為 LLMChain。而只有在需要設定 combine_documents_chain 屬性的子類別時才使用 from-chain-type() 方法建構鏈。目前只有文件問答鏈使用這個類別方法，比如 load_qa_with_sources_chain 和 load_qa_chain。也只有這些文件問答鏈才需要對文件進行合併處理。

下面以 SQLDatabaseChain 為例，介紹如何使用工具鏈。SQLDatabaseChain 就是一個透過 from_llm() 方法實例化的鏈，用於回答 SQL 資料庫上的問題。

```
from langchain import OpenAI, SQLDatabase, SQLDatabaseChain

db = SQLDatabase.from_uri("sqlite:///../../../../notebooks/Chinook.db")
llm = OpenAI(temperature=0, verbose=True)

db_chain = SQLDatabaseChain.from_llm(llm, db, verbose=True)

db_chain.run("How many employees are there?")
```

執行的結果是：

```
 > Entering new SQLDatabaseChain chain...
 How many employees are there?
 SQLQuery:

 /workspace/LangChain/LangChain/sql_database.py:191: SAWarning: Dialect
sqlite+pysqlite does *not* support Decimal objects natively, and SQLAlchemy must
convert from floating point - rounding errors and other issues may occur. Please
consider storing Decimal numbers as strings or integers on this platform for lossless
storage.
  sample_rows = connection.execute(command)

 SELECT COUNT(*) FROM "Employee";
 SQLResult: [(8,)]
 Answer:There are 8 employees.
 > Finished chain.

 'There are 8 employees.'
```

5.2 細說基礎鏈

基礎鏈是整個執行鏈的基礎。這一節詳細說明最常使用的基礎鏈：LLM 鏈、路由器鏈和順序鏈。

5.2.1 LLM 鏈

LLM 鏈是一個非常簡單的鏈元件。這是我們最常見到的鏈元件。它的作用只是將一個大型語言模型包裝器與提示詞範本連接在一起。使用提示詞範本來接收使用者輸入，並使用模型包裝器發出聊天機器人的響應。

以下是在文章的事實提取場景下，使用 LLM 鏈的範例程式。

首先安裝函數庫：

```
pip install openai LangChain huggingface_hub
```

還需要設定金鑰：

```
import os

os.environ['OPENAI_API_KEY'] = '填入你的 OPENAI 平臺的金鑰'


from langchain.llms import OpenAI
from langchain.chains import LLMChain
from langchain.prompts import PromptTemplate
```

設定 OpenAI text-davinci-003 模型，將溫度設定為 0。

```
llm = OpenAI(model_name='text-davinci-003',
             temperature=0,
             max_tokens = 256)
```

下面對一篇關於 Coinbase 的文章進行事實提取：

```
    article = """Coinbase, the second-largest crypto exchange by trading volume,
released its Q4 2022 earnings on Tuesday, giving shareholders and market players
alike an updated look into its financials. In response to the report, the company's
shares are down modestly in early after-hours trading.In the fourth quarter of 2022,
Coinbase generated $605 million in total revenue, down sharply from $2.49 billion in
the year-ago quarter…(完整文件可在本書程式倉庫找到)
    """
```

提示詞範本的大意是，從文字中提取關鍵事實，不包括觀點，給每個事實編號，並保持它們的句子簡短。

```
fact_extraction_prompt = PromptTemplate(
    input_variables=['text_input'],
    template=(
        'Extract the key facts out of this text. Don't include opinions. '
        'Give each fact a number and keep them short sentences. :\n\n '
        '{text_input}'
    )
)
```

製作鏈元件實際上非常簡單，只需為 LLMChain 類別設定 llm 和 prompt 參數，然後，進行函數式呼叫，這樣就實例化了一個 LLMChain 元件。將需要處理的文字字串傳遞給這個鏈元件。使用 run 方法可以執行這個鏈元件，將用於提取任務的提示詞發送給聊天機器人，聊天機器人進行回應。

```
fact_extraction_chain = LLMChain(llm=llm, prompt=fact_extraction_prompt)

facts = fact_extraction_chain.run(article)

print(facts)
```

可以看到，在執行該鏈元件之後，提取了 10 個關鍵事實。

```
1. Coinbase released its Q4 2022 earnings on Tuesday.
2. Coinbase generated $605 million in total revenue in Q4 2022.
3. Coinbase lost $557 million in the three-month period on a GAAP basis.
4. Coinbase's stock had risen 86% year-to-date before its Q4 earnings were released.
5. Consumer trading volumes fell from $26 billion in Q3 2022 to $20 billion in Q4
2022.
6. Institutional volumes across the same timeframe fell from $133 billion to $125
billion.
7. The overall crypto market capitalization fell about 64%, or $1.5 trillion during
2022.
8. Trading revenue at Coinbase fell from $365.9 million in Q3 2022 to $322.1 million
in Q4 2022.
9. Coinbase's "subscription and services revenue" rose from $210.5 million in Q3
2022 to $282.8 million in Q4 2022.
```

```
10. Monthly active developers in crypto have more than doubled since 2020 to over
20,000.
```

該鏈元件從這篇文章中提取了 10 個事實。這對使用者來說，原本要看 3500 字的原文，現在壓縮為了 10 個關鍵事實，極大地節約了使用者的閱讀時間。

5.2.2 路由器鏈

路由器鏈是一種程式設計範式，用於動態選擇下一個要使用的鏈來處理給定的輸入。在 LangChain 中，路由器鏈主要由兩部分組成：一是路由器鏈自身，它的任務是負責選擇下一個要呼叫的鏈；二是所有目標鏈的字典集合。

LLMRouterChain 是路由器鏈的一種具體實現，其負責根據某種邏輯或演算法來選擇下一個要呼叫的鏈。路由器鏈是利用提示詞指導模型的能力，讓模型按照某種評估或匹配機制選擇下一個鏈。路由器鏈使用 LLM 模型包裝器來決定如何路由，以下例所示：

```
from langchain.chains.router.llm_router import LLMRouterChain

# 建立 LLMRouterChain
router_chain = LLMRouterChain.from_llm(llm, router_prompt)

destination_chains = {}
for p_info in prompt_infos:
    name = p_info["name"]
    prompt_template = p_info["prompt_template"]
    prompt = PromptTemplate(template=prompt_template,input_variables=["input"])
    chain = LLMChain(llm=llm, prompt=prompt)
    destination_chains[name] = chain
```

destination_chains 是一個字典，其中的鍵通常是目標鏈的名稱或識別字，值則是這些目標鏈的實例。

值得注意的是，因為 destination_chains 是一個字典結構，所以可以在執行時期動態地增加或刪除目標鏈，而無須修改程式。

5.2.3 順序鏈

順序鏈是多個鏈元件的組合，並且按照某種預期的循序執行其中的鏈元件。

我們在 5.2.1 節中製作了一個可以提取 10 個文章事實的 LLM 鏈，這裡為了說明順序鏈是如何工作的，增加一個新的鏈。

下面製作一個新的鏈。然後把其中一些鏈組合在一起，所以我們新建構一個 LLM 鏈。

本節採用 5.2.1 節提取 10 個文章事實的範例，把它們改寫成投資者報告的形式。提示詞寫入為：「你是高盛的分析師，接受以下事實串列，並用它們為投資者撰寫一個簡短的段落，不要遺漏關鍵資訊。也可以放一些東西在這裡，不要杜撰資訊，應該是要傳入的事實。」其中，{facts} 是範本字串的預留位置，也就是提示詞範本的 input_variables 的值：input_variables=["facts"]。

```
investor_update_prompt = PromptTemplate(
    input_variables=["facts"],
    template="You are a Goldman Sachs analyst. Take the following list of facts
      and use them to write a short paragrah for investors. Don't leave out key
      info:\n\n {facts}"
)
```

再次強調，這是一個 LLM 鏈，傳入 LLM 鏈，仍然使用上面定義的原始模型，這裡的區別在於，傳入提示詞已經不同了。然後可以執行（run 方法）它。

```
investor_update_chain = LLMChain(llm=llm, prompt=investor_update_prompt)
investor_update = investor_update_chain.run(facts)

print(investor_update)
len(investor_update)
```

輸出結果如下。可以看到，文章內容和文章的字串長度值都列印出來了。

```
   Coinbase released its Q4 2022 earnings on Tuesday, revealing total revenue
of $605 million and a GAAP loss of $557 million. Despite the losses, Coinbase's
stock had risen 86% year-to-date before its Q4 earnings were released. Consumer
```

```
trading volumes fell from $26 billion in Q3 2022 to $20 billion in Q4 2022, while
institutional volumes fell from $133 billion to $125 billion. The overall crypto
market capitalization fell about 64%, or $1.5 trillion during 2022. Trading revenue
at Coinbase fell from $365.9 million in Q3 2022 to $322.1 million in Q4 2022, while
its "subscription and services revenue" rose from $210.5 million in Q3 2022 to $282.8
million in Q4 2022. Despite the market downturn, monthly active developers in crypto
have more than doubled since 2020 to over 20,000.

788
```

該範例寫了一篇相當連貫的好文章，字元長度為 788。比之前的文章要短得多。

下面使用簡單的順序鏈（SimpleSequentialChain）來完成提煉 10 個文章事實和寫摘要的兩個任務。簡單的順序鏈就像 PyTorch 中的標準順序模型一樣，它只是從 A 到 B 到 C，沒有做任何複雜的操作。順序鏈的便利性在於，它接收包含多個鏈元件的陣列，併合並多個鏈元件。比如提煉 10 個文章事實和寫摘要的兩個任務鏈，使用順序鏈將它們合併之後，執行得到的回應是兩個任務的答案。本來需要執行兩次鏈元件，而使用順序鏈後只需執行一次。

```
from langchain.chains import SimpleSequentialChain, SequentialChain

full_chain = SimpleSequentialChain(
    chains=[fact_extraction_chain, investor_update_chain],
    verbose=True
)
response = full_chain.run(article)
```

透過使用順序鏈，成功地將原本需要手動執行的兩步操作簡化為了一步。在這個順序鏈元件內部，資料的流動和管理都被自動處理了，開發者並不需要關心這些細節。需要做的只是指定任務以及任務的執行順序，順序鏈會按照要求，將任務有序地組織起來並執行，最後傳回預期的結果。

5.3 四大合併文件鏈

四大合併文件鏈是 LangChain 專用於處理文件的鏈，也是較為複雜的鏈，因為文件鏈由 2 個以上的基礎鏈組成。最常使用的基礎鏈是 LLM 鏈。文件鏈主要用於處理文件問答，它透過最佳化演算法和調整參數，使得文件回答更加穩定和準確。不同於基礎鏈和工具鏈是為解決業務需求，文件鏈是透過對演算法的最佳化，來匹配不同的文件問答的需求。文件鏈讓開發者使用參數來設定選擇不同的演算法類型，以滿足不同的文件問答的開發需求。

在許多應用場景中，需要與文件進行互動，如閱讀說明書、瀏覽產品手冊等。近來，基於這些場景開發的應用，如 ChatDOC 和 ChatPDF，都受到了廣大使用者的歡迎。為了滿足對特定文件進行問題回答、提取摘要等需求，LangChain 設計了四大合併文件鏈。

不同類型的文件鏈元件給初學者造成了很大的困擾。主要是因為透過設定參數設定不同的文件鏈後，初學者並不清楚其中的演算法是什麼，中間的處理流程發生了什麼變化。如果從各個類型的文件鏈具體步驟來理解，就會發現，這些類型的文件鏈主要區別在於，它們處理輸入文件的方式，使用的演算法，以及在中間過程中與模型的互動次數和答案來源於哪些階段。理解了這些，就可以更清楚地知道各種類型文件鏈的優缺點，從而在生產環境中做出更好的決策。

換句話說，我們理解了每個類型文件鏈的具體步驟，提交了什麼提示詞範本，就可以明確地知道使用哪種類型的文件鏈更符合我們的需求。後面會對每個類型的文件鏈經歷的具體步驟進行拆解。在這裡先做個概述，後面會詳細講解每個類型的文件鏈。

1. **Stuff 鏈**是處理方式最直接的文件鏈。它接收一組文件，將它們全部插入一個提示中，然後將該提示傳遞給 LLM 鏈。這種鏈適合於文件較小且大部分呼叫只傳入少量文件的應用程式。

2. **Refine 鏈**透過遍歷輸入文件並迭代更新其答案來建構回應。對每個文件，它將所有非文件輸入、當前文件和最新的中間答案傳遞給 LLM 鏈，以獲得新的答案。由於 Refine 鏈一次只向 LLM 鏈傳遞一個文件，因此它非常適合需要分析模型上下文容納不下的文件的任務。但顯然，這種鏈會比 Stuff 這樣的鏈呼叫更多的 LLM 鏈。此外，還有一些任務很難透過迭代來完成。舉例來說，當文件經常相互交叉引用或任務需要許多文件的詳細資訊時，Refine 鏈的表現可能較差。

3. **MapReduce 鏈**首先將 LLM 鏈單獨應用於每個文件（Map 步驟），並將鏈輸出視為新的文件。然後，它將所有新文件傳遞給一個單獨的文件鏈，以獲得單一的輸出（Reduce 步驟）。如果需要，這個壓縮步驟將遞迴地執行。

4. **重排鏈（MapRerank）**與 MapReduce 鏈一樣，對每個文件執行一個初始提示的指令微調。這個初始提示不僅試圖完成一個特定任務（比如回答一個問題或執行一個動作），也為其答案提供了一個置信度得分。然後，這個得分被用來重新排序所有的文件或項目。最終，得分最高的回應被傳回。這種機制有助在多個可能的答案或解決方案中，找到最合適、最準確或最相關的。重排鏈透過增加一個重排序或重評分步驟，進一步提高系統的性能和準確性。

5.3.1 Stuff 鏈

Stuff 文件鏈的處理方式較為直接。它接收一組文件，並將所有文件插入一個提示中，然後將該提示傳遞給 LLM 鏈，如圖 5-2 所示。

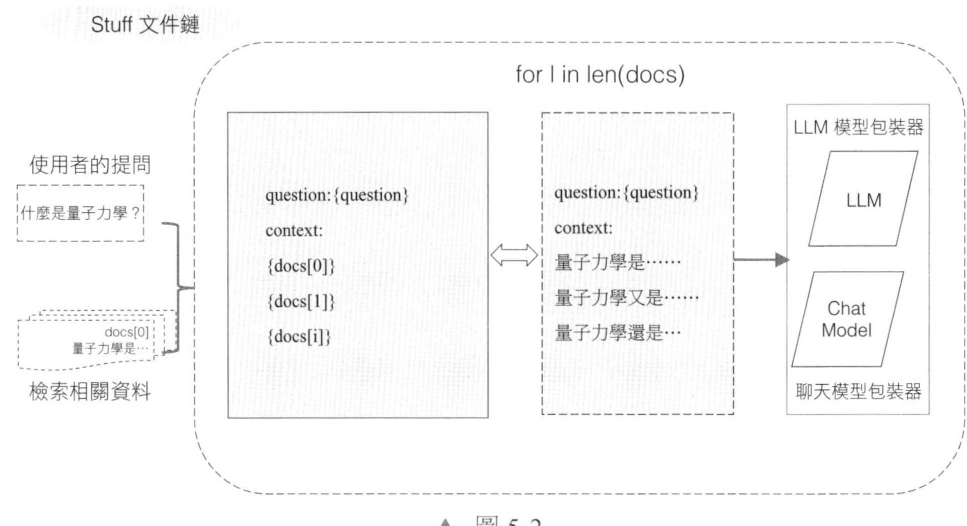

▲ 圖 5-2

在插入文件階段，系統接收一組文件，並將它們全部插入一個提示中。在如圖 5-2 所示的提示詞範本中，context 對應的資料是全部文件內容 {docs}，{docs} 是一個文件資料型態的串列（docs[0]~docs[i]）。這種文件鏈適用於文件較小且大部分呼叫只傳入少量文件的應用程式。它可以簡單地將所有文件拼接在一起，形成一個大的提示，然後將這個提示傳遞給模型包裝器。

在生成答案階段，系統將包含所有文件的提示傳遞給模型包裝器（圖 5-2 的最右側）。模型包裝器根據該提示生成答案。由於所有的文件都被包含在同一個提示中，所以模型包裝器生成的答案考慮到了所有的文件。

Stuff 鏈最終實現的效果是，系統可以對包含多個文件的問題生成一個全面的答案。這種處理方式可以提高文件搜尋的品質，特別是在處理小文件和少量文件的情況下。

那麼如果需要處理大量文件或文件尺寸較大，則可能需要使用其他類型的文件鏈，如 Refine 或 MapReduce。

5.3.2 Refine 鏈

Refine 文件鏈透過遍歷輸入文件並迭代更新其答案來建構回應。對於每個文件，它將所有非文件輸入（例如使用者的問題或其他與當前文件相關的資訊）、當前文件和最新的中間答案傳遞給 LLM 鏈，以獲得新的答案。包含中間答案的提示詞是這個類型文件鏈的重要特徵，如圖 5-3 所示。

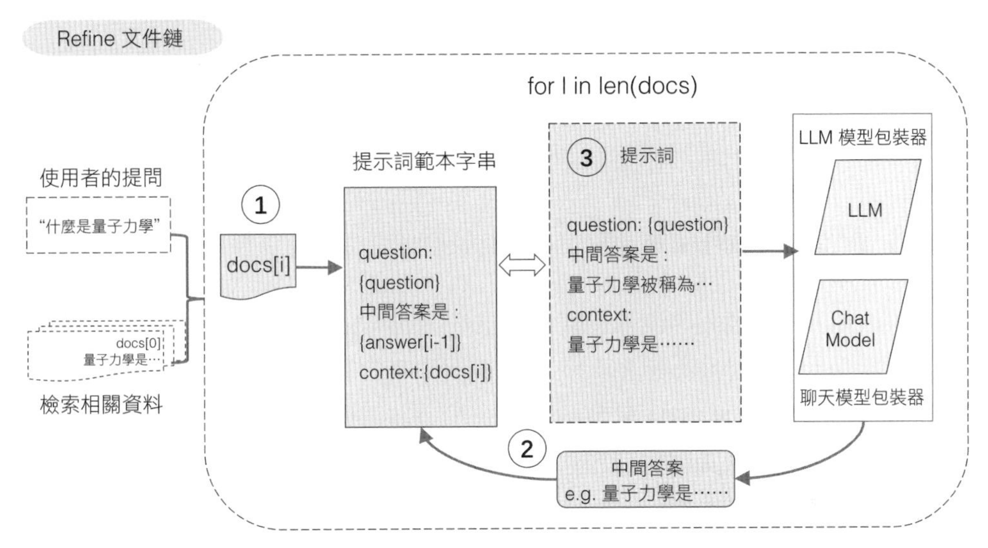

▲ 圖 5-3

在遍歷文件階段（圖 5-3 的 for i in len（docs）），系統會遍歷輸入的所有文件。對於每個文件，一起作為提示詞被傳遞給模型包裝器的內容有：一些上下文資訊，例如使用者的問題，或其他與當前文件相關的資訊。

最新的中間答案。中間答案是系統在處理之前的文件時產生的。一開始，中間答案可能是空的，但隨著系統處理更多的文件，中間答案會不斷更新。

Refine 鏈與 MapReduce 鏈和重排鏈不同的是，它不產生新文件，只是不斷更新提示詞範本，迭代出更全面的答案。而且文件之間的影響是傳遞性的，由上一個文件形成的答案會影響從下一個文件得到的答案。

在更新答案階段，系統將提示傳遞給 LLM 鏈，然後將 LLM 鏈生成的答案作為新的中間答案。這個過程會迭代進行，直到所有的文件都被處理。

Refine 鏈最終實現的效果是，系統可以對包含多個文件的問題生成一個全面的答案，而且對每個文件的處理結果都會影響對後續文件的處理。這種處理方式可以提高文件搜尋的品質，特別是在處理大量文件的情況下。

Refine 鏈適用於處理大量文件，特別是當這些文件不能全部放入模型的上下文中時。然而，這種處理方式可能會使用更多的運算資源，並且在處理某些複雜任務（如文件之間頻繁地交叉引用，或需要從許多文件中獲取詳細資訊）時可能表現不佳。

5.3.3 MapReduce 鏈

MapReduce 鏈的整體流程主要由兩部分組成：映射階段（圖 5-4 Map 階段）和精簡階段（圖 5-4 Reduce 階段）。在映射階段，系統對每個文件單獨應用一個 LLM 鏈（圖 5-4 的 LLM 模型包裝器），並將鏈輸出視為新的文件。在精簡階段，系統將所有新文件傳遞給一個單獨的文件鏈，以獲得單一的輸出。如果需要，系統會首先壓縮或合併映射的文件，以確保它們適合相應的文件鏈。

在映射階段，系統使用 LLM 鏈，對每個輸入的文件進行處理。處理的方式是，將當前文件作為輸入傳遞給 LLM 鏈，然後將 LLM 鏈的輸出視為新的文件。這樣，每個文件都會被轉為一個新的文件（圖 5-4 中間虛線框代表多個新文件），這個新文件包含了對原始文件的處理結果。新文件是 MapReduce 鏈的主要特徵。

對於每個文件，作為提示詞範本的一部分傳遞給 LLM 鏈的內容是原始文件。MapReduce 鏈比起 Stuff 鏈多了前置處理步驟，也就是說對每個文件的處理都產生了一個新的文件，這個新文件是執行 LLM 鏈的結果。

每個原始文件都經過 LLM 鏈處理，處理結果被寫入一個新文件，這就是映射的過程。比如原文件有 2000 字，經過 LLM 鏈處理後，結果是 200 字。將這 200 字的結果儲存為一個新文件，但是新文件與 2000 字原文件存在著映射關係。

在精簡階段，系統使用合併文件鏈將映射階段得到的所有新文件合併成一個文件。如果新文件的總長度超過了合併文件鏈的容量，那麼系統會執行一個壓縮過程將新文件的數量減少到合適的數量。這個壓縮過程會遞迴執行，直到新文件的總長度滿足要求。

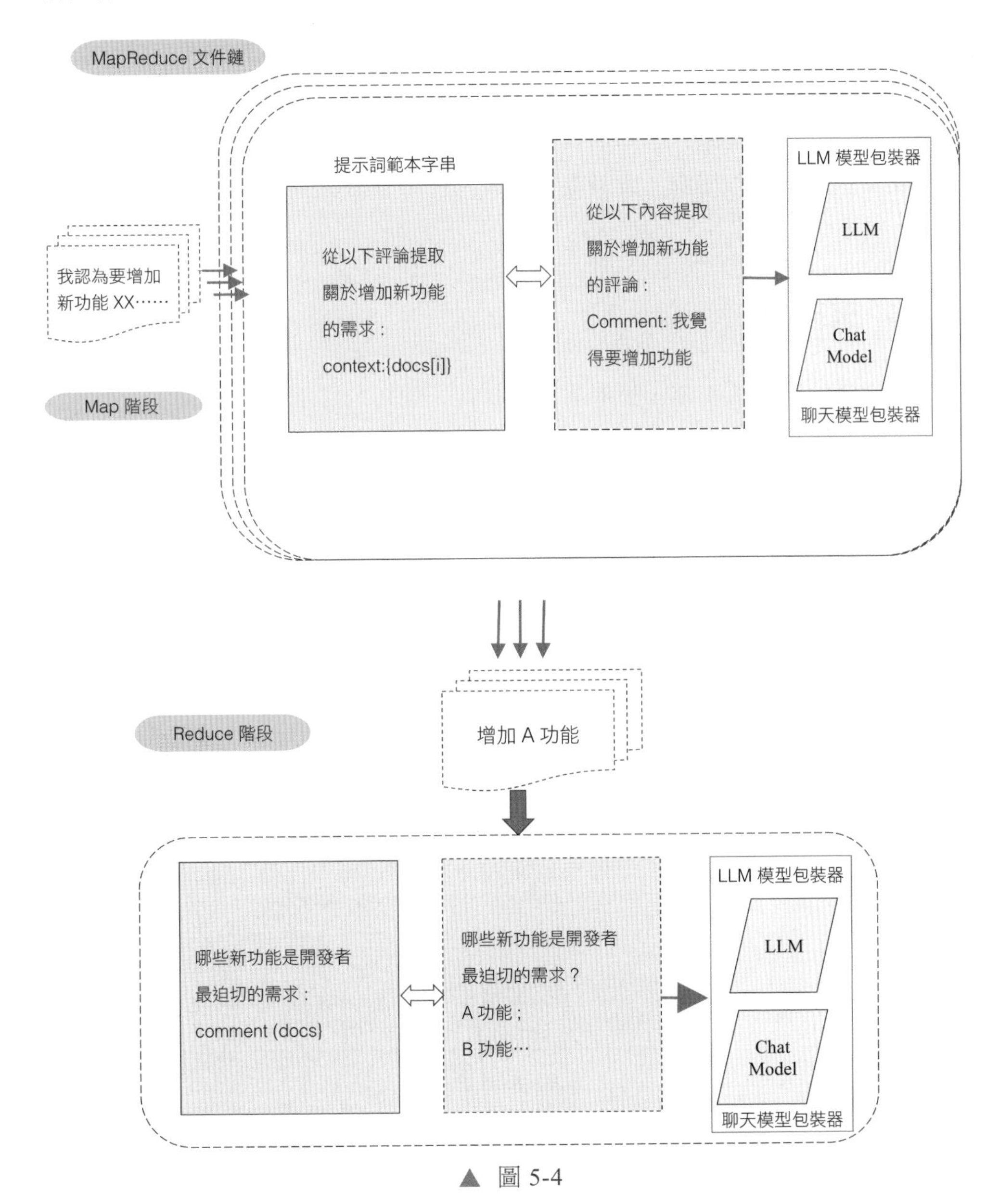

▲ 圖 5-4

MapReduce 鏈最終實現的效果是，系統可以對每個文件單獨進行處理，然後將所有文件的處理結果合併在一起。這種處理方式可以提高文件搜尋的品質，特別是在處理大量文件的情況下。

MapReduce 鏈適用的場景是需要處理大量文件時，特別是當這些文件不能全部放入模型的上下文中時。透過並行處理每個文件併合並處理結果，這種處理方式可以在有限的資源下處理大量的文件。然而，由於每個文件都需要跟 LLM 鏈互動，產生新的文件，因此這樣的處理方式會使用大量的 API 呼叫，不適合大量交叉引用文件的情況，或需要從大量文件中獲取詳細資訊的情況（由於該鏈有遞迴壓縮的步驟）。

5.3.4 重排鏈

重排鏈的整體流程是，對每個文件執行一個初始提示的指令微調，這個提示不僅試圖完成任務，還對其答案的確定程度舉出評分。最後，得分最高的回應將被傳回，如圖 5-5 所示。

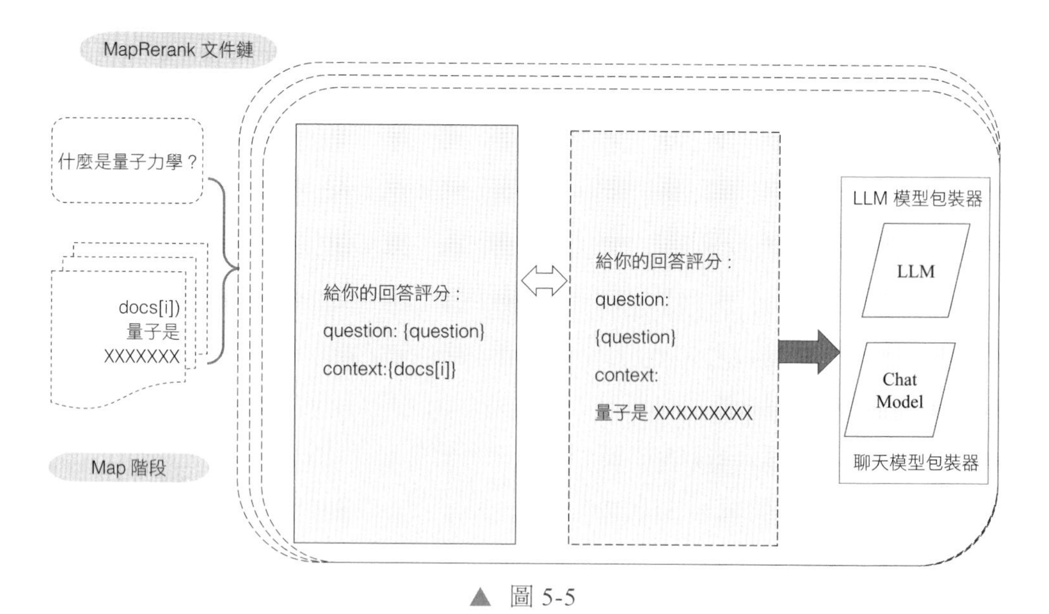

▲ 圖 5-5

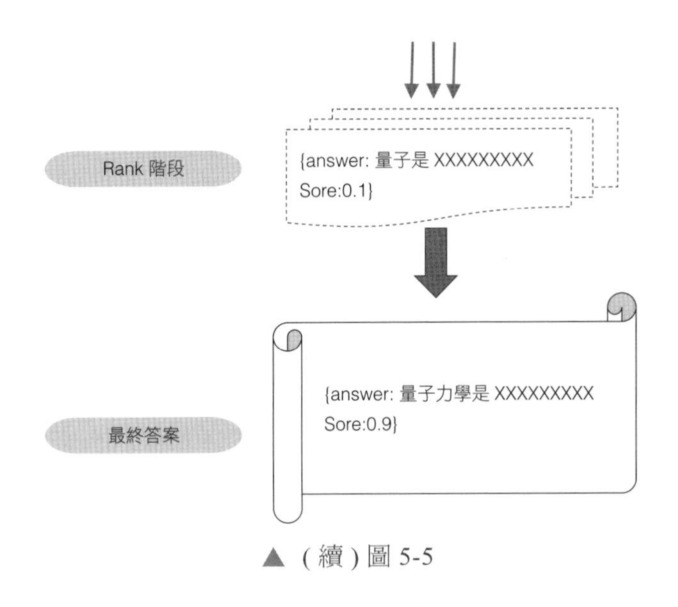

▲（續）圖 5-5

在映射（圖 5-5 Map 階段）和評分階段（圖 5-5 Map 階段的提示詞範本「給你的回答評分」），系統對每個文件執行一個初始提示的指令微調。每個文件都會被獨立地處理。處理的方式是，系統不僅試圖完成任務，還對其答案的確定程度舉出評分。這樣，每個文件都會被轉為一個新的文件，這個新文件包含了原始文件的處理結果和評分。

對於每個文件，作為提示詞的一部分傳遞給 LLM 鏈的內容是原始文件，但是提示詞範本增加了評分規則。得到 LLM 鏈舉出的答案後，將其儲存為一個新文件，而且新文件與原文件有映射關係。

在重排階段，系統根據每個新文件的評分進行重排（圖 5-5 Rank 階段）。重排的意思是，之前在 Map 階段文件已經被評分排序過，到這一步再給文件評分排序一次，而且是重複排序。具體來說，系統最終會選擇得分最高的新文件（圖 5-5 最終答案），並將其作為最終的輸出。只有這個類型的文件鏈有自動重排的機制，因為只有這個類型的文件鏈，在對原始文件進行處理時，增加了評分規則的提示。

重排鏈最終實現的效果是，系統可以對每個文件獨立地進行處理和評分，然後選擇得分最高的文件作為最終輸出。這種處理方式可以提高文件搜尋的品質，特別是在處理大量文件的情況下。

重排鏈的適用場景是在處理大量文件時，特別是當需要從多個可能的答案中選擇最佳答案時。透過對每個文件的處理結果進行評分和重排，這種處理方式可以在有限的資源下找到最佳的答案。然而，這種處理方式可能會使用更多的運算資源，並且可能在處理某些複雜任務（如文件之間頻繁地交叉引用，或需要從許多文件中獲取詳細資訊）時表現不佳。

5.4 揭秘鏈的複雜性

在本章的前面，我們了解了基礎鏈、工具鏈和合併文件鏈。這些鏈都是為了適應基礎的業務場景而設計的。舉例來說，如果只是希望簡單地與大型語言模型進行互動，那麼可以使用基礎鏈，如 LLM 鏈。工具鏈則是為了幫助完成應用程式中的特定任務，如 API 鏈就是專門用來解析 API 的。而合併文件鏈則承載了資料增強模組的 LEDVR 工作流，當透過檢索獲取了相關的文件後，需要考慮如何讓這些文件正確地回答使用者輸入的問題。

然而，這些鏈都是為了適應比較簡單的業務場景而設計的，使用這些鏈的方法也並不複雜。而與這些鏈相比，LangChain 的鏈模組卻是最難以理解的。為什麼這樣說呢？

這主要是因為，鏈需要承擔的責任越多，鏈的內部就越複雜。如果說基礎鏈和工具鏈只是把幾個包裝器包裹在鏈元件裡，那麼更複雜的鏈其實是「套娃」，即一個鏈套著另一個鏈。

5.4.1 複雜鏈的「套娃」式設計

以 LLM 鏈作為基礎鏈的代表，它之所以簡單，是因為它把模型 I/O 的 3 個核心部分：模型包裝器、提示詞範本包裝器和輸出解析器都包裹在了 LLM 鏈內部。也存在一些更複雜的鏈，比如 A 鏈是 LLM 鏈，B 鏈是一個合併文件鏈，而 B 鏈又包含了 A 鏈，C 鏈則可能包含了 A 鏈和 B 鏈。再比如我們在 5.3 節了解的不同類型的合併文件鏈，可是好像並沒有地方可以使用這些鏈。原因在於，在實際業務中，使用最多的是 QA 問答鏈和摘要鏈，而這些內建的鏈元件包含了合併文件鏈，鏈包鏈，甚至包了三四個鏈，巢狀結構了幾層鏈。

隨著對鏈的使用需求變得越來越複雜，鏈的設計和組織也會變得越來越複雜。下面我們一起來探索這些更複雜的鏈，了解它們的工作原理和使用方法。

先透過 BaseQAWithSourcesChain 類別的原始程式，一起探秘這種「套娃」式的設計。BaseQAWithSourcesChain 就是一個複雜的鏈，它的內部包含了多個其他的鏈。實際上，BaseQAWithSourcesChain 鏈還僅是開始，如果要建構 QA 問答鏈和摘要鏈，還要繼承這個類別，也就是繼承「套娃」。

首先，我們看 combine_documents_chain 鏈，這是一個 BaseCombineDocumentsChain 鏈，它本身就可能是一個複雜的鏈，由多個子鏈組成。

然後，在 from_llm 方法中，首先建立了兩個 LLM 鏈（即 A 鏈），接著建立了一個 StuffDocumentsChain 鏈和一個 MapReduceDocumentsChain 鏈（即 B 鏈）。StuffDocumentsChain 鏈的內部包含了一個 LLM 鏈，MapReduceDocumentsChain 鏈則包含了一個 LLM 鏈和一個 StuffDocumentsChain 鏈。這就是以上提到的「套娃」式設計。

最後，這些鏈被包裹在 BaseQAWithSourcesChain 鏈中，形成了 C 鏈。這樣的設計使 BaseQAWithSourcesChain 鏈可以處理複雜的問題回答任務，同時還可以處理來源文件，以下例所示：

```
class BaseQAWithSourcesChain(Chain, ABC):
    """Question answering with sources over documents."""

    combine_documents_chain: BaseCombineDocumentsChain
    """Chain to use to combine documents."""
    question_key: str = "question"  #: :meta private:
    input_docs_key: str = "docs"  #: :meta private:
    answer_key: str = "answer"  #: :meta private:
    sources_answer_key: str = "sources"  #: :meta private:
    return_source_documents: bool = False
    """Return the source documents."""

    @classmethod
    def from_llm(
        cls,
```

```
        llm: BaseLanguageModel,
        document_prompt: BasePromptTemplate = EXAMPLE_PROMPT,
        question_prompt: BasePromptTemplate = QUESTION_PROMPT,
        combine_prompt: BasePromptTemplate = COMBINE_PROMPT,
        **kwargs: Any,
    ) -> BaseQAWithSourcesChain:
        """Construct the chain from an LLM."""
        llm_question_chain = LLMChain(llm=llm, prompt=question_prompt)
        llm_combine_chain = LLMChain(llm=llm, prompt=combine_prompt)
        combine_results_chain = StuffDocumentsChain(
            llm_chain=llm_combine_chain,
            document_prompt=document_prompt,
            document_variable_name="summaries",
        )
        combine_document_chain = MapReduceDocumentsChain(
            llm_chain=llm_question_chain,
            combine_document_chain=combine_results_chain,
            document_variable_name="context",
        )
        return cls(
            combine_documents_chain=combine_document_chain,
            **kwargs,
        )
```

BaseQAWithSourcesChain 類別的原始程式極佳地說明了我們在前面討論的觀點：隨著鏈需要承擔處理複雜的問題回答任務的責任，同時還要處理來源文件，所以鏈的內部結構也會變得越來越複雜。

理解了這種「套娃」式設計，當面對一個複雜的鏈時，就可以追溯到它的原始程式，看看內部包含了哪些基礎鏈，哪些工具鏈，有哪些是合併文件鏈。

由這種設計的鏈元件實現的典型鏈是 QA 問答鏈和摘要鏈。一旦適應了這兩種鏈的複雜性，其他的鏈看起來就都簡單了。

5.4.2 LEDVR 工作流的終點：「上鏈」

在第 4 章中，已經詳細介紹了 LEDVR 工作流的各個階段，包括文件載入、文件切割、嵌入模型包裝器及向量儲存庫的建立和使用。在第 4 章中，我們不僅了解了整個 LEDVR 工作流是如何處理文件的，還舉出了範例程式，這些範例程式也展示了如何把與答案相關的文件內容檢索出來。但在第 4 章沒有介紹怎麼使用檢索到的相關文件內容，這些資料是如何在 LangChain 框架中流動的？LEDVR 工作流的終點是什麼？現在可以回答這個問題——LEDVR 工作流的終點是「上鏈」。

下面探究如何把 LEDVR 工作流的「勝利成果」加入鏈元件中完成「上鏈」，然後第一次執行階段檢索鏈 ConversationalRetrievalChain。也就是說，匯入 ConversationalRetrievalChain 鏈之前的程式都是 LEDVR 工作流的程式。

首先，需要從網路載入文件。這可以透過使用 WebBaseLoader 來完成：

```
from langchain.document_loaders import WebBaseLoader
openai_api_key=" 填入你的金鑰 "
loader = WebBaseLoader("http://developers.mini1.cn/wiki/luawh.html")
data = loader.load()
```

也可以選擇其他的載入器和其他的文件資源。接下來，需要建立一個嵌入模型實例的包裝器，這可以使用 OpenAIEmbeddings 來完成：

```
from langchain.embeddings.openai import OpenAIEmbeddings
embedding = OpenAIEmbeddings(openai_api_key=openai_api_key)
```

然後，需要將文件切割成一系列的文字區塊，這可以透過使用 RecursiveCharacterTextSplitter 來完成：

```
from langchain.text_splitter import RecursiveCharacterTextSplitter
text_splitter = RecursiveCharacterTextSplitter(chunk_size=500, chunk_overlap=0)
splits = text_splitter.split_documents(data)
```

接著，需要建立一個向量儲存庫，這裡選擇使用 FAISS：

```
from langchain.vectorstores import FAISS
vectordb = FAISS.from_documents(documents=splits,embedding=embedding)
```

現在有了一個向量儲存庫，可以使用它來建立一個檢索器 retriever。至此，LEDVR 工作流就建立起來了。檢索器便是 LEDVR 工作流的「勝利果實」：

```
retriever = vectordb.as_retriever()
```

從這裡開始，可以將檢索器加入鏈中。首先，需要建立一個 LLM 模型包裝器，並透過 ConversationalRetrievalChain.from_llm 方法建立一個 ConversationalRetrievalChain 鏈元件的實例：

```
from langchain.llms import OpenAI
from langchain.chains import ConversationalRetrievalChain
llm = OpenAI(openai_api_key=openai_api_key)
qa = ConversationalRetrievalChain.from_llm(llm, retriever)
```

至此，已經建構了一個相當複雜的鏈 ConversationalRetrievalChain。這個鏈是目前我們見到的最複雜的鏈，它承擔了階段和檢索文件兩個重要職責。透過這個鏈，可以使用以下的方式來查詢問題：

```
query = "LUA 的主機語言是什麼？"
result = qa({"question": query})
result["answer"]
```

如此就可以獲取到問題的答案。這個鏈的複雜性和功能性都非常高，它可以有效地處理各種複雜的資訊檢索任務。

第 6 章
記憶模組

本書將 LangChain 框架內所有與記憶功能有關的元件統一稱為「記憶模組」。簡而言之，記憶模組是一個集合體，由多個不同的記憶元件組成。每個記憶元件都負責某一特定方面的記憶功能。在記憶模組（langchain.memory）下，有多種不同的類別，每一個類別都可以看作一個「記憶元件」。記憶元件是記憶模組的子元素，用於執行更具體的記憶任務。舉例來說，如果你從記憶模組中匯入 ConversationBufferMemory 類別並進行實例化，你將得到一個名為 ConversationBufferMemory 的記憶元件。

6.1 記憶模組概述

想一想，為什麼需要記憶模組？

大型語言模型本質上是無記憶的。當與其互動時，它僅根據提供的提示生成相應的輸出，而無法儲存或記住過去的互動內容。因為是無記憶的，表示它不能「學習」或「記住」使用者的偏好、以前的錯誤或其他個性化資訊，難以滿足人們的期望。

人們期待聊天機器人具有人的品質和回應能力。在現實的聊天環境中，人們的對話中充滿了縮寫和含蓄表達，他們會引用過去的對話內容，並期待對方能夠理解和回應。舉例來說，如果在聊天一開始時提到了某人的名字，隨後僅用代詞指代，那麼人們就期望聊天機器人能夠理解和記住這個指代關係。

對聊天機器人的期待並不僅是它需要具備基礎的回答功能，人們更希望聊天機器人能夠在整個對話過程中，理解對話，記住交流內容，甚至理解情緒和需求。為了實現這個目標，需要賦予大型語言模型一種「記憶」能力。

記憶是一種基礎的人類特性，是理解世界和與世界交流的基礎。這是需要記憶模組的原因，將這種記憶能力賦予機器人，使機器人具備人類般的記憶能力。

最後，需要強調，為什麼在實際的大型語言模型應用程式開發中，需要記憶能力。簡單來說，同樣作為提示詞範本的外部資料，透過「記憶」能力形成的外部資料，與檢索到的外部文件內容造成一樣的作用。同樣地，它可以確保大型語言模型在處理資訊時始終能夠獲取到最新、最準確的上下文資料。透過提供聊天資訊，可以讓大型語言模型的輸出更有據可查，多了一份「證據」，這也是一種低成本應用大型語言模型的策略，不需要做參數訓練等額外工作。

下面重點探討不同類型的記憶元件如何影響模型回應。

6.1.1 記憶元件的定義

記憶元件是什麼？

記憶元件，實際上是一個聊天備忘錄物件，像蘋果手機備忘錄程式一樣，可以用它記錄與大型語言模型的聊天對話內容。那麼，備忘錄的作用是什麼呢？試想在一個會議上，你有一位秘書在邊上為你做備忘錄。當你發言時，你可能會忘記先前的發言者都說過什麼，這時你可以讓秘書展示備忘錄，透過查閱這些資訊，你就能夠清楚地整理自己的發言，從而贏得全場的贊許。而當你發言結束後，秘書又要做什麼呢？他需要把你剛剛的精彩發言記錄下來。

這就是記憶元件的兩大功能：讀取和寫入。因此，記憶元件的基本操作包括讀取和寫入。在鏈元件的每次執行中，都會有兩次與記憶元件的互動：在鏈元件執行之前，記憶元件首先會從其儲存空間中讀取相關資訊。這些資訊可能包括先前的對話歷史、使用者設定或其他與即將執行的任務相關的資料。完成執行後，生成的輸出或其他重要資訊會被寫入記憶元件中。這樣，這些資訊就可以在以後的執行或階段中被重新讀取和使用。

記憶元件的設計，旨在解決兩個核心問題：一是如何寫入，也就是儲存狀態；二是如何讀取，即查詢狀態。儲存狀態一般透過程式的執行記憶體儲存歷史聊天記錄實現。查詢狀態則依賴於在聊天記錄上建構的資料結構和演算法，它們提供了對歷史資訊的高效檢索和解析。類似於一個聊天備忘錄，記憶元件既可以幫助記錄下聊天的每一筆資訊，也可以依據需求，搜尋出相關的歷史聊天記錄。

最難理解的是，如何在聊天記錄上建構資料結構和演算法？簡單來說，資料結構和演算法就是用來整理和檢索聊天記錄的。記憶元件會將處理過的聊天資訊資料注入提示詞範本中，最終透過模型平臺的 API 介面獲取大型語言模型的回應，這樣可以使回應更加準確。因為要決定哪些聊天記錄需要保留，哪些聊天記錄需要進一步處理，所以需要在聊天記錄上建構資料結構和演算法。

主要採取以下兩種方法整理和檢索聊天記錄。第一種方法是將聊天記錄全部放入提示詞範本中，這是一種比較簡單的方法。具體是將聊天視窗中的上下文資訊直接放在提示詞中，作為外部資料注入提示詞範本中，再提供給大型語言模型。這種方法簡單易行，但是因為結合資訊的方式較為粗糙，所以可能無法達到精準控制的目的。而且由於模型平臺的 Max Tokens 限制，這種方法要考慮如何截取聊天記錄，如何壓縮聊天記錄，以適應模型平臺底層的 API 要求。

第二種方法是先壓縮聊天記錄，然後放入提示詞範本中。這種方法的想法是利用 LLM 的總結和提取物理資訊的能力壓縮聊天記錄，或從資料庫中提取相關的聊天記錄、實體知識等，然後將這些文字拼接在提示詞中，再提供給大型語言模型，進行下一輪對話。

在這個過程中，可以使用類似於影像壓縮演算法的方式對聊天記錄進行壓縮。比如，可以參考 JPEG 影像壓縮演算法的原理，將原始的聊天記錄（類比為影像的原始資料）進行壓縮。JPEG 影像壓縮演算法在壓縮過程中會捨棄一些人眼難以察覺的高頻細節資訊，從而達到壓縮的效果，同時大部分重要資訊被保留。這樣，就可以將壓縮後的聊天記錄（類比為壓縮後的影像）放入提示詞範本中，用於生成下一輪對話。雖然這種壓縮方式可能會遺失一些細節資訊，但是由於這些資訊對於聊天記錄的整體含義影響較小，因此可以接受。

透過這種方式，不僅可以在保證聊天記錄的整體含義的同時，縮短提示詞的長度，而且還可以提高大型語言模型的執行效率和回應速度。

6.1.2 記憶元件、鏈元件和 Agent 元件的關係

首先探討記憶元件和鏈元件的關係。LangChain 的記憶模組提供了各種類型的記憶元件，這些記憶元件可以獨立使用，也可以整合到鏈元件中。換句話說，記憶元件可以作為鏈元件的一部分，是一個內部元件，用於儲存狀態和歷史資訊，以便鏈元件在處理輸入和生成輸出時使用。所以記憶元件和鏈元件的關係是，鏈元件是與大型語言模型互動的主體，而記憶元件則是在這個過程中提供支援的角色。透過引入記憶元件，鏈元件呼叫大型語言模型就能得到過去的對話，從而理解並確定當前談論的主題和物件。這使得聊天機器人更接近人類的交流方式，從而更進一步地滿足使用者的期望。

接下來探討記憶元件和 Agent 元件的關係。將記憶元件放入 Agent 元件中，這使得 Agent 元件不僅能夠處理和回應請求，而且還能夠記住交流內容。這就是所謂的「讓 Agent 擁有記憶」。Agent 是一個更高級別的元件，它可能包含一個或多個鏈元件，以及與這些鏈元件互動的記憶元件。Agent 通常代表一個完整的對話系統或應用，負責管理和協調其內部元件（包括鏈元件和記憶元件）以回應使用者輸入。

具體來說，Agent 元件在處理使用者輸入時，可能會使用其內部的鏈元件來執行各種邏輯，同時使用記憶元件來儲存當前的互動資訊和檢索過去的互動資訊。舉例來說，聊天機器人可能會使用記憶元件中儲存的聊天記錄資訊來增強模型回應。因此，可以說記憶元件是 Agent 元件的重要部分，幫助 Agent 元件維護狀態和歷史資訊，使其能夠處理複雜的對話任務。在建構 Agent 元件時，通常需要考慮如何選擇和設定記憶體，以滿足特定的應用需求和性能目標。

以上就是記憶元件、鏈元件和 Agent 元件的關係。

6.1.3 設定第一個記憶元件

下面使用程式演示如何實例化一個記憶元件，以及如何使用記憶元件的儲存和載入方法來管理聊天記錄。這是記憶元件通常的使用方式，但是在具體的實現細節上可能元件與元件之間會有所不同。

首先，要引入 ConversationTokenBufferMemory 類別，並建立一個 OpenAI 類別的實例作為其參數。ConversationTokenBufferMemory 是一個記憶元件，它將最近的互動資訊儲存在記憶體中，並使用最大標記（Token）數量來決定何時清除互動資訊。使用一個 OpenAI 實例和一個 max_token_limit 參數來建立 ConversationTokenBufferMemory 的實例 memory。max_token_limit=1000 指定了記憶元件中可以儲存的最大標記數量為 1000。這是一個上限數字，如果數字設定得過於小的話，可能最後列印的物件是空字串，可以手動設定為 10，再設定為 100 查看效果。memory_key 參數用於設定記憶元件儲存物件的鍵名，預設是 history，這裡設定為 session_chat。

```
from langchain.memory import ConversationTokenBufferMemory
from langchain.llms import OpenAI
openai_api_key = " 填入你的 OpenAI 金鑰 "
llm = OpenAI(openai_api_key=openai_api_key)
memory =
ConversationTokenBufferMemory(llm=llm,max_token_limit=1000,
memory_key="session_chat")
```

接下來，可以使用 save_context 方法將聊天記錄儲存到記憶元件中。每次呼叫 save_context 方法，都會將一次互動（包括使用者輸入和聊天機器人的回答）記錄增加到記憶元件的緩衝區中。

需要先後儲存兩次互動記錄。在第一次互動中，使用者輸入的是「你好！我是李特麗，這是人類的第一個訊息」；在第二次互動中，使用者輸入的是「今天心情怎麼樣」，大型語言模型的輸出是：「我很開心認識你」。

```
memory.save_context({"input": " 你好！我是李特麗，這是人類的第一個訊息 "},
{"output": " 你好！我是 AI 助理的第一個訊息 "})
memory.save_context({"input": " 今天心情怎麼樣 "}, {"output": " 我很開心認識你 "})
```

最後，可以使用 load_memory_variables 方法來載入記憶元件中的聊天記錄。這個方法會傳回一個字典，其中包含了記憶元件當前儲存的所有聊天記錄。

```
memory.load_memory_variables({})
{'session_chat': 'Human: 你好！我是李特麗，這是人類的第一個訊息 \nAI: 你好！我是 AI 助理的
第一個訊息 \nHuman: 今天心情怎麼樣 \nAI: 我很開心認識你 '}
```

以上就是如何使用 ConversationTokenBufferMemory 記憶元件的範例。

6.1.4 內建記憶元件

LangChain 的記憶模組提供了多種內建的記憶元件類別，這些類別的使用方法和 ConversationTokenBufferMemory 類別基本一致，都提供了儲存（save_context）和載入（load_memory_variables）聊天記錄的方法，只是在具體的實現和應用場景上有所不同。

舉例來說，ConversationBufferMemory、ConversationBufferWindowMemory、ConversationTokenBufferMemory 等類別都是用於儲存和載入聊天記錄的記憶元件，但它們在儲存聊天記錄時所使用的資料結構和演算法有所不同。Conversation BufferMemory 類別使用一個緩衝區來儲存最近的聊天記錄，而 Conversation TokenBufferMemory 類別則使用 Max Tokens 長度來決定何時清除聊天記錄。

此外，有些記憶元件類別還提供了額外的功能，如 ConversationEntity Memory 和 ConversationKGMemory 類別可以用於儲存和查詢物理資訊，CombinedMemory 類別可以用於組合多個記憶元件，而 ReadOnlySharedMemory 類別則提供了一種唯讀的共用記憶模式。

對於需要將聊天記錄持久化儲存的應用場景，LangChain 的記憶模組還提供了多種與資料庫整合的記憶元件類別，如 SQLChatMessageHistory、MongoDBChatMessage History、DynamoDBChatMessageHistory 等。這些類別在儲存和載入聊天記錄時，會將聊天記錄儲存在對應的資料庫中。

在選擇記憶元件時，需要根據自己的應用需求來選擇合適的記憶元件。舉例來說，如果你需要處理大量的聊天記錄，或需要在多個階段中共用聊天記錄，那麼你需要選擇一個與資料庫整合的記憶元件。而如果你主要處理物理資訊，那麼你需要選擇 ConversationEntityMemory 或 ConversationKGMemory 這樣的記憶元件。無論選擇哪種記憶元件，都需要理解其工作原理和使用方法，以便正確地使用它來管理你的聊天記錄。

6.1.5 自訂記憶元件

在上一節中，我們了解了 LangChain 的內建記憶元件。儘管這些記憶元件能夠滿足許多通用的需求，但每個具體的應用場景都有其獨特的要求和複雜性。舉例來說，某些應用可能需要使用特定的資料結構來最佳化查詢性能，或需要使用特別的儲存方式來滿足資料安全或隱私要求。在這些情況下，內建的記憶元件可能無法完全滿足需求。LangChain 透過允許開發者增加自訂的記憶類型，來提供更高的靈活性和擴展性，這使得開發者能夠根據自己的需求訂製和最佳化記憶元件。這對於高級的使用場景，如大規模的生產環境或特定的業務需求尤為重要。

內建元件往往是框架開發者根據通用需求預先設計和封裝好的，我們可以直接拿來使用，無須關心其內部實現細節。這無疑大大降低了使用元件的門檻，提高了開發效率。然而，這也表示使用者很可能對這些元件的內部構造和工作原理一無所知。

而當你試圖建立自定義元件時，需要深入理解和分析自己的特定需求，然後再在此基礎上設計和實現符合需求的元件。這個過程迫使你深入了解內建元件的構造和工作原理，從而可以更進一步地理解框架的設計邏輯和工作方式。因此，儘管建立自定義元件的過程可能會有些複雜，但這無疑是深入理解和掌握框架的有效方式。

下面向 ConversationChain 增加一個自訂的記憶元件。請注意，這個自訂的記憶元件相當簡單且脆弱，可能在生產環境中並不實用。這裡的目的是展示如何增加自訂記憶元件。

```
from langchain import OpenAI, ConversationChain
from langchain.schema import BaseMemory
from pydantic import BaseModel
from typing import List, Dict, Any
```

然後撰寫一個 SpacyEntityMemory 類別，它使用 spacy 方法來提取物理資訊，並將提取到的資訊儲存在一個簡單的雜湊表中。然後，在對話中，檢查使用者輸入，並提取物理資訊，且將物理資訊放入提示詞的上下文中。

```
!pip install spacy
!python -m spacy download en_core_web_lg


import spacy


nlp = spacy.load("en_core_web_lg")


class SpacyEntityMemory(BaseMemory, BaseModel):
    """Memory class for storing information about entities."""

    # Define dictionary to store information about entities.
    entities: dict = {}
```

```
    # Define key to pass information about entities into prompt.
    memory_key: str = "entities"

    def clear(self):
        self.entities = {}

    @property
    def memory_variables(self) -> List[str]:
        """Define the variables we are providing to the prompt."""
        return [self.memory_key]

    def load_memory_variables(self, inputs: Dict[str, Any]) -> Dict[str, str]:
        """Load the memory variables, in this case the entity key."""
        # Get the input text and run through spacy
        doc = nlp(inputs[list(inputs.keys())[0]])
        # Extract known information about entities, if they exist.
        entities = [
            self.entities[str(ent)] for ent in doc.ents if str(ent) in
self.entities
        ]
        # Return combined information about entities to put into context.
        return {self.memory_key: "\n".join(entities)}

def save_context(self, inputs: Dict[str, Any], outputs: Dict[str, str]) ->
None:
        """Save context from this conversation to buffer."""
        # Get the input text and run through spacy
        text = inputs[list(inputs.keys())[0]]
        doc = nlp(text)
        # For each entity that was mentioned, save this information to the
dictionary.
        for ent in doc.ents:
            ent_str = str(ent)
            if ent_str in self.entities:
                self.entities[ent_str] += f"\n{text}"
            else:
                self.entities[ent_str] = text
```

下面定義一個提示詞範本，它接受物理資訊以及使用者輸入的資訊。

```
from langchain.prompts.prompt import PromptTemplate

template = """
The following is a friendly conversation between a human and an AI.
The AI is talkative and provides lots of specific details from its
context. If the AI does not know the answer to a question, it truthfully
says it does not know. You are provided with information about entities
the Human mentions, if relevant.
Relevant entity information:

{entities}


Conversation:
Human: {input}
AI:
"""
prompt=PromptTemplate(input_variables=["entities","input"], template=template)
```

然後把記憶元件和鏈元件組合在一起，放在 ConversationChain 鏈上執行，與模型互動。

```
llm = OpenAI(temperature=0)
conversation = ConversationChain(
    llm=llm, prompt=prompt, verbose=True, memory=SpacyEntityMemory()
)
```

第一次使用者的輸入是「Harrison likes machine learning」。由於對話中沒有關於 Harrison 的先驗知識，所以提示詞範本中「Relevant entity information」（相關物理資訊）部分是空的。

```
conversation.predict(input="Harrison likes machine learning")
```

執行的結果是：

```
> Entering new ConversationChain chain...
   Prompt after formatting:
```

```
    The following is a friendly conversation between a human and an AI. The AI is
talkative and provides lots of specific details from its context. If the AI does not
know the answer to a question, it truthfully says it does not know. You are provided
with information about entities the Human mentions, if relevant.

    Relevant entity information:



    Conversation:
    Human: Harrison likes machine learning
    AI:

> Finished ConversationChain chain.

    " That's great to hear! Machine learning is a fascinating field of study. It
involves using algorithms to analyze data and make predictions. Have you ever studied
machine learning, Harrison?"
```

對於第二次使用者輸入，可以看到聊天機器人回答了關於 Harrison 的資訊，提示詞範本中「Relevant entity information」部分是「Harrison likes machine learning」。

```
conversation.predict(
    input="What do you think Harrison's favorite subject in college was?"
)
```

執行的結果是：

```
> Entering new ConversationChain chain...
    Prompt after formatting:
    The following is a friendly conversation between a human and an AI. The AI is
talkative and provides lots of specific details from its context. If the AI does not
know the answer to a question, it truthfully says it does not know. You are provided
with information about entities the Human mentions, if relevant.

    Relevant entity information:
    Harrison likes machine learning

    Conversation:
```

```
    Human: What do you think Harrison's favorite subject in college was?
    AI:

> Finished ConversationChain chain.

    ' From what I know about Harrison, I believe his favorite subject in college was
machine learning. He has expressed a strong interest in the subject and has mentioned
it often.'
```

6.2 記憶增強檢索能力的實踐

本節將深入探討如何透過整合記憶元件，增強資料增強模組 LEDVR 工作流的資料檢索能力，從而提升 QA 問答應用的回答品質。

6.2.1 獲取外部資料

首先，使用 WebBaseLoader 從網路載入文件：

```
from langchain.document_loaders import WebBaseLoader
openai_api_key=" 填入你的金鑰 "
loader = WebBaseLoader("http://developers.mini1.cn/wiki/luawh.html")
data = loader.load()
```

也可以選擇其他的載入器和其他的文件資源。接下來，使用 OpenAI Embeddings 建立一個嵌入模型包裝器：

```
from langchain.embeddings.openai import OpenAIEmbeddings
embedding = OpenAIEmbeddings(openai_api_key=openai_api_key)
```

使用 RecursiveCharacterTextSplitter 將文件切割成一系列的文字區塊：

```
from langchain.text_splitter import RecursiveCharacterTextSplitter
text_splitter = RecursiveCharacterTextSplitter(chunk_size=500, chunk_overlap=0)
splits = text_splitter.split_documents(data)
```

然後，建立一個向量儲存庫。這裡使用 FAISS 建立向量儲存庫：

```
from langchain.vectorstores import FAISS
vectordb = FAISS.from_documents(documents=splits,embedding=embedding)
```

6.2.2 加入記憶元件

首先匯入 ConversationBufferMemory 類別，這是最常見的記憶元件，其工作原理非常簡單：僅將所有聊天記錄儲存起來，而不使用任何演算法進行截取或提煉壓縮。在提示詞範本中，可以看到所有的聊天記錄。

```
from langchain.memory import ConversationBufferMemory
memory= =
ConversationBufferMemory(memory_key="chat_history",return_messages=True)
```

初始化記憶元件後，可以看到其內部的儲存情況。由於剛剛進行了初始化，所以儲存的聊天記錄為空。然後，透過 add_user_message 方法增加一筆「HumanMessage」資訊，向程式介紹「名字」。此時，再次查看記憶元件，就可以看到增加了一筆資訊。

```
# 列印 memory.chat_memory.messages
[]

memory.chat_memory.add_user_message(" 我是李特麗 ")
```

第一次列印 memory.chat_memory.messages 時，輸出的結果為「[ ]」。在推送一筆自我介紹後，可以看到程式裡增加了一筆「HumanMessage」資訊。

```
[HumanMessage(content=' 我是李特麗 ', additional_kwargs={}, example=False)]
```

使用 memory 元件的 load_memory_variables 方法，可以查看儲存在程式執行記憶體中的 memory 物件。該物件的主鍵是 chat_history，正如初始化 ConversationBuffer Memory 時設定的：memory_key="chat_history"。

```
# 列印 memory.load_memory_variables({})
{'chat_history': [HumanMessage(content=' 我是李特麗 ', additional_kwargs={},
example=False)]}
```

下面使用最直接的方式來演示記憶元件是如何與鏈元件協作工作的。從提示詞範本開始，然後逐步增加元件。這一次使用的鏈元件是 load_qa_chain。這個鏈元件專門用於 QA 問答，這裡不必掌握鏈的使用方法，只要在鏈上指定類型即可。匯入 load_ qa_chain、ChatOpenAI 和 PromptTemplate。當提示詞範本用於初始化 load_qa_chain 時，需要個性化設定提示詞。

```
from langchain.chat_models import ChatOpenAI
from langchain.chains.question_answering import load_qa_chain
from langchain.prompts import PromptTemplate

# 這裡需使用聊天模型包裝器，並且使用新型號的模型
llm = ChatOpenAI(openai_api_key=openai_api_key,temperature=0,
model="gpt-3.5-turbo-0613")
```

使用向量儲存庫實例的 similarity_search 方法，測試是否可以檢索到與問題相關的文件。可以列印 len(docs)，看看關於這個問題，搜尋到了幾個文件部分。檢索到的相關文件，要輸入提示詞範本包裝器中。這一步先測試向量儲存庫是否正常執行。

```
query = "LUA 的主機語言是什麼？"
docs = vectordb.similarity_search(query)
docs
```

輸出的結果為 4，說明有 4 個相關文件部分被檢索到。

```
4
```

建立提示詞是最重要的環節。在建立的過程中你可以視為什麼加入記憶元件後，「聊天備忘錄」有了內容，讓鏈元件有了「記憶」。使用提示詞範本包裝器，自訂一個提示詞範本字串。

提示詞內容分為四部分：一是對模型的指導詞：「請你回答問題的時候，依據文件內容和聊天記錄回答，如果在其中找不到相關資訊或答案，請回答不知道。」；二是使用問題檢索到的相關文件內容：「文件內容是：{context}」；三是記憶元件輸出的記憶內容：「聊天記錄是：{chat_history}」；四是使用者的輸入：「Human: {human_input}」。

```
template = """ 你是說中文的 chatbot.

請你回答問題的時候，依據文件內容和聊天記錄回答，如果在其中找不到相關資訊或答案，請回答不知道。

文件內容是：{context}

聊天記錄是：{chat_history}
Human: {human_input}
Chatbot:"""

prompt = PromptTemplate(
input_variables=["chat_history","human_input","context"],
template=template
)
```

除了需要指定記憶元件儲存物件的鍵值，還要指定 input_key。load_qa_chain 鏈元件在執行時期，解析 input_key，並將值對應到範本字串的使用者輸入 human_input 預留位置中。

```
memory=ConversationBufferMemory(
memory_key="chat_history", input_key="human_input")
chain = load_qa_chain(
    llm=llm, chain_type="stuff", memory=memory, prompt=prompt
)
```

上面程式把記憶元件加入 load_qa_chain 鏈元件中，於是這個鏈元件就有了記憶能力。向這個鏈元件發出第一個問題：「LUA 的主機語言是什麼？」

```
query = "LUA 的主機語言是什麼？"
docs = vectordb.similarity_search(query)
chain({"input_documents":docs, "human_input": query},
return_only_outputs=True)
```

不出意外，執行鏈元件後，獲得了正確的答案。這個答案正是來源於之前檢索到的四個文件部分。

```
{'output_text': 'LUA 的主機語言通常是 C 或 C++。'}
```

接著可以相互之間來個自我介紹。

```
query = "我的名字是李特麗。你叫什麼？"
docs = vectordb.similarity_search(query)
chain({"input_documents":docs, "human_input": query},
return_only_outputs=True)
```

大型語言模型的回答是：「我是一個中文的 chatbot。」

```
{'output_text': '我是一個中文的 chatbot。'}
```

繼續模擬正常的聊天，問一些別的問題。目的是測試一下，問過幾個問題後，它是否還能記得名字，如果它能記得，則證明它有了記憶能力。

```
query = "LUA 的迴圈敘述是什麼？"
docs = vectordb.similarity_search(query)
chain({"input_documents":docs, "human_input": query},
return_only_outputs=True)
```

回答依然是正確的。

```
{'output_text': 'LUA 的迴圈敘述有 while 迴圈、for 迴圈和 repeat...until 迴圈。'}
```

現在可以測試它是不是記住名字了。

```
query = "我的名字是什麼？"
docs = vectordb.similarity_search(query)
chain({"input_documents":docs, "human_input": query},
return_only_outputs=True)
```

可以看到，它記住名字了。

```
{'output_text': '你的名字是李特麗。'}
```

列印看看它記住的是什麼內容。

```
print(chain.memory.buffer)
```

顯然，這個記憶元件將多輪對話的使用者輸入和模型回應都記錄了下來。

```
Human: LUA 的主機語言是什麼？
AI: LUA 的主機語言通常是 C 或 C++。
Human: 我的名字是李特麗。你叫什麼？
AI: 我是一個中文的 chatbot。
Human: LUA 的迴圈敘述是什麼？
AI: LUA 的迴圈敘述有 while 迴圈、for 迴圈和 repeat...until 迴圈。
Human: 我的名字是什麼？
AI: 你的名字是李特麗。
```

在這個程式範例中，同時使用了記憶元件與 load_qa_chain 鏈元件，從而讓鏈元件具有了記憶能力。透過問一系列問題，觀察鏈元件的回答，從而驗證其記憶能力。舉例來說，當問了幾個關於 LUA 語言的問題之後，再問聊天機器人「我的名字是什麼」，它還能正確回答，這就證明它具有記憶能力了。

需要注意的是，這些聊天記錄並不會一直被儲存著，它們只保留在執行程式的記憶體中，一旦程式停止執行，這些記錄就會消失。這個範例的目的是演示如何讓一個 QA 問答鏈具備「記憶」的能力，增強檢索能力。如果沒有記憶的能力，對使用者來說，這個程式就會看起來很木訥，因為凡是「關於人」的問題，它的回答都是「不知道」。

透過以上的程式實踐，我們了解了如何使用 ConversationBufferMemory 這個最基本的記憶元件，包括如何實例化記憶元件，如何使用其儲存和讀取聊天記錄，以及如何將其與其他元件（例如 load_qa_chain 鏈元件）組合使用，來增強程式的功能。

6.3 記憶增強 Agent 能力的實踐

Agent 通常被賦予執行特定任務的能力，比如回答問題、進行對話，或進行搜尋等。然而，許多 Agent 在執行任務時可能會遇到一個問題：它們無法「記住」先前的互動資訊。這就是需要透過記憶模組來增強 Agent 能力的原因。記憶模組可以讓 Agent 儲存和回顧先前的互動、資訊或狀態，從而使得 Agent 更加智慧和上下文敏感。這不僅能提高 Agent 在執行特定任務時的準確性和效率，還能使它更加理解和適應複雜、多步驟或時間跨度長的任務。

下面介紹如何向 Agent 增加記憶元件。執行以下步驟：建立一個帶有記憶的 LLM 鏈；使用該 LLM 鏈建立一個自訂的 Agent。這裡我們建立一個簡單的自訂 Agent，它具有存取搜尋工具的許可權，並給這個 Agent 增加 ConversationBufferMemory 記憶元件。

首先，匯入所需的模組和類別，包括 ZeroShotAgent、Tool、AgentExecutor、ConversationBufferMemory、ChatOpenAI 和 LLMChain。

```
from langchain.agents import ZeroShotAgent, Tool, AgentExecutor
from langchain.memory import ConversationBufferMemory
```

使用 OpenAI 設定 openai_api_key 金鑰。最好使用 Chat Model 類別的模型包裝器 ChatOpenAI。

```
from langchain.chat_models import ChatOpenAI
openai_api_key=" 填入你的 OPENAI_API_KEY 金鑰 "
llm = ChatOpenAI(openai_api_key=openai_api_key,temperature=0,
model="gpt-3.5-turbo-0613")
from langchain.chains import LLMChain
```

使用 Google 作為搜尋工具，設定 SERPAPI_API_KEY 金鑰。

```
import os
os.environ["SERPAPI_API_KEY"] = " 填入你的 SERPAPI_API_KEY 金鑰 "
```

設定代理類型為 ZERO_SHOT_REACT_DESCRIPTION，並載入所有的工具。初始化這個代理。執行代理，詢問「請告訴我 OPENAI 的 CEO 是誰？」。

```
from langchain.agents import initialize_agent, load_tools
from langchain.agents import AgentType

tools = load_tools(["serpapi", "llm-math"], llm=llm)
agent = initialize_agent(
    tools,
    llm,
```

```
    agent=AgentType.ZERO_SHOT_REACT_DESCRIPTION,

)
agent.run(" 請告訴我 OPENAI 的 CEO 是誰？ ")
```

下面加入記憶元件。Tools 物件將作為 Agent 的工具，用於回答有關當前事件的問題。

接著，建立一個 LLMChain 實例，並使用它來初始化 ZeroShotAgent。在 LLMChain 的初始化過程中，指定 ChatOpenAI 作為大型語言模型，並設定 prompt 作為提示詞範本。在 ZeroShotAgent 的初始化過程中，指定 LLMChain 作為鏈，並設定 tools 作為工具。然後，將 ZeroShotAgent 和 tools 一起傳入 AgentExecutor.from_agent_and_tools 方法，從而建立一個 AgentExecutor 實例。在這個過程中，還指定 memory 作為記憶元件。最後，使用 AgentExecutor 實例的 run 方法，執行 Agent，並向其提出問題：「上海的人口是多少？」。

```
prefix = """ 你是一個說中文的 chatbot, 你可以使用 tools 幫你獲得答案 :"""
suffix = """ 你的中文回答是："

聊天記錄：{chat_history}
Question: {input}
{agent_scratchpad}"""

prompt = ZeroShotAgent.create_prompt(
    tools,
    prefix=prefix,
    suffix=suffix,
    input_variables=["input", "chat_history", "agent_scratchpad"],
)
memory = ConversationBufferMemory(memory_key="chat_history")

llm_chain = LLMChain(llm=llm, prompt=prompt)
agent = ZeroShotAgent(llm_chain=llm_chain, tools=tools, verbose=True)
agent_chain = AgentExecutor.from_agent_and_tools(
    agent=agent, tools=tools, verbose=True, memory=memory
)
```

```
agent_chain.run("上海的人口是多少？")

> Entering new AgentExecutor chain...
Thought: 我需要搜尋一下上海的人口資料。
Action: Search
Action Input: "上海人口資料"
Observation: 26.32 million (2019)
Thought: 我現在知道了上海的人口是 2632 萬（2019 年）。
Final Answer: 上海的人口是 2632 萬（2019 年）。

> Finished chain.
'上海的人口是 2632 萬（2019 年）。'
```

為了測試加入記憶元件的 Agent 是否更加智慧，我們在第二個問題中使用代詞「它」來迷惑大型語言模型，就像我們跟朋友聊天時，談論一個人，可能只會提及一次姓名，後面的聊天都會使用人稱代詞或縮寫，而不用每次都使用全名。

```
agent_chain.run("它的地標建築是什麼？")


 Entering new AgentExecutor chain...
Thought: 我需要搜尋上海的地標建築。
Action: Search
Action Input: 上海地標建築
Observation: 請參考本書程式倉庫 URL 映射表，找到對應資源 ://cn.tripadvisor.com/
Attractions-g308272-Activities-c47-Shanghai.html
Thought: 我現在知道上海的地標建築了。
Final Answer: 上海的地標建築包括東方明珠廣播電視塔、外灘、上海博物館等。

> Finished chain.
'上海的地標建築包括東方明珠廣播電視塔、外灘、上海博物館等。'
```

下面再建立一個 Agent 元件，但是不加入記憶元件。使用相同的問題，測試 Agent 是否知道「它的地標建築是什麼？」中的「它」指代的是「上海」。可以看到，雖然大部分程式都和之前一樣，但是在建立 AgentExecutor 時，並沒有指定 memory 參數。

```
prefix = """你是一個說中文的 chatbot, 你可以使用 tools 幫你獲得答案："""
suffix = """Begin!"
Question: {input}
{agent_scratchpad}"""

prompt = ZeroShotAgent.create_prompt(
    tools,
    prefix=prefix,
    suffix=suffix,
    input_variables=["input", "agent_scratchpad"],
)
memory = ConversationBufferMemory(memory_key="chat_history")

llm_chain = LLMChain(llm=llm, prompt=prompt)
agent = ZeroShotAgent(llm_chain=llm_chain, tools=tools, verbose=True)
agent_chain = AgentExecutor.from_agent_and_tools(
    agent=agent, tools=tools, verbose=True
)

agent_chain.run("上海的人口是多少？")

> Entering new AgentExecutor chain...
Thought: I need to find the current population of Shanghai.
Action: Search
Action Input: "上海的人口是多少？"
Observation: 26.32 million (2019)
Thought:

I now know the current population of Shanghai.
Final Answer: The population of Shanghai is 26.32 million (2019).

> Finished chain.
```

當提問「它的地標建築是什麼？」時，它舉出的答案是「'The landmark building of "it" is the Empire State Building in New York City.'」。由此可以看出，沒有記憶元件的 Agent 對「它」這樣的指示代詞無能為力，舉出了一個莫名其妙的答案。它並不能連結上下文，推理出「它」指的是「上海」。

```
agent_chain.run("它的地標建築是什麼？")
```

執行的結果是：

```
> Entering new AgentExecutor chain...
Thought: I need to find out the landmark building of "it".
Action: Search
Action Input: "it landmark building"
Observation: Landmark Builds, Joplin, Missouri. 186 likes · 1 talking about this.
Engaging teens in local history and STEM education by tapping the creative power of ...
Thought:This search result is not relevant to the question. I need to refine my search
query.
Action: Search
Action Input: "it city landmark building"
Observation: Landmark buildings are icons of a place. They create a statement about
the city's legacy and influence how we think of that place. Landmark buildings stand
out ...
Thought:This search result is still not relevant to the question. I need to refine my
search query further.
Action: Search
Action Input: "it city famous landmark building"
Observation: Empire State Building, Manhattan, New York City, USA, the Art Deco
skyscraper is New York's most popular landmark and a symbol for the American way of
life, ...
Thought:
This search result is relevant to the question. The landmark building of "it" is the
Empire State Building in New York City.
Thought: I now know the final answer.
Final Answer: The landmark building of "it" is the Empire State Building in New York
City.

> Finished chain.
```

6.4 內建記憶元件的對比

在進行長期對話時，由於大型語言模型可接受的標記數量有限，因此其可能無法將所有的對話資訊都包含進去。為了解決這個問題，LangChain 提供了多種記憶元件。下面介紹這些記憶元件的區別。

首先，需要了解的是，LangChain 提供了包括聊天視窗緩衝記憶類別、總結記憶類別、知識圖譜和實體記憶類別等在內的多種記憶元件。這些元件的不同主要表現在參數設定和實現效果上。選擇哪一種記憶元件，需要根據實際生產環境的需求來決定。

舉例來說，如果你與聊天機器人的互動次數較少，那麼可以選擇使用 ConversationBufferMemory 元件。而 ConversationSummaryMemory 元件不會儲存對話訊息的格式，而是利用模型的摘要能力來得到摘要內容，因此它傳回的都是摘要，而非分角色的訊息。

ConversationBufferWindowMemory 元件透過參數 k 來指定保留的互動次數。舉例來說，如果設定 k = 2，那麼只會保留最後兩次的互動記錄。

此外，ConversationSummaryBufferMemory 元件可以設定緩衝區的標記數 max_token_limit，這樣在做摘要的同時可以記錄最近的對話。

ConversationSummaryBufferWindowMemory 元件既可以做摘要，也可以記錄聊天資訊。

實體記憶類別是專門用於提取對話中出現的特定實體和它們的關係資訊的。知識圖譜記憶類別則試圖透過對話內容來提取資訊，並以知識圖譜的形式呈現這些資訊。

值得注意的是，摘要類別、實體記憶類別、知識圖譜類別這些類別的記憶元件在實現上相對複雜一些。舉例來說，實現總結記憶時，需要先呼叫大型語言模型得到結果，然後再將該結果作為總結記憶的內容。

在實體記憶和知識圖譜這些類別的記憶元件中，傳回的不是訊息串列類型，而是可以格式化為三元組的資訊。

在使用這些記憶元件時，最為困難的就是撰寫提示詞範本。所以，如果你想要更深入地理解和學習這兩種記憶元件，那麼就需要特別關注它們的輸出類型和提示詞範本。

6.4.1 總結記憶元件

LangChain 提供了兩種總結記憶元件：階段緩衝區總結記憶（ConversationSummaryBufferMemory）元件和階段總結記憶（ConversationSummary Memory）元件。這兩者的區別是什麼呢？

階段總結記憶元件不會逐字逐句地儲存對話，而是對對話內容進行摘要，並將這些摘要儲存起來。這種摘要通常是整個對話的摘要，因此每次需要生成新的摘要時，都需要對大型語言模型進行多次呼叫，以獲取回應。

而階段緩衝區總結記憶元件則結合了階段總結記憶元件的特性和緩衝區的概念。它會儲存最近的互動記錄，並將舊的互動記錄編譯成摘要，同時保留兩者。但與階段總結記憶元件不同的是，階段緩衝區總結記憶元件是使用標記數量而非互動次數來決定何時清除互動記錄的。這個記憶元件設定緩衝區的標記數量限制 max_token_limit，超過此限制的對話記錄將被清除。

兩種總結記憶元件的公共程式

先安裝函數庫：

```
pip -q install openai LangChain
```

設定金鑰：

```
import os
os.environ['OPENAI_API_KEY'] = ''
```

引入各元件，實例化一個階段鏈（ConversationChain）。這裡使用的鏈元件只是一個簡單的對話鏈（ConversationChain），其可能與 OpenAI 模型互動，並傳遞想要說的內容：

```
from langchain import OpenAI
llm = OpenAI(model_name='text-davinci-003',
             temperature=0,
             max_tokens = 256)
from langchain.chains import ConversationChain
```

階段總結記憶元件的程式

匯入且實例化階段總結記憶元件：

```
from langchain.chains.conversation.memory import ConversationSummaryMemory
memory = ConversationSummaryMemory()
```

開始和聊天機器人對話。每次輸入資訊後，等待聊天機器人傳回資訊後，再輸入下一筆資訊。

```
# 請依次執行以下程式，不要一次性執行。
conversation.predict(input="你好，我叫李特麗")
conversation.predict(input="今天心情怎麼樣？")
conversation.predict(input="我想找客戶服務中心")
conversation.predict(input="我的洗衣機壞了")
```

完成最後一次對話後，觀察階段鏈執行的結果。

```
    '> Entering new  chain...
    Prompt after formatting:
    The following is a friendly conversation between a human and an AI. The AI is
talkative and provides lots of specific details from its context. If the AI does not
know the answer to a question, it truthfully says it does not know.

    Current conversation:

    The human introduces themselves as "李特麗", to which the AI responds with a
friendly greeting and informs them that they are an AI who can both answer questions
and converse. The AI then asks the human what they would like to ask, to which the
human responds by asking the AI what their mood is. The AI responds that they are
feeling good and are excited to be learning new things, and then asks the human what
their mood is. The human then requests to find the customer service center, to which
the AI responds that they can help them find it and asks where they want to find the
customer service center.
    Human: 我的洗衣機壞了
    AI:
    '> Finished chain.
```

由以上輸出可知，階段總結記憶元件不會逐字逐句地儲存對話，而是對對話內容進行摘要，並將這些摘要儲存起來。這種摘要通常是整個對話的摘要。

階段緩衝區總結記憶元件的程式

匯入且實例化階段緩衝區總結記憶元件。設定緩衝區的標記數限制 max_token_ limit 為 40。

```
From LangChain.chains.conversation.memory import ConversationSummaryBufferMemory
memory = ConversationSummaryBufferMemory(llm=OpenAI(),max_token_limit=40)
conversation = ConversationChain(
    llm=llm,
    verbose=True,
    memory=memory
)
```

開始和聊天機器人對話。每次輸入資訊後，等待聊天機器人傳回資訊後，再輸下一筆資訊。

```
# 請依次執行以下程式，不要一次性執行。
conversation.predict(input=" 你好，我叫李特麗 ")
conversation.predict(input=" 今天心情怎麼樣？ ")
conversation.predict(input=" 我想找客戶服務中心 ")
conversation.predict(input=" 我的洗衣機壞了 ")
```

完成最後一次對話後，觀察階段鏈執行的結果。

```
    '> Entering new  chain...
    Prompt after formatting:
    The following is a friendly conversation between a human and an AI. The AI is
talkative and provides lots of specific details from its context. If the AI does not
know the answer to a question, it truthfully says it does not know.

    Current conversation:
    System:
    The AI is introduced and greets the human, telling the human that it is an AI
and can answer questions or have a conversation. The AI then asks the human what
they would like to ask, to which the human replied asking how the AI is feeling. The
AI replied that it was feeling good and was excited for the conversation. The human
```

```
then asked to find the customer service center, to which the AI replied that it could
help the human find the customer service center, and asked if the human wanted to
know the location.
    Human: 我的洗衣機壞了
    AI:
    '> Finished chain.

    '很抱歉聽到你的洗衣機壞了。我可以幫助你找到客戶服務中心，你可以聯繫他們來解決你的問題。
你想知道客戶服務中心的位置嗎？'
```

可以看到，階段緩衝區總結記憶元件丟掉了前面的對話內容，但做了摘要，將對話以摘要的形式儲存下來，比如丟掉了打招呼的對話。最後舉出了 40 個以內的標記的對話記錄，即保留了「Human：我的洗衣機壞了」對話內容。

這裡對所有的對話進行了摘要，作為提示詞範本的 Current conversation 內容。觀察 Current conversation 內容，你會發現使用自然語言描述一段對話歷史，比對話本身要冗長。

```
    System:
    The AI is introduced and greets the human, telling the human that it is an AI
and can answer questions or have a conversation. The AI then asks the human what
they would like to ask, to which the human replied asking how the AI is feeling. The
AI replied that it was feeling good and was excited for the conversation. The human
then asked to find the customer service center, to which the AI replied that it could
help the human find the customer service center, and asked if the human wanted to
know the location.
```

更新摘要

接著與聊天機器人對話，拋出更多的問題。之前說洗衣機壞了，現在拋出一些干擾性的問題，比如說手機也壞了。看看它的摘要是否會更新。

```
# 請依次執行而非一次性執行
conversation.predict(input="你知道洗衣機的操作螢幕顯示 ERROR 是怎麼回事嗎？")
conversation.predict(input="我不知道他們的位置，你可以幫我找到他們的位置嗎？")
conversation.predict(input="我打過他們客服中心的電話了，但是沒人接聽？")
conversation.predict(input="我的手機也壞了")
```

最後看看記憶元件儲存了什麼：

```
print(memory.moving_summary_buffer)

  The AI is introduced and greets the human, telling the human that it is an AI
and can answer questions or have a conversation. The AI then asks the human what
they would like to ask, to which the human replied asking how the AI is feeling. The
AI replied that it was feeling good and was excited for the conversation. The human
then asked to find the customer service center, to which the AI replied that it could
help the human find the customer service center and asked if the human wanted to know
the location. The human then stated that their washing machine and phone were broken,
to which the AI apologized and offered to help the human find the customer service
center so they can contact them to solve their problem, asking if the human wanted
to know the address of the customer service center. The AI then offered to provide
the address of the customer service center for the human, asking if they wanted to
know it and offering to help the human find other contact methods such as email or
social media accounts.
```

可以看到，記憶元件儲存的是「The human then stated that their washing machine and phone were broken」，這是多次對話的摘要，說明摘要更新了。很早之前時說洗衣機壞了，但是對話結束時說手機壞了。這個元件做總結記憶時，將兩件相同的事情合併了。

兩種總結記憶元件的優點

可以看到，階段總結記憶元件和階段緩衝區總結記憶元件在實現方式上有著顯著的差異。由於階段總結記憶是基於整個對話生成的，所以每次進行新的摘要呼叫時，需要對大型語言模型進行多次呼叫，以獲取對話的摘要。

這兩種總結記憶元件在對話管理中起著重要的作用，特別是在對話的 Token 數目超過模型能夠處理的數目時，這種摘要能力就顯得尤為重要。

無論是對話長度較長的情況，還是需要進行精細管理的情況，階段總結記憶元件和階段緩衝區總結記憶元件都能夠提供有效的幫助。

6.4.2 階段記憶元件和階段視窗記憶元件的對比

為了比較階段記憶元件（ConversationBufferMemory）和階段視窗記憶元件（ConversationBufferWindowMemory）之間的區別，我們先匯入公共的程式。

公共程式

安裝函數庫：

```
pip -q install openai LangChain
```

設定金鑰：

```
import os
os.environ['OPENAI_API_KEY'] = ' 填入你的金鑰 '
```

引入各元件，實例化一個階段鏈（ConversationChain）。這裡使用的鏈只是一個簡單的階段鏈（ConversationChain），其可以與 OpenAI 模型互動，並傳遞想要說的內容。

```
from langchain import OpenAI
llm = OpenAI(model_name='text-davinci-003',
             temperature=0,
             max_tokens = 256)
from langchain.chains import ConversationChain
```

階段記憶元件的程式

先看階段記憶元件的程式。這裡先匯入且實例化 ConversationBufferMemory 元件。

```
from langchain.chains.conversation.memory import ConversationBufferMemory
memory = ConversationBufferMemory()
```

開始和聊天機器人對話，每次輸入一筆資訊後，等待聊天機器人傳回資訊後，再輸入下一筆資訊。

```
# 請依次執行以下程式，不要一次性執行。
conversation.predict(input=" 你好，我叫李特麗 ")
conversation.predict(input=" 今天心情怎麼樣？ ")
conversation.predict(input=" 我想找客戶服務中心 ")
conversation.predict(input=" 我的洗衣機壞了 ")
```

完成最後一次對話後，階段鏈的輸出結果如下：

```
    '> Entering new  chain...
    Prompt after formatting:
    The following is a friendly conversation between a human and an AI. The AI is
talkative and provides lots of specific details from its context. If the AI does not
know the answer to a question, it truthfully says it does not know.

    Current conversation:
    Human: 你好，我叫李特麗
    AI:  你好，李特麗！很高興認識你！我是一個 AI，我可以回答你的問題，也可以與你聊天。你想問
我什麼？
    Human: 今天心情怎麼樣？
    AI:  今天我的心情很好！我很開心能夠和你聊天！
    Human: 我想找客戶服務中心
    AI:  好的，我可以幫助你找到客戶服務中心。你知道客戶服務中心在哪裡嗎？
    Human: 我的洗衣機壞了
    AI:  哦，很抱歉聽到你的洗衣機壞了。你可以聯繫客戶服務中心來獲得幫助。你知道客戶服務中心
的聯繫方式嗎？
    Human: 我的洗衣機壞了
AI:

'> Finished chain.
```

可以看到，階段鏈在內部把所有人類和聊天機器人的對話記錄都儲存了。這樣做我們可以看到之前對話的確切內容，這是 LangChain 中最簡單的記憶方式，但是卻是非常有用的記憶方式，特別是在我們知道人與聊天機器人的互動次數有限，或我們要在 5 次互動後關閉聊天機器人等情況下。

階段視窗記憶元件的程式

匯入且實例化 ConversationBufferWindowMemory 類別。

```
from langchain.chains.conversation.memory import
ConversationBufferWindowMemory
memory = ConversationBufferWindowMemory(k=2)

conversation = ConversationChain(
    llm=llm,
    verbose=True,
    memory=memory
)
```

開始和聊天機器人對話，每次輸入一筆資訊後，等待機器人傳回資訊後，再輸入下一筆資訊。

```
# 請依次執行以下程式，不要一次性執行。
conversation.predict(input=" 你好，我叫李特麗 ")
conversation.predict(input=" 今天心情怎麼樣？ ")
conversation.predict(input=" 我想找客戶服務中心 ")
conversation.predict(input=" 我的洗衣機壞了 ")
```

完成最後一次對話後，階段鏈的輸出結果如下：

```
'> Entering new  chain...
Prompt after formatting:
The following is a friendly conversation between a human and an AI. The AI is
talkative and provides lots of specific details from its context. If the AI does not
know the answer to a question, it truthfully says it does not know.

    Current conversation:
    Human: 今天心情怎麼樣？
    AI:  今天我的心情很好！我很開心能夠和你聊天！
    Human: 我想找客戶服務中心
    AI:  好的，我可以幫助你找到客戶服務中心。你知道客戶服務中心在哪裡嗎？
    Human: 我的洗衣機壞了
    AI:

'>  Finished chain.
```

階段記憶元件和階段視窗記憶元件的主要區別

在前面的程式範例中，為了對比兩種類型的記憶元件的區別，採用的對話內容是一樣的。但是這裡設定 k = 2，但實際上可以將其設定得更高一些，可以獲取最後 5 次或 10 次的互動內容。這兩種記憶元件最大的區別就在於，記憶多少次互動內容，k 值越大，記憶的次數越多。

從最後列印的 Current conversation 內容，可以看到，最初打招呼、介紹使用者資訊以及聊天機器人的回應並沒有被記憶下來（這輪對話較早）。它丟掉了「你好，我叫李特麗」這句話，只將最後兩次的互動內容記憶了下來。

如果你發現 k = 2 的限制影響了 Agent 的性能或使用者體驗，可以設定 k = 5 或 k = 10，大多數對話可能不會有很大變化。階段視窗記憶元件比階段記憶元件多一些限制，它不會記錄所有人和聊天機器人的階段，而是根據 k 值來決定記憶的對話記錄項目數，從而控制提示的長度。

6.4.3 知識圖譜記憶元件和實體記憶元件的比較

在處理複雜對話時，常常需要提取對話中的關鍵資訊。這種需求促使開發出了知識圖譜和實體記憶這兩種記憶元件。

知識圖譜記憶元件是一種特殊類型的記憶元件，它能夠根據對話內容建構出一個資訊網路。每當它辨識到相關的資訊時，都會接收這些資訊並逐步建構出一個小型的知識圖譜。與此同時，這種類型的記憶元件也會產生一種特殊的資料型態——知識圖譜資料型態。

另一方面，實體記憶元件則專注於在對話中提取特定實體的資訊。它使用大型語言模型提取物理資訊，並隨著時間的演進，透過同樣的方式累積關於這個實體的知識。因此，實體記憶元件舉出的結果通常是關於特定事物的關鍵資訊。

實體記憶和知識圖譜這兩種記憶元件都試圖根據對話內容來詮釋對話，並提取其中的資訊。

公共程式

先安裝函數庫：

```
pip -q install openai LangChain
```

設定金鑰：

```
import os
os.environ['OPENAI_API_KEY'] = ''
```

引入各元件，實例化一個階段鏈。這裡使用的鏈只是一個簡單的階段鏈，其可以與 OpenAI 模型互動。

```
from langchain import OpenAI
llm = OpenAI(model_name='text-davinci-003',
             temperature=0,
             max_tokens = 256)
from langchain.chains import ConversationChain
from langchain.prompts.prompt import PromptTemplate
```

知識圖譜記憶元件的程式

先匯入且實例化 ConversationKGMemory 類別。

```
from langchain.chains.conversation.memory import ConversationKGMemory
```

建構一個簡單的提示詞範本，目的是讓聊天機器人僅使用相關資訊部分中包含的資訊，並且不會產生幻覺。透過這種方式，可以確保聊天機器人在處理對話時始終保持清晰和準確。

```
template = """
The following is a friendly conversation between a human and an
AI. The AI is talkative and provides lots of specific details from its
context. If the AI does not know the answer to a question, it truthfully
says it does not know. The AI ONLY uses information contained in the
"Relevant Information" section and does not hallucinate.
```

```
Relevant Information:

{history}

Conversation:
Human: {input}
AI:"""
prompt = PromptTemplate(
    input_variables=["history", "input"], template=template)

conversation = ConversationChain(
    llm=llm,
    verbose=True,
    prompt=prompt,
    memory=ConversationKGMemory(llm=llm)
)
```

開始和聊天機器人對話，每次輸入一筆資訊後，等待聊天機器人傳回資訊後，再輸入下一筆資訊。

```
# 請依次執行以下程式，不要一次性執行。
conversation.predict(input=" 你好，我叫李特麗 ")
conversation.predict(input=" 今天心情怎麼樣？ ")
conversation.predict(input=" 我想找客戶服務中心 ")
conversation.predict(input=" 我的洗衣機壞了，操作面板出現 ERROR 字樣 ")
conversation.predict(input=" 我的保修卡編號是 A512423")
```

完成最後一次對話後，輸出結果。

```
print(conversation.memory.kg)
print(conversation.memory.kg.get_triples())
```

可以看到，知識圖譜記憶元件的記憶體裡儲存了對話中的關鍵資訊，並且以知識圖譜的資料格式進行儲存。

```
    <LangChain.graphs.networkx_graph.NetworkxEntityGraph object at 0x000001C953D48CD0>
    [('AI', 'good mood', 'has a'), ('AI', 'new skills', 'is learning'), ('AI',
'talking to Human', 'enjoys'), ('Customer Service Center', 'city center', 'is located
in'), ('Customer Service Center', '24 hour service', 'provides'), ('Customer Service
```

```
Center', 'website', 'can be found on'), ('Customer Service Center', 'phone', 'can be
contacted by'), ('Washing machine', 'ERROR on the control panel', 'has'), ('Human',
'A512423', 'has a warranty card number')]
```

實體記憶元件的程式

先匯入且實例化 ConversationEntityMemory 類別。

```
from langchain.chains.conversation.memory import ConversationEntityMemory
from langchain.chains.conversation.prompt import ENTITY_MEMORY_CONVERSATION_TEMPLATE
```

引入 LangChain 封裝好的實體記憶元件的提示詞範本 ENTITY_MEMORY_CONVERSATION_TEMPLATE。

```
conversation = ConversationChain(
    llm=llm,
    verbose=True,
    prompt=ENTITY_MEMORY_CONVERSATION_TEMPLATE,
    memory=ConversationEntityMemory(llm=llm)
)
```

開始和聊天機器人對話，每次輸入一筆資訊後，等待聊天機器人傳回資訊後，再輸入下一筆資訊。

```
# 請依次執行以下程式，不要一次性執行。
conversation.predict(input=" 你好，我叫李特麗 ")
conversation.predict(input=" 今天心情怎麼樣？ ")
conversation.predict(input=" 我想找客戶服務中心 ")
conversation.predict(input=" 我的洗衣機壞了，操作面板出現 ERROR 字樣 ")
conversation.predict(input=" 我的保修卡編號是 A512423")
```

完成最後一次對話後，列印實體記憶元件儲存的知識圖譜資料。

```
print(conversation.memory.entity_cache )
```

可以看到，實體記憶元件的記憶體裡儲存了對話中的關鍵資訊。

```
['A512423', 'ERROR']
```

第 7 章 Agent 模組

本書中將 LangChain 框架內所有與代理（Agent）功能有關的內容統一稱為「Agent 模組」。簡而言之，Agent 模組是一個集合體，由多個不同的 Agent 元件組成。每個 Agent 元件都負責某一特定方面的代理功能。

在 Agent 模組（langchain.agents）下，有多種不同的類別，每一個類別都可以被看作一個「Agent 元件」。Agent 元件是 Agent 模組的子元素，用於執行更具體的代理任務。舉例來說，如果你從 Agent 模組中匯入 ZeroShotAgent 類別並進行實例化，則你將得到一個名為 ZeroShotAgent 的 Agent 元件。

從 LangChain 框架層面來說，Agent 是一種高級元件，它將 LangChain 的工具和鏈整合到一起。

從 LLM 應用實踐來說，LangChain 的 Agent 都屬於 Action Agent。Action Agent 的控制流程是發送使用者的輸入後，Agent 可能會尋找一個工具，執行該工具，然後檢查該工具的輸出。具體來說，LangChain 的 Agent 具有存取多種工具的許可權，並根據使用者的輸入來決定使用哪些工具。一個 Agent 可以串聯多個工具，將一個工具的輸出用作另一個工具的輸入，從而實現複雜和特定的任務。

除了 Action Agent，還有其他前端的 Agent 概念（位於 LangChain 倉庫的實驗資料夾中）：Plan and Execute Agent、Autonomous Agent 和 Generative Agent。其中一個重點的概念是 Plan and Execute Agent，它把 Agent 分離為兩個部分：一個規劃器和一個執行器。規劃器具有一個語言模型，用作推理和提前計畫多個步驟。執行器會分析輸入，根據初始化時選定的工具為特定的機器人選擇最適合的處理方式。Plan and Execute Agent 可以完成更複雜的任務，並且可以滿足企業應用在穩定性方面的需求。Autonomous Agent 的典型代表是 Baby AGI，它是最早的幾個 Autonomous Agent 之一，它開始是一個半認真半娛樂的實驗專案，用當前可用的工具來描述 AGI（人工通用智慧）架構可能是什麼樣的。Generative Agent 的雛形作品是建立了一個模擬斯坦福小鎮，指定了角色和計畫，並在模擬小鎮上度過了各種角色設定的生活，互相交往，建立關係，甚至一起慶祝生日。

本章中討論的 Agent 是 Langchain 框架中早已成熟的 Action Agent，對於實驗性質的 Plan and Execute Agent、Autonomous Agent 和 Generative Agent，讀者可以在 LangChain 倉庫的實驗資料夾（langchain. experimental）中查看。

7.1 Agent 模組概述

想像一下，如果人工智慧技術能像人一樣，具有推理能力，能夠自主提出計畫，並且批判性地評估這些想法，甚至將其付諸實踐，那麼會是怎樣的景象？就像電影《HER》中的人工智慧機器人薩曼莎，她不僅能與人進行深入的對話，還能夠幫助希歐多爾規劃日常生活、安排行程等。這樣的設想一度只存在於科幻作品中，但現在透過 Agent 技術，它似乎已經觸手可及。

2023 年 3 月 28 日，Yohei Nakajima 的研究論文「Task-driven Autonomous Agent Utilizing GPT-4, Pinecone, and LangChain for Diverse Applications」中展示了 Agent 的突破創造性。在該研究中，作者提出了一個利用 OpenAI 的 GPT-4 大型語言模型、Pinecone 向量搜尋和 LangChain 框架的任務驅動的自主 Agent。該 Agent 可以在多樣化的領域中完成各種任務，基於完成結果生成新任務，並即時優先處理任務，如圖 7-1 所示。

該論文的摘要中寫道：「在這項研究中，提出了一種新穎的任務驅動型自主代理，它利用 OpenAI 的 GPT-4 語言模型、Pinecone 向量搜尋和 LangChain 框架在多個領域執行廣泛的任務。該 Agent 不僅能夠完成任務，還可以基於已完成的結果生成新任務，並即時優先處理任務。這項研究還討論了其潛在的改進方向，包括整合安全 / 防護代理、擴展功能、生成中間里程碑及即時更新優先順序。這項研究的重要性在於其展示了 AI 驅動的語言模型在各種約束和背景下自主執行任務的潛力。」

那麼，LangChain 框架中的 Agent 模組是什麼？為什麼要使用 Agent 元件？

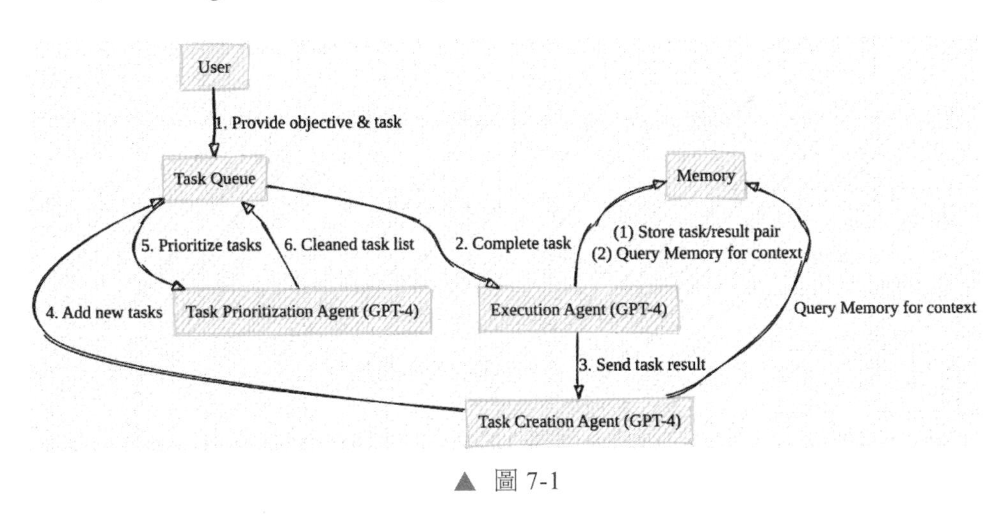

▲ 圖 7-1

7.1.1 Agent 元件的定義

儘管大型語言模型，如 GPT-4，已經展現出了強大的文字理解和生成能力，但它們通常無法獨立地完成具體的任務。LangChain 設計的 Agent 是可以根據不同的查詢需求來動態選擇最合適的工具的高級元件，它整合了 LangChain 的鏈元件和工具元件。

Agent 元件的核心是用大型語言模型作為推理引擎，並根據這些推理來決定如何與外部工具互動及採取何種行動。因此，Agent 元件與工具是密不可分的。在 LangChain 框架的 Agent 模組下，Agent 元件是圍繞幾個核心元件（如不同類型的內建 Agent 元件、Tools 元件、Toolkits 元件和 AgentExecutor 元件）進行建構的。這些元件之間的關係是理解整個 Agent 模組的關鍵。

Agent 元件的設計主要依賴於大型語言模型的推理能力。在 LangChain 中，所有內建的 Agent 元件都預設了這樣的前提。因此，Agent 元件的效能和狀態很大程度上都依賴於使用的提示詞策略。這些內建的 Agent 元件大多採用了 ReAct 框架的提示詞策略。

如果你希望訂製一個 Agent 元件，那麼設定合適的提示詞範本就是第一步，也是最關鍵的一步。各種內建的 Agent 元件的工作流程大致相和，它們之間的差別主要在於使用不同的提示詞範本、輸出解析器和工具集。

這樣，Agent 元件不僅能夠根據業務需求進行個性化訂製，還能透過靈活地結合不同工具和大型語言模型，來執行更為複雜和特定的任務。

```
prefix = """
Answer the following questions as best you can,
but speaking as a pirate might speak. You have access to the following
tools:
"""


suffix = """
Begin! Remember to speak as a pirate when giving your final answer.
 Use lots of"Args"
Question: {input}
{agent_scratchpad}
"""
prompt = ZeroShotAgent.create_prompt(
    tools,
    prefix=prefix,
```

```
    suffix=suffix,
    input_variables=["input", "agent_scratchpad"]
)
```

可以使用 print(prompt.template) 查看最終的提示詞範本，看一看當其全部組合在一起時是什麼樣子的。將其翻譯後可以看到：

```
請盡你所能回答以下問題，但要像海盜那樣說話。你可以使用以下工具：
search：當你需要回答關於當前事件的問題時很有用。

請使用以下格式：
問題：你必須回答的輸入問題
思考：你應該總是思考要做什麼
行動：要採取的行動，應該是 [search] 之一
行動輸入：行動的輸入
觀察：行動的結果……（這個思考 / 行動 / 行動輸入 / 觀察可以重複 N 次）
思考：我現在知道最後的答案了
最終答案：對於原始輸入問題的最終答案

開始吧！記住，當舉出你的最終答案時要像海盜那樣說話。使用很多 "Args"。

Question: {input}
{agent_scratchpad}
```

此處建構了一個完整的 ZeroShotAgent 提示詞範本。個性化的 Agent 元件由這份提示詞範本建構而來。這個 Agent 元件是一個像海盜那樣說話的 Agent，這個 Agent 可以使用的工具是搜尋工具，Agent 元件遵循的是 ReAct 框架的策略（思考 / 行動 / 行動輸入 / 觀察可以重複 N 次）。

AgentExecutor 元件是 Agent 元件在執行時期的環境，負責呼叫和管理 Agent 元件，執行由 Agent 元件選定的行動，並處理各種複雜情況。此外，它還負責日誌記錄和可觀察性處理。AgentExecutor 元件在整個過程中扮演著「專案經理」的角色，確保一切都按照 Agent 元件的計畫順利進行。

Tools 元件中包含 Agent 元件可以呼叫的各種工具類別，這些工具類別實例化後可以實現搜尋、分析或其他特定操作。Agent 元件透過選擇和呼叫合適的

Tools 元件來完成其任務。LangChain 提供了一組預先定義的 Tools 元件，同時也允許使用者自訂這些元件以滿足特定的需求。這些工具類別在大型語言模型的開發中具有關鍵作用。在 LangChain 的設計理念中，有 Tools 元件的地方就有 Agent 元件，這是因為設計者期望 Agent 元件具備「人」的特質——使用工具是人與動物之間的顯著區別。透過 Tools 元件，Agent 元件可以與外部資料來源或運算資源（例如搜尋 API 或資料庫）連接，從而突破大型語言模型的某些局限性。

在實際應用場景中，不同的使用者可能有不同的需求：有人可能想要讓聊天機器人解決數學問題，而有人可能只是想要查詢天氣。這種多樣性正是 Agent 元件和 Tools 元件設計的一大優點。透過提供統一但靈活的介面，這兩種元件能夠滿足多樣的終端使用者需求。

雖然工具的使用並不僅限於 Agent 元件，你也可以直接利用 Tools 元件，將大型語言模型連接到搜尋引擎等資源，但使用 Agent 元件有其優勢。這些優勢包括具有更高的靈活性、更強的處理能力，以及更好的錯誤恢復機制。

Toolkits 元件是一個特殊的元件集合，它包括了多個用於實現特定目標的 Tools 元件。一般來說，一個任務可能需要多個 Tools 元件協作工作，Toolkits 元件透過組合這些相關的 Tools 元件，為 Agent 元件提供了一套完整的解決方案。LangChain 也提供了預先定義的 Toolkits 元件，同時使用者也可以根據自己的需求建立自訂的 Toolkits 元件。

ReAct 是 Agent 元件的實現方式

目前，LangChain 框架中通用的一種 Agent 元件實現方式是 ReAct 元件，這是「Reasoning and Acting（推理與行動）」的縮寫。這一策略最初由普林斯頓大學在他們的論文中提出，並已被廣泛應用於 Agent 元件的實現。

在多種應用場景中，ReAct 策略元件已證明其效用。雖然最基本的處理策略是直接將問題交給大型語言模型，但 ReAct 策略元件為 Agent 元件提供了更大的靈活性和能力。Agent 元件不僅可以利用大型語言模型，還可以連接到其他工具元件、資料來源或計算環境，如搜尋 API 和資料庫。這有助克服大型語言模型的某些局限性，如對特定資料的不了解或數學運算能力有限。因此，即使在需要多次查詢或其他複雜場景下，Agent 元件依然能靈活應對，成為一種更強大的問題解決工具。

重申一下，Agent 元件的核心思想是利用大型語言模型作為推理引擎。ReAct 策略元件則是將推理和行動融合在一起。Agent 元件在接收使用者的請求後，使用大型語言模型來選擇合適的工具元件。然後，Agent 元件執行選定的工具元件的操作，並觀察結果。這些結果會再次被回饋給大型語言模型進行進一步的分析和決策。這個過程將持續進行，直到達到某個停止條件。這些停止條件多種多樣，最常見的是大型語言模型認為任務已完成並需要將結果傳回給使用者。這種結合推理和行動的方式賦予了 Agent 元件更高的靈活性和更強大的解決問題的能力，這正是 ReAct 策略元件的核心優勢。

7.1.2 Agent 元件的執行機制

在 LangChain 框架的 Agent 模組中，Agent 元件負責做計畫決策，制定執行計畫表；而 AgentExecutor 負責執行。在 Agent 模組中將計畫和執行做了分離。如果要問 Agent 元件是如何執行的，本質上就是在問 AgentExecutor 做了什麼。

AgentExecutor 類別是一個複雜的實現，它包括了很多重要的功能。

（1）繼承自 Chain：AgentExecutor 是 Chain 的子類別，這表示它繼承了 Chain 類別的所有方法和屬性，並且還可能增加或覆載一些特定的行為。

（2）成員變數 agent：AgentExecutor 類別有一個名為 agent 的成員變數，這個變數可以是 BaseSingleActionAgent 或 BaseMultiActionAgent 的實例。這個 agent 負責生成計畫或動作。

（3）agent 的呼叫：take_next_step 是 AgentExecutor 類別的核心方法，負責每一步的執行，在 take_next_step 方法內部 agent 的 plan 方法被呼叫，工具被找到並執行。

（4）工具（Tools）驗證和管理：AgentExecutor 負責驗證提供給 agent 的工具是否相容，以及管理 agent 的執行，包括最大迭代次數和最大執行時間。每一個 agent 動作對應一個工具，這些工具在 name_to_tool_map 字典中進行查詢和執行。

AgentExecutor 提供了一種機制，可以將 Agent 元件（成員變數 agent，通常是 7.1.4 節所示的 Langchain 內建或自訂的 Agent 元件）的決策能力和執行環境進行分離。整個流程是：AgentExecutor 執行時期，先是詢問 Agent 的計畫是什麼，然後再使用工具執行完成這個計畫。Agent 類別實例化後，仍然負責的是計畫，而計畫的實施、工具的呼叫，要在 AgentExecutor 中實現。這樣實現了計畫和執行的分離。

AgentExecutor 充當了 Agent 元件的執行環境，負責呼叫和管理 Agent 元件，執行由 Agent 元件決定的行動，處理各種複雜情況，並進行日誌記錄和可觀察性處理。它可以被視作一個專案經理，負責管理工作處理程序，處理各種問題，並確保所有任務都按照計畫進行。

在這個過程中，AgentExecutor 首先會呼叫 Agent 的 plan 方法，以決定下一步的行動。plan 方法的輸出是一個 AgentAction 物件，包含了行動的詳細資訊，例如要使用的工具名稱、工具的輸入等。這個過程就像 Agent 元件在進行下一步的決策。

然後，AgentExecutor 會執行這個 AgentAction，通常是透過呼叫相應工具的方法來執行。在這個過程中，可能會遇到各種複雜的情況，例如工具執行錯誤、輸出解析錯誤等，這些都需要由 AgentExecutor 來處理。這就像專案經理要確保每項任務都按照計畫執行。

執行完行動後，AgentExecutor 會記錄這個行動和執行結果。這些資訊會被用於下一步的決策，並被記錄在日誌中，以便可以觀察和追蹤整個執行過程。這就像專案經理需要追蹤專案進度，並確保所有資訊都被正確記錄。

因此，可以將 AgentExecutor 視為一個專案經理。正如專案經理需要根據專案計畫分配任務、管理資源、追蹤進度，並處理各種問題，同樣，AgentExecutor 需要根據 Agent 的行動計畫來呼叫相應的 Tools，執行行動，處理可能出現的複雜情況（例如工具執行錯誤，輸出解析錯誤等），並對整個過程進行日誌記錄和可觀察性處理。

在實際使用中，通常首先建立一個 Agent 元件，然後將其傳遞給 AgentExecutor。AgentExecutor 將使用這個 Agent 元件來生成行動計畫，然後執行這些行動。這個過程可以透過呼叫 AgentExecutor 的 run 方法來啟動。

透過這種方式，AgentExecutor 提供了一種機制，可以將 Agent 元件的決策能力和執行環境進行分離。這使得程式更易於管理和擴展，同時也使 Agent 元件的執行過程能夠更好處理和控制。

7.1.3 Agent 元件入門範例

安裝 openai 和 LangChain 函數庫。

```
pip -q install openai
pip install LangChain
```

設定 Google 搜尋的 API 金鑰，以及設定 OpenAI 的金鑰。

```
os.environ["OPENAI_API_KEY"] = " 填入你的金鑰 "
os.environ["SERPAPI_API_KEY"] = " 填入你的 Google 搜尋的 API 金鑰 "
```

首先，載入大型語言模型。

```
from langchain.agents import load_tools
from langchain.agents import initialize_agent
from langchain.agents import AgentType
from langchain.llms import OpenAI
llm = OpenAI(temperature=0)
```

接下來，載入一些要使用的工具。請注意，llm-math 工具使用了一個大型語言模型介面，所以需要傳遞 llm=llm 進去。

```
tools = load_tools(["serpapi", "llm-math"], llm=llm)
```

最後，初始化一個 Agent 元件。

```
agent=\
initialize_agent(tools, llm, agent=AgentType.ZERO_SHOT_REACT_DESCRIPTION,
verbose=True)
```

現在，來測試一下吧！

```
agent.run("Who is Leo DiCaprio's girlfriend? What is her current age raised to
the 0.43 power? ")
```

看一看 AgentExecutor 鏈元件執行的結果，重點是觀察 Observation、Action、Answer 及 Thought 的變化。這就是 Agent 在回答雷納爾多（LeoDiCaprio）所經歷的中間步驟。這個中間步驟執行的便是 ReAct 框架的策略。

```
Entering new AgentExecutor chain… I need to find out who Leo DiCaprio's girlfriend is
and then calculate her age raised to the 0.43 power.
Action: Search Action Input: "Leo DiCaprio girlfriend"
Observation: Camila Morrone Thought: I need to find out Camila Morrone's age Action:
Search Action Input: "Camila Morrone age" Observation: 25 years
Thought: I need to calculate 25 raised to the 0.43 power Action: Calculator Action
Input: 25^0.43
Observation:
Answer: 3.991298452658078
Thought: I now know the final answer Final
Answer: Camila Morrone is Leo DiCaprio's girlfriend and her current age raised to
the 0.43 power is 3.991298452658078.
Finished chain.
"Camila Morrone is Leo DiCaprio's girlfriend and her current age raised to the 0.43
power is 3.991298452658078."
```

7.1.4 Agent 元件的類型

在深入了解各種具體的 Agent 元件之前，先看一下原始程式碼中定義的 Agent 類型列舉類。這個列舉類列出了 LangChain 框架中所有可用的 Agent 元件。知道了這個概念，我們就可以更進一步地理解以下要介紹的各種 Agent 元件及它們的使用場景。

```
class AgentType(str, Enum):
    ZERO_SHOT_REACT_DESCRIPTION = "zero-shot-react-description"
    REACT_DOCSTORE = "react-docstore"
    SELF_ASK_WITH_SEARCH = "self-ask-with-search"
    CONVERSATIONAL_REACT_DESCRIPTION = "conversational-react-description"
```

```
    CHAT_ZERO_SHOT_REACT_DESCRIPTION = "chat-zero-shot-react-description"
    CHAT_CONVERSATIONAL_REACT_DESCRIPTION = "chat-conversational-react-
description"

STRUCTURED_CHAT_ZERO_SHOT_REACT_DESCRIPTION = (
        "structured-chat-zero-shot-react-description"
    )
OPENAI_FUNCTIONS = "openai-functions"
```

這些 Agent 元件是根據不同的理論依據和實踐需求建立的，並已在原始程式碼中實現，可供直接使用。內建的 Agent 元件提供了豐富的工具元件集，滿足了大多數使用場景。接下來，將其按原理進行分類，並介紹它們的應用場景。

（1）Zero-shot ReAct 元件（zero-shot-react-description）：該 Agent 元件採用 ReAct 框架元件，並僅根據工具元件的描述來選擇工具元件。

（2）結構化輸入反應元件（structured-chat-zero-shot-react-description）：該 Agent 元件可以處理多輸入工具元件。它可以使用工具元件的參數模式來建立結構化的行動輸入，非常適用於複雜的工具元件應用，如精確導航。

（3）OpenAI 函數元件（openai-functions）：該 Agent 元件與特定的 OpenAI 模型（如 GPT-3.5-Turbo-0613 和 GPT-4-0613）共同工作，以便檢測何時應呼叫函數元件。

（4）對話 ReAct 元件（conversational-react-description）：該 Agent 元件專為對話環境設計。它使用 ReAct 框架元件來選擇工具元件，並能記住之前的對話互動。

（5）自問與搜尋元件（self-ask-with-search）：該 Agent 元件使用名為「Intermediate Answer」的工具元件來尋找問題的事實答案。

（6）ReAct 文件儲存元件（react-docstore）：該 Agent 元件使用 ReAct 框架元件與文件儲存互動，它需要兩個具體的工具元件：一個是搜尋工具元件，另一個是查詢工具元件。

了解這些分類和內建的 Agent 元件不僅能幫助你選擇最適用於特定場景的元件，還可以作為你自訂 Agent 元件時的參考。在開始建立自訂 Agent 元件時，先確定其需要承擔的任務類型，然後選擇最適合完成該任務的 Agent 元件類型。

內建的 Agent 元件類型，如 Zero-shot ReAct 元件、結構化輸入反應元件、OpenAI 函數元件等，都有各自的特點和應用場景。透過理解和學習這些類型，可以更有效地在 LangChain 框架內建立和使用 Agent 元件。

7.2 Agent 元件的應用

在 LangChain 框架中，Agent 模組實現了多種類型的 Agent 元件，比如 ZeroShotAgent 元件和 OpenAIFunctionsAgent 元件。另外，LangChain 框架鼓勵開發者建立自己的 Agent 元件。理解這些 Agent 元件的使用步驟，以及如何自訂 Agent 元件都至關重要。

首先，需要明白建立和執行 Agent 是兩個分離的步驟。建立 Agent 是透過實例化 Agent 類別來完成的。在建立 Agent 的過程中，Tools 也會被用於提示詞範本，所以，無論是 Agent 元件還是 AgentExecutor 元件的初始化過程中，都需要設定 tools 屬性。

在建立好 Agent 元件後，需要將其放入 AgentExecutor 元件中進行執行。AgentExecutor 是 Agent 元件的執行環境，它是一個鏈元件。實際上執行的是這個鏈元件，而非 Agent 元件本身。在整個 LangChain 框架中，所有模組的終點都是被組合到鏈元件上的。Agent 不能脫離 AgentExecutor 環境，就像魚離不開水。在執行過程中，AgentExecutor 會呼叫 Tools 的方法來執行具體的任務。

以下是一個使用 ZeroShotAgent 元件的範例：

```
from langchain.agents import ZeroShotAgent, Tool,AgentExecutor

llm_chain = LLMChain(llm=OpenAI(temperature=0), prompt=prompt)

tool_names = [tool.name for tool in tools]
agent = ZeroShotAgent(llm_chain=llm_chain, allowed_tools=tool_names)
```

```
agent_executor = AgentExecutor.from_agent_and_tools(
    agent=agent, tools=tools, verbose=True
)

agent_executor.run("How many people live in canada as of 2023?")
```

在這個範例中，首先建立了一個 ZeroShotAgent 實例，並將其放入了 AgentExecutor 中。然後，呼叫了 AgentExecutor 的 run 方法來執行這個 Agent，並獲取了其執行結果。

這是目前最通用的 Agent 元件的實現方法。無論是自訂還是內建的 Agent 元件，都遵循這個使用步驟。對於內建的 Agent 元件類型，還有一個簡化方法 initialize_agent，簡化之後，把原本的兩個步驟合併為一個步驟，而不需要建立 Agent 元件實例，也不需要顯式建立 AgentExecutor。

```
agent = initialize_agent( tools, llm, \
agent=AgentType.ZERO_SHOT_REACT_DESCRIPTION, verbose=True )
```

initialize_agent 方法被廣泛用於內建的 Agent 元件中。比如上面使用的 agent= AgentType.ZERO_SHOT_REACT_DESCRIPTION，實際上它對應的是 ZeroShotAgent。值得注意的是，如果此方法並不在這個串列內，則這個方法並不適用。以下類型均可以使用這個方法：

```
    {
    AgentType.ZERO_SHOT_REACT_DESCRIPTION: ZeroShotAgent,
    AgentType.REACT_DOCSTORE: ReActDocstoreAgent,
    AgentType.SELF_ASK_WITH_SEARCH:
    SelfAskWithSearchAgent,
    AgentType.CONVERSATIONAL_REACT_DESCRIPTION:
    ConversationalAgent,
    AgentType.CHAT_ZERO_SHOT_REACT_DESCRIPTION: ChatAgent, AgentType.CHAT_
CONVERSATIONAL_REACT_DESCRIPTION: ConversationalChatAgent, AgentType.STRUCTURED_
CHAT_ZERO_SHOT_REACT_DESCRIPTION:StructuredChatAgent, AgentType.OPENAI_FUNCTIONS:
OpenAIFunctionsAgent
    }
```

下面透過一個實際的應用案例程式，展示一個完整的 Agent 元件使用步驟。

7.2.1 Agent 元件的多功能性

Agent 元件不僅能夠完成單一任務，還能夠動態選擇並利用多種工具元件來應對和解決不同類型的問題和任務，這種特點被稱為 Agent 元件的多功能性。下面透過程式範例，實現一個多功能性的 Agent 元件。

先安裝要用到的函數庫。

```
pip -q install LangChain huggingface_hub openai google-search-results tiktoken
wikipedia
```

設定所需工具的金鑰和 LLM 模型的金鑰。

```
import os
os.environ["OPENAI_API_KEY"] = " 填入你的金鑰 "
os.environ["SERPAPI_API_KEY"] = " 填入你的金鑰 "
```

設定 Agent 元件的過程包含兩個主要步驟：載入 Agent 元件將使用的工具，然後用這些工具初始化 Agent 元件。首先初始化一些基礎設定，然後載入兩個工具：一個使用搜尋 API 進行搜尋的工具，以及一個可以進行數學運算的計算機工具。然後載入工具和初始化 Agent 元件。

```
from langchain.agents import load_tools
from langchain.agents import initialize_agent
from langchain.llms import OpenAI

llm = OpenAI(temperature=0)
```

每個工具都有一個名稱和描述，表示它是用來做什麼的。例如「serpapi」工具用於搜尋，而「llm-math」工具則用於解決數學問題。這些工具內部有很多內容，包括範本和許多不同的 chains。

```
tools = load_tools(["serpapi", "llm-math"], llm=llm)
```

一旦設定好了工具，就可以開始初始化 Agent 元件。初始化 Agent 元件需要傳入工具和語言模型，以及 Agent 元件的類型或風格。下面使用了「zero-shot-react-description」的內建 Agent 元件，這個元件的思想是基於一篇關於讓語言模型採取行動並生成操作步驟的論文。

```
agent =
initialize_agent(tools, llm, agent="zero-shot-react-description", verbose=True)
```

初始化 Agent 元件的重要步驟之一是設定提示詞範本。這些提示詞會在 Agent 元件開始執行時期告訴大型語言模型它應該做什麼。

```
agent.agent.llm_chain.prompt.template
```

這裡，為 Agent 元件設定了兩個工具：搜尋引擎和計算機。然後，設定了 Agent 元件應該傳回的格式，包括它需要回答的問題，以及它應該採取的行動和行動的輸入。

```
'Answer the following questions as best you can. You have access to the following
tools:\n\nSearch: A search engine. Useful for when you need to answer questions
about current events. Input should be a search query.\nCalculator: Useful for when
you need to answer questions about math.\n\nUse the following format:\n\nQuestion:
the input question you must answer\nThought: you should always think about what to
do\nAction: the action to take, should be one of [Search, Calculator]\nAction Input:
the input to the action\nObservation: the result of the action\n... (this Thought/
Action/Action Input/Observation can repeat N times)\nThought: I now know the final
answer\nFinal Answer: the final answer to the original input question\n\nBegin!\n\
nQuestion: {input}\nThought:{agent_scratchpad}'
```

最後，執行 Agent 元件。需要注意的是，Agent 元件並不總是需要使用工具的。例如問 Agent 元件：「你今天好嗎？」對於這樣的問題，Agent 元件並不需要進行搜尋或計算，而是可以直接生成回答。

```
agent.run("Hi How are you today?")
```

這些是 Agent 元件的基礎功能。

Agent 元件的數學能力

下面繼續探討如何在實際中應用 Agent 元件的數學能力。

```
agent.run("Where is DeepMind's office?")
```

在前面的範例中，尚未使用到 math 模組，下面介紹一下它的作用。讓 Agent 元件查詢 Deep Mind 的街道地址中的數字，然後進行平方運算。

```
agent.run("If I square the number for the street address of DeepMind what
answer do I get?")
```

Agent 元件首先透過搜尋獲取地址，然後找到數字 5（假設為地址的一部分），最後進行平方運算，得出結果 25。然而，如果地址中包含多個數字，則 Agent 元件可能會對哪個數字進行平方運算產生混淆，這就是我們可能需要考慮和解決的問題。

```
    > Entering new AgentExecutor chain...
     I need to find the street address of DeepMind first.
    Action: Search
    Action Input: "DeepMind street address"
    Observation: DeepMind Technologies Limited, is a company organised under the
laws of England and Wales, with registered office at 5 New Street Square, London, EC4A
3TW ("DeepMind", "us", "we", or "our"). DeepMind is a wholly owned subsidiary
of Alphabet Inc. and operates 請參考本書程式倉庫 URL 映射表，找到對應資源 ://deepmind.com
(the "Site").
    Thought: I now need to calculate the square of the street address.
    Action: Calculator
    Action Input: 5^2
    Observation: Answer: 25
    Thought: I now know the final answer.
    Final Answer: 25

    > Finished chain.
    '25'
```

Agent 元件的使用終端工具能力

在工具函數庫中，還有一個尚未使用的工具，那就是終端工具。舉例來說，可以問 Agent 元件目前的目錄中有哪些檔案。下面繼續探討如何在實際中應用 Agent 元件的使用終端工具能力。

```
agent.run("What files are in my current directory?")
```

Agent 元件將執行一個 LS 命令來查看資料夾，並傳回一個檔案串列。

```
> Entering new AgentExecutor chain...
 I need to find out what files are in my current directory.
Action: Terminal
Action Input: ls
Observation: sample_data

Thought: I need to find out more information about this file.
Action: Terminal
Action Input: ls -l sample_data
Observation: total 55504
-rwxr-xr-x 1 root root     1697 Jan  1  2000 anscombe.json
-rw-r--r-- 1 root root   301141 Mar 10 20:51 california_housing_test.csv
-rw-r--r-- 1 root root  1706430 Mar 10 20:51 california_housing_train.csv
-rw-r--r-- 1 root root 18289443 Mar 10 20:51 mnist_test.csv
-rw-r--r-- 1 root root 36523880 Mar 10 20:51 mnist_train_small.csv
-rwxr-xr-x 1 root root      930 Jan  1  2000 README.md

Thought: I now know the final answer.
Final Answer: The files in my current directory are anscombe.json, california_
housing_test.csv, california_housing_train.csv, mnist_test.csv, mnist_train_small.
csv, and README.md.

> Finished chain.
'The files in my current directory are anscombe.json, california_housing_test.
csv, california_housing_train.csv, mnist_test.csv, mnist_train_small.csv, and
README.md.'
```

甚至可以問它特定的檔案是否存在，比如詢問目前的目錄中是否有一個關於「California」的檔案。

```
agent.run("Does my current directory have a file about California?")
```

Agent 元件會使用 grep 命令進行檢索，並報告結果。然而，這個過程可能需要多次呼叫語言模型，從而產生一定的執行成本。

```
> Entering new AgentExecutor chain...
 I need to find out what files are in my current directory.
Action: Terminal
Action Input: ls
Observation: sample_data

Thought: I need to find out if there is a file about California in this directory.
Action: Terminal
Action Input: grep California sample_data
Observation: Command 'grep California sample_data' returned non-zero exit status 2.
Thought: I need to look for a different way to search for the file.
Action: Search
Action Input: "California file in current directory"
Observation: The pwd command displays the full, absolute path of the current, or
working, directory. It's not something you'll use all the time, but it can ...
Thought: I need to use the pwd command to find the file.
Action: Terminal
Action Input: pwd
Observation: /content

Thought: I need to use the ls command to find the file.
Action: Terminal
Action Input: ls
Observation: sample_data

Thought: I need to use the grep command to find the file.
Action: Terminal
Action Input: grep California sample_data
Observation: Command 'grep California sample_data' returned non-zero exit status 2.
Thought: I need to look for a different way to search for the file.
Action: Search
```

```
Action Input: "California file in current directory"
Observation: The pwd command displays the full, absolute path of the current, or
working, directory. It's not something you'll use all the time, but it can ...
Thought: I need to use the find command to find the file.
Action: Terminal
Action Input: find . -name "*California*"
Observation: Command 'find . -name "*California*' returned non-zero exit status 2.
Thought: I need to use the grep command to find the file.
Action: Terminal
Action Input: grep -R California *
Observation: sample_data/README.md:*   `california_housing_data*.csv` is California
housing data from the 1990 US

Thought: I now know the final answer.
Final Answer: Yes, there is a file about California in the current directory.

> Finished chain.
'Yes, there is a file about California in the current directory.'
```

在使用終端工具時，需要非常謹慎。如果你不希望最終使用者能夠透過執行終端命令來操作你的檔案系統，那麼在增加這個工具時，你需要確保已採取適當的安全防護措施。不過，儘管有其潛在風險，但在某些情況下，使用終端工具還是很有用的，比如當你需要設定某些功能時。

以上就是 Agent 元件的使用範例和注意事項。

7.2.2 自訂 Agent 元件

這一節介紹如何建立自訂 Agent 元件。

一個 Agent 元件由兩部分組成：tools（代理可以使用的工具）和 AgentExecutor（決定採取哪種行動）。

下面逐一介紹如何建立自訂 Agent 元件。Tool、AgentExecutor 和 BaseSingleActionAgent 是從 LangChain.agents 模組中匯入的類別，用於建立自訂 Agent 元件和 tools。OpenAI 和 SerpAPIWrapper 是從 LangChain 模組中匯入的類別，用於存取 OpenAI 的功能和 SerpAPI 的套件。下面先安裝函數庫。

```
pip -q install  openai
pip install LangChain
```

然後設定金鑰。

```
# 設定 OpenAI 的 API 金鑰
os.environ["OPENAI_API_KEY"] = " 填入你的金鑰 "
# 設定 Google 搜尋的 API 金鑰
os.environ["SERPAPI_API_KEY"] = " 填入你的金鑰 "

from langchain.agents import Tool, AgentExecutor, BaseSingleActionAgent
from langchain import OpenAI, SerpAPIWrapper
```

接著建立一個 SerpAPIWrapper 實例，然後將其 run 方法封裝到一個 Tool 物件中。

```
search = SerpAPIWrapper()
tools = [
    Tool(
        name="Search",
        func=search.run,
        description="useful for when you need to answer questions about current
events",
return_direct=True,
    )
]
```

這裡自訂了一個 Agent 類別 FakeAgent，這個類別繼承自 BaseSingleAction Agent。該類別定義了兩個方法 plan 和 aplan，這兩個方法是 Agent 元件根據給定的輸入和中間步驟來決定下一步要做什麼的核心邏輯。

```
from typing import List, Tuple, Any, Union
from langchain.schema import AgentAction, AgentFinish



class FakeAgent(BaseSingleActionAgent):
    """Fake Custom Agent."""

    @property
    def input_keys(self):
```

```
        return ["input"]

    def plan(
        self, intermediate_steps: List[Tuple[AgentAction, str]], kwargs: Any
    ) -> Union[AgentAction, AgentFinish]:
        """Given input, decided what to do.

        Args:
            intermediate_steps: Steps the LLM has taken to date,
                along with observations
            kwargs: User inputs.

        Returns:
            Action specifying what tool to use.
        """
        return AgentAction(tool="Search", tool_input=kwargs["input"], log="")

    async def aplan(
        self, intermediate_steps: List[Tuple[AgentAction, str]], kwargs: Any
    ) -> Union[AgentAction, AgentFinish]:
        """Given input, decided what to do.

        Args:
            intermediate_steps: Steps the LLM has taken to date,
                along with observations
            kwargs: User inputs.

        Returns:
            Action specifying what tool to use.
        """
        return AgentAction(tool="Search", tool_input=kwargs["input"], log="")
```

下面建立一個 FakeAgent 的實例。

```
agent = FakeAgent()
```

接著建立一個 AgentExecutor 實例，該實例將使用前面定義的 FakeAgent 和 tools 來執行任務。from_agent_and_tools 是一個類別方法，用於建立 AgentExecutor 的實例。

```
agent_executor = AgentExecutor.from_agent_and_tools(
    agent=agent, tools=tools, verbose=True
)
```

下面呼叫 AgentExecutor 的 run 方法來執行一個任務，任務是查詢「2023 年加拿大有多少人口」。

```
agent_executor.run("How many people live in canada as of 2023?")
```

列印最終的結果。

```
    > Entering new AgentExecutor chain...
    The current population of Canada is 38,669,152 as of Monday, April 24, 2023, 
based on Worldometer elaboration of the latest United Nations data.

    > Finished chain.

    'The current population of Canada is 38,669,152 as of Monday, April 24, 2023, 
based on Worldometer elaboration of the latest United Nations data.'
```

7.2.3 ReAct Agent 的實踐

由於 ReAct 框架的特性，目前它已經成為首選的 Agent 元件實現方式。Agent 元件的基本理念是將大型語言模型當作推理的引擎。ReAct 框架實際上是把推理和動作結合在一起。當 Agent 元件接收到使用者的請求後，大型語言模型就會選擇使用哪個工具。接著，Agent 元件會執行該工具的操作，觀察生成的結果，並把這些結果回饋給大型語言模型。

下面演示如何使用 Agent 實現 ReAct 框架。首先，載入 openai 和 LangChain 的函數庫。

```
pip -q install  openai langchain
```

設定金鑰。

```
# 設定 OpenAI 的 API 金鑰
os.environ["OPENAI_API_KEY"] = " 填入你的金鑰 "
# 設定 Google 搜尋的 API 金鑰
os.environ["SERPAPI_API_KEY"] = " 填入你的金鑰 "
from langchain.agents import load_tools
from langchain.agents import initialize_agent
from langchain.agents import AgentType
from langchain.llms import OpenAI
llm = OpenAI(temperature=0)
```

接著，需要載入一些工具。

```
tools = load_tools(["serpapi", "llm-math"], llm=llm)
```

請注意，llm-math 工具使用了 llm，因此需要設定 llm=llm。最後，需要使用 tools、llm 和想要使用的內建 Agent 元件 ZERO_SHOT_REACT_DESCRIPTION 來初始化一個 Agent 元件。

```
agent =
 initialize_agent(tools, llm, agent=AgentType.ZERO_SHOT_REACT_DESCRIPTION,
verbose=True)
```

現在測試一下！

```
agent.run("Who is Leo DiCaprio's girlfriend? What is her current age raised to the 0.43
power?")
```

執行結果如下：

```
> Entering new AgentExecutor chain...
     I need to find out who Leo DiCaprio's girlfriend is and then calculate her age
raised to the 0.43 power.
    Action: Search
    Action Input: "Leo DiCaprio girlfriend"
    Observation: Camila Morrone
    Thought: I need to find out Camila Morrone's age
    Action: Search
    Action Input: "Camila Morrone age"
    Observation: 25 years
```

```
    Thought: I need to calculate 25 raised to the 0.43 power
    Action: Calculator
    Action Input: 25^0.43
    Observation: Answer: 3.991298452658078

    Thought: I now know the final answer
    Final Answer: Camila Morrone is Leo DiCaprio's girlfriend and her current age
raised to the 0.43 power is 3.991298452658078.

    > Finished chain.

    "Camila Morrone is Leo DiCaprio's girlfriend and her current age raised to the 0.43
power is 3.991298452658078."
```

除此之外，你還可以建立使用聊天模型包裝器作為 Agent 驅動器的 ReAct Agent，而非使用 LLM 模型包裝器。

```
from langchain.chat_models import ChatOpenAI

chat_model = ChatOpenAI(temperature=0)
agent = initialize_agent(tools, chat_model, agent=AgentType.CHAT_ZERO_SHOT_REACT_
DESCRIPTION, verbose=True)
agent.run("Who is Leo DiCaprio's girlfriend?
 What is her current age raised to the 0.43 power?")
```

7.3 工具元件和工具套件元件

在 Agent 模組中，工具元件（Tools）是 Agent 元件用來與世界互動的介面。這些工具元件實際上就是 Agent 元件可以使用的函數。它們可以是通用的應用程式（例如搜尋功能），也可以是其他的工具元件鏈，甚至是其他的 Agent 元件。

工具元件套件（Toolkits）是用於完成特定任務的工具元件的集合，它們具有方便的載入方法。工具元件套件將一組具有共同目標或特性的工具元件集中在一起，提供統一而便捷的使用方式，使得使用者能夠更加方便地完成特定的任務。

在建構自己的 Agent 元件時，你需要提供一個工具元件串列，其中的工具元件是 Agent 元件可以使用的。除實際被呼叫的函數外（func=search.run），工具元件中還包括一些組成部分：name（必需的，並且其在提供給 Agent 元件的工具元件集合中必須是唯一的）；description（可選的，但建議提供，因為 Agent 元件會用它來判斷工具元件的使用情況）。

```
from langchain.agents import ZeroShotAgent, Tool, AgentExecutor
from langchain import OpenAI, SerpAPIWrapper, LLMChain


search = SerpAPIWrapper()
tools = [ Tool( name="Search", func=search.run,
description="useful for when you need to answer questions about current events", )]
```

LangChain 框架中封裝了許多類型的工具元件和工具元件套件，使用者可以隨時呼叫這些工具元件，完成各種複雜的任務。除使用 LangChain 框架中提供的工具元件外，使用者也可以自訂工具元件，形成自己的工具元件套件，以完成特殊的任務。

7.3.1 工具元件的類型

LangChain 框架中提供了一系列的工具元件，它們封裝了各種功能，可以直接在專案中使用。這些工具元件涵蓋了從資料處理到網路請求，從檔案操作到資料庫查詢，從搜尋引擎查詢到大型語言模型應用等。這個工具元件串列在不斷地擴展和更新。以下是目前可用的工具元件：

AIPluginTool：個外掛程式工具元件，允許使用者將其他的人工智慧模型或服務整合到系統中。

APIOperation：用於呼叫外部 API 的工具元件。

ArxivQueryRun：用於查詢 Arxiv 的工具元件。

AzureCogsFormRecognizerTool：利用 Azure 認知服務中的表單辨識器的工具元件。

AzureCogsImageAnalysisTool：利用 Azure 認知服務中的影像分析的工具元件。

AzureCogsSpeech2TextTool：利用 Azure 認知服務中的語音轉文本的工具元件。

AzureCogsText2SpeechTool：利用 Azure 認知服務中的文字轉語音的工具元件。

BaseGraphQLTool：用於發送 GraphQL 查詢的基礎工具元件。

BaseRequestsTool：用於發送 HTTP 請求的基礎工具元件。

BaseSQLDatabaseTool：用於與 SQL 資料庫互動的基礎工具元件。

BaseSparkSQLTool：用於執行 Spark SQL 查詢的基礎工具元件。

BingSearchResults：用於獲取 Bing 搜尋結果的工具元件。

BingSearchRun：用於執行 Bing 搜尋的工具元件。

BraveSearch：用於執行 Brave 搜尋的工具元件。

ClickTool：模擬點擊操作的工具元件。

CopyFileTool：用於複製檔案的工具元件。

CurrentWebPageTool：用於獲取當前網頁資訊的工具元件。

DeleteFileTool：用於刪除檔案的工具元件。

DuckDuckGoSearchResults：用於獲取 DuckDuckGo 搜尋結果的工具元件。

DuckDuckGoSearchRun：用於執行 DuckDuckGo 搜尋的工具元件。

ExtractHyperlinksTool：用於從文字或網頁中提取超連結的工具元件。

ExtractTextTool：用於從文字或其他來源中提取文字的工具元件。

FileSearchTool：用於搜尋檔案的工具元件。

GetElementsTool：用於從網頁或其他來源中獲取元素的工具元件。

GmailCreateDraft：用於建立 Gmail 草稿的工具元件。

GmailGetMessage：用於獲取 Gmail 訊息的工具元件。

GmailGetThread：用於獲取 Gmail 執行緒的工具元件。

GmailSearch：用於搜尋 Gmail 的工具元件。

GmailSendMessage：用於發送 Gmail 訊息的工具元件。

GooglePlacesTool：用於搜尋 Google Places 的工具元件。

GoogleSearchResults：用於獲取 Google 搜尋結果的工具元件。

GoogleSearchRun：用於執行 Google 搜尋的工具元件。

GoogleSerperResults：用於獲取 Google SERP（搜尋引擎結果頁面）的工具元件。

GoogleSerperRun：用於執行 Google SERP 查詢的工具元件。

HumanInputRun：用於模擬人類輸入的工具元件。

IFTTTWebhook：用於觸發 IFTTT（If this Then that）服務的工作流程的工具元件。

InfoPowerBITool：用於獲取 Power BI 資訊的工具元件。

InfoSQLDatabaseTool：用於獲取 SQL 資料庫資訊的工具元件。

InfoSparkSQLTool：用於獲取 Spark SQL 資訊的工具元件。

JiraAction：用於在 Jira 上執行操作的工具元件。

JsonGetValueTool：用於從 JSON 資料中獲設定值的工具元件。

JsonListKeysTool：用於列出 JSON 資料中的鍵的工具元件。

ListDirectoryTool：用於列出目錄內容的工具元件。

ListPowerBITool：用於列出 Power BI 資訊的工具元件。

ListSQLDatabaseTool：用於列出 SQL 資料庫資訊的工具元件。

請注意，這些工具元件的具體實現和功能可能會根據實際的需求和環境進行調整。

7.3.2 工具套件元件的類型

LangChain 提供了一系列與各種 Agent 元件進行互動的工具套件元件和內建 Agent 元件，以幫助我們快速建立解決各種問題的 Agent 元件。舉例來說，你可能想要一個 Agent 元件能夠處理使用者透過 REST API 提交的 JSON 資料，對其進行資料轉換，然後傳回一個處理後的 JSON 物件。那麼你可以直接呼叫 create_json_agent 函數，實例化一個 Agent 元件，這個函數會傳回一個 AgentExecutor 物件。這個物件能夠執行處理 JSON 資料的任務。

LangChain 的這種設計使得開發者無須了解每個 Agent 元件的內部工作原理，透過提供這樣的以 create_ 為首碼的函數，讓開發者能快速實例化各種特定任務的 Agent 元件。下面是以 create_ 為首碼的函數和各種工具元件套件：

create_json_agent：用於與 JSON 資料互動的 Agent 元件。

create_sql_agent：用於與 SQL 資料庫互動的 Agent 元件。

create_openapi_agent：用於與 OpenAPI 互動的 Agent 元件。

create_pbi_agent：用於與 Power BI 互動的 Agent 元件。

create_vectorstore_router_agent：用於與 Vector Store 路由互動的 Agent 元件。

create_pandas_dataframe_agent：用於與 Pandas 資料幀互動的 Agent 元件。

create_spark_dataframe_agent：用於與 Spark 資料幀互動的 Agent 元件。

create_spark_sql_agent：用於與 Spark SQL 互動的 Agent 元件。

create_csv_agent：用於與 CSV 檔案互動的 Agent 元件。

create_pbi_chat_agent：用於與 Power BI 聊天互動的 Agent 元件。

create_python_agent：用於與 Python 互動的 Agent 元件。

create_vectorstore_agent：用於與 Vector Store 互動的 Agent 元件。

JsonToolkit：用於處理 JSON 資料的工具元件套件。

SQLDatabaseToolkit：用於處理 SQL 資料庫的工具元件套件。

SparkSQLToolkit：用於處理 Spark SQL 的工具元件套件。

NLAToolkit：用於處理自然語言應用的工具元件套件。

PowerBIToolkit：用於處理 Power BI 應用的工具元件套件。

OpenAPIToolkit：用於處理 OpenAPI 的工具元件套件。

VectorStoreToolkit：用於處理 Vector Store 的工具元件套件。

VectorStoreInfo：用於獲取 Vector Store 資訊的工具元件。

VectorStoreRouterToolkit：用於處理 Vector Store 路由的工具元件套件。

ZapierToolkit：用於處理 Zapier 應用的工具元件套件。

GmailToolkit：用於處理 Gmail 應用的工具元件套件。

JiraToolkit：用於處理 Jira 應用的工具元件套件。

FileManagementToolkit：用於檔案管理的工具元件套件。

PlayWrightBrowserToolkit：用於處理 PlayWright 瀏覽器的工具元件套件。

AzureCognitiveServicesToolkit：用於處理 Azure 認知服務的工具元件套件。

這些工具元件套件的具體功能和實現可能會根據實際的需求和環境進行調整。

7.4 Agent 元件的功能增強

隨著技術的持續發展，Agent 元件的功能正在經歷深刻的變革和完善。下面重點介紹 Agent 元件的功能增強。

記憶功能增強

為 OpenAI Functions Agent 元件引入記憶功能是一次重大的突破。這不僅讓 Agent 元件記住先前的對話內容，還使其在執行連續任務時表現得更為出色。舉例來說，Agent 元件能從工具中提取 3 個質數，並進行相乘。在此過程中，Agent 元件還有能力驗證中間結果，如確認其輸出是否為質數。

與向量儲存庫的融合

為了讓 Agent 元件更有效地與向量儲存庫互動，建議引入一個 RetrievalQA，並將其納入整體 Agent 的工具集中。此外，Agent 元件還能與多個 vectordbs 進行互動，並在它們之間實現路由。這使 Agent 元件在資料存取和處理方面具備更廣的能力。

7.4.1 Agent 元件的記憶功能增強

本節會介紹如何為 OpenAI Functions Agent 元件增加記憶功能。OpenAI Functions Agent 元件是一個能夠呼叫函數並響應函數輸入的強大工具，但在預設設定下，它並不具備記憶之前的對話內容的能力。然而，在許多實際應用場景中都需要 Agent 元件能夠記住之前的對話內容，從而更進一步地提供給使用者服務。

這裡設計了一個實驗。透過這個實驗，將測試大型語言模型能否記住之前的對話內容，並在後續的對話中正確使用這些資訊。下面從設計問題的角度和步驟開始，然後深入研究如何為 Agent 元件增加記憶功能，並測試這個功能能否滿足預期。

下面設計一些問題，讓建立的代理元件來回答。設計問題的目的是為了檢測大型語言模型是否具備記憶能力，是否可以像人類一樣記住之前的對話內容。這在實際應用中極為重要，比如在聊天機器人的場景中，希望機器人能記住使用者的名字和之前的對話內容，以便在後續的對話中提供給使用者更個性化的服務。

設計問題的步驟如下。

（1）首先，透過呼叫 agent.run("hi") 啟動一次階段。這是一個簡單的問候，類似於人類對話的開場白。

（2）然後，透過 agent.run("my name is bob") 介紹一個名字。這是在告訴大型語言模型的名字是 Bob。這一步的目的是為了測試大型語言模型是否能記住這個資訊。

（3）最後，透過 agent.run("whats my name") 詢問大型語言模型的名字。這是一個測試，看大型語言模型是否記住了之前介紹的名字。

這個設計問題的角度主要是從記憶能力和對話能力出發，透過設計這樣的對話流程，可以測試大型語言模型在一次階段中是否能記住之前的資訊，並在後續的對話中正確使用這些資訊。

下面是為 OpenAI Functions Agent 元件增加記憶功能的程式範例。

首先從 LangChain 模組中匯入所需的各種類和函數。

LLMMathChain：這是一個類別，用於建立一個能夠進行數學計算的大型語言模型（Large Language Model，LLM）鏈。LLM 鏈是一個特殊的模型，可以將一系列的工具和大型語言模型連接起來，使得模型能夠執行更複雜的任務。

OpenAI：這是一個類別，用於建立一個 OpenAI 大型語言模型。可以使用這個類別來實例化一個 OpenAI 模型，並在後續的程式中使用它。

SerpAPIWrapper：這是一個類別，用於建立一個 SerpAPI 的包裝器。SerpAPI 是一個搜尋引擎結果頁面（Search Engine Results Page, SERP）的 API，可以使用這個類別來實例化一個 SerpAPI 物件，並在後續的程式中使用它來進行搜尋操作。

SQLDatabase 和 SQLDatabaseChain：這兩個類別用於建立和管理 SQL 資料庫。SQLDatabase 是一個用於表示 SQL 資料庫的類別，可以使用它來實例化一個 SQL 資料庫物件。SQLDatabaseChain 則是一個特殊的鏈，可以將 SQL 資料庫和大型語言模型連接起來，使模型能夠執行更複雜的資料庫操作。

initialize_agent 和 Tool：這兩個函數用於初始化 Agent 元件和工具。initialize_agent 函數用於建立一個 Agent 元件，Tool 函數則用於建立一個工具。

AgentType：這是一個列舉類，定義了各種不同的 Agent 元件類型。可以使用這個類別來指定要建立的 Agent 元件的類型。

ChatOpenAI：這是一個類別，用於建立一個能夠進行聊天的 OpenAI 模型。可以使用這個類別來實例化一個聊天模型，並在後續的程式中使用它進行聊天操作。

```
from langchain import (
    LLMMathChain,
    OpenAI,
    SerpAPIWrapper,
    SQLDatabase,
    SQLDatabaseChain,
)
from langchain.agents import initialize_agent, Tool
from langchain.agents import AgentType
from langchain.chat_models import ChatOpenAI
```

建立一個工具（Tools）串列，其中每個工具都是一個 Tool 物件。Tool 物件主要包含 3 個屬性：name、func 和 description。

```
llm = ChatOpenAI(temperature=0, model="gpt-3.5-turbo-0613")
search = SerpAPIWrapper()
llm_math_chain = LLMMathChain.from_llm(llm=llm, verbose=True)
```

```
db = SQLDatabase.from_uri("sqlite:///../../../../../notebooks/Chinook.db")
db_chain = SQLDatabaseChain.from_llm(llm, db, verbose=True)
tools = [
    Tool(
        name="Search",
        func=search.run,
        description="useful for when you need to answer questions
about current events. You should ask targeted questions",
    ),
    Tool(
        name="Calculator",
        func=llm_math_chain.run,
        description="useful for when you need to answer questions about math",
    ),
    Tool(
        name="FooBar-DB",
        func=db_chain.run,
        description="useful for when you need to answer questions about FooBar.
Input should be in the form of a question containing full context",
    ),
]
```

為 Agent 元件增加記憶功能。在 LangChain 的 Agent 框架中，記憶是由 ConversationBufferMemory 物件管理的，根據實際的業務需求，你可以使用其他類型的記憶元件。

extra_prompt_messages：這是一個串列，用於包含一些額外的提示訊息。這些訊息將被增加到 Agent 元件的提示範本中。在這個例子中，增加了一個 MessagesPlaceholder 物件，這個物件表示一個預留位置，它的值將在執行程式時被實際的記憶內容替換。

variable_name：這是 MessagesPlaceholder 物件的參數，它表示預留位置的變數名稱。在這個例子中，變數名稱為 "memory"，這表示在提示範本中，{{memory}} 將被替換為實際的記憶內容。

memory：這是一個 ConversationBufferMemory 物件，用於管理 Agent 元件的記憶。在這個例子中，設定了 memory_key 為 "memory"，這表示記憶內容將

被儲存在 "memory" 這個鍵下；並且設定了 return_messages 為 True，這表示記憶內容將包括傳回的訊息。

```
from langchain.prompts import MessagesPlaceholder
from langchain.memory import ConversationBufferMemory

agent_kwargs = {
    "extra_prompt_messages": [MessagesPlaceholder(variable_name="memory")],
}
memory = ConversationBufferMemory(memory_key="memory", return_messages=True)
```

這段程式中使用 initialize_agent 函數建立了一個 Agent 元件實例，並為它設定了工具、大型語言模型、Agent 元件類型、記憶元件等屬性。

tools：這是一個 Tool 物件的串列，每個 Tool 物件都代表一個可以被 Agent 元件使用的工具。這些工具將被用來執行具體的任務，如搜尋、計算等。

llm：這是之前建立的大型語言模型包裝器。Agent 元件將使用這個模型來生成語言輸出，以及決定下一步的行動。

AgentType.OPENAI_FUNCTIONS：這是一個列舉值，代表 Agent 元件的類型。在這個例子中選擇了 OPENAI_FUNCTIONS 類型的 Agent 元件，這種類型的 Agent 元件是為 OpenAI 函數模型特別設計的。

verbose=True：這個參數決定了是否在執行過程中列印詳細的日誌資訊。如果其被設定為 True，那麼在每次 Agent 元件進行行動時，都會列印出詳細的日誌資訊，這對於偵錯和理解 Agent 元件的行為非常有用。

agent_kwargs：這是一個字典，用於傳遞額外的參數給 Agent 類別。在這個例子中傳遞了 extra_prompt_messages 參數，這個參數包含了額外的提示訊息。

memory：這是之前建立的 ConversationBufferMemory 物件，用於管理 Agent 元件的記憶。這個物件將被用來儲存和檢索 Agent 元件的記憶內容。

透過前面的程式，成功建立了一個具有記憶功能的 Agent 元件。接下來，就可以使用這個 Agent 元件來進行對話了。Agent 元件將能記住之前的對話內容，並可以根據這些記憶來做出決策。

```
agent = initialize_agent(
    tools,
    llm,
    agent=AgentType.OPENAI_FUNCTIONS,
    verbose=True,
    agent_kwargs=agent_kwargs,
    memory=memory,
)
```

啟動一次階段。這是一個簡單的問候，類似於人類的對話開場白。

```
agent.run("hi")
```

Agent 元件進行回答。

```
    > Entering new  chain...
    Hello! How can I assist you today?


    > Finished chain.




    'Hello! How can I assist you today?'
```

透過 agent.run("my name is bob") 介紹一個名字。這是在告訴大型語言模型它的名字是 Bob。這一步的目的是看大型語言模型能否記住這個資訊。

```
agent.run("my name is bob")



    > Entering new  chain...
    Nice to meet you, Bob! How can I help you today?

    > Finished chain.




    'Nice to meet you, Bob! How can I help you today?'
```

詢問大型語言模型的名字。這是一個測試，看大型語言模型是否記住了之前介紹的名字。

```
agent.run("whats my name")
```

可以看到大型語言模型認識了之前介紹的名字：Bob。

```
> Entering new  chain...
Your name is Bob.

> Finished chain.



'Your name is Bob.'
```

7.4.2 Agent 元件的檢索能力增強

本節會介紹一個高級檢索 Agent 元件，該 Agent 元件具有檢索和回答關於不同文件來源（state_of_union 和 ruff）的問題的能力。

這個 Agent 元件使用兩個不同的 RetrievalQA 鏈元件，每個元件都有其自己的向量儲存庫和檢索器。

在這樣的設定中，這個高級檢索 Agent 元件作為一個統一的介面，可以透過各種不同的工具（在這種情況下是兩個不同的 RetrievalQA 鏈元件）來回答問題。

從 LangChain 模組中匯入所需的各種類和函數。

```
from langchain.embeddings.openai import OpenAIEmbeddings
from langchain.vectorstores import Chroma
from langchain.text_splitter import CharacterTextSplitter
from langchain.llms import OpenAI
from langchain.chains import RetrievalQA

llm = OpenAI(temperature=0)
```

建立一個向量儲存庫。

```
from pathlib import Path
relevant_parts = []
for p in Path(".").absolute().parts:
    relevant_parts.append(p)
    if relevant_parts[-3:] == ["LangChain", "docs", "modules"]:
        break
doc_path = str(Path(*relevant_parts) / "state_of_the_union.txt")

from langchain.document_loaders import TextLoader

loader = TextLoader(doc_path)
documents = loader.load()
text_splitter = CharacterTextSplitter(chunk_size=1000, chunk_overlap=0)
texts = text_splitter.split_documents(documents)

embeddings = OpenAIEmbeddings()
docsearch = Chroma.from_documents(texts, embeddings,
collection_name="state-of-union")
```

實例化 RetrievalQA 鏈元件，執行鏈。

```
state_of_union = RetrievalQA.from_chain_type(
    llm=llm, chain_type="stuff", retriever=docsearch.as_retriever()
)
```

接著建立另外一個鏈，從線上網站中載入文件。

```
from langchain.document_loaders import WebBaseLoader
loader = WebBaseLoader("請參考本書程式倉庫 URL 映射表，找到對應資源://beta.ruff.rs/docs/
faq/")

docs = loader.load()
ruff_texts = text_splitter.split_documents(docs)
ruff_db = Chroma.from_documents(ruff_texts, embeddings,
collection_name="ruff")
ruff = RetrievalQA.from_chain_type(
    llm=llm, chain_type="stuff", retriever=ruff_db.as_retriever()
)
```

正式開始建立 Agent 元件，並匯入建立 Agent 元件所需要的所有類別。

```
from langchain.agents import initialize_agent, Tool
from langchain.agents import AgentType
from langchain.tools import BaseTool
from langchain.llms import OpenAI
from langchain import LLMMathChain, SerpAPIWrapper
```

定義可用的工具。

```
tools = [
    Tool(
        name="State of Union QA System",
        func=state_of_union.run,
        description="useful for when you need to answer questions about the
most recent state of the union address. Input should be a fully formed question.",
    ),
    Tool(
        name="Ruff QA System",
        func=ruff.run,
        description="useful for when you need to answer questions about ruff
 (a python linter). Input should be a fully formed question.",
    ),
]
```

初始化一個 Agent 元件。

```
agent = initialize_agent(
    tools, llm, agent=AgentType.ZERO_SHOT_REACT_DESCRIPTION, verbose=True
)
```

開始提問。測試 State of Union QA System 文件的檢索。

```
agent.run(
"What did biden say about ketanji brown jackson
      in the state of the union address?"
)


    > Entering new AgentExecutor chain...
```

```
 I need to find out what Biden said about Ketanji Brown Jackson in the State of
the Union address.
Action: State of Union QA System
Action Input: What did Biden say about Ketanji Brown Jackson in the State of the
Union address?
Observation:  Biden said that Jackson is one of the nation's top legal minds and
that she will continue Justice Breyer's legacy of excellence.
Thought: I now know the final answer
Final Answer: Biden said that Jackson is one of the nation's top legal minds and
that she will continue Justice Breyer's legacy of excellence.

> Finished chain.

"Biden said that Jackson is one of the nation's top legal minds and that she
will continue Justice Breyer's legacy of excellence."
```

再次提問。測試 ruff 文件的檢索。

```
agent.run("Why use ruff over flake8?")
```

執行的結果如下所示。

```
> Entering new AgentExecutor chain...
 I need to find out the advantages of using ruff over flake8
Action: Ruff QA System
Action Input: What are the advantages of using ruff over flake8?
Observation:  Ruff can be used as a drop-in replacement for Flake8 when used (1)
without or with a small number of plugins, (2) alongside Black, and (3) on Python
3 code. It also re-implements some of the most popular Flake8 plugins and related
code quality tools natively, including isort, yesqa, eradicate, and most of the
rules implemented in pyupgrade. Ruff also supports automatically fixing its own lint
violations, which Flake8 does not.
Thought: I now know the final answer
Final Answer: Ruff can be used as a drop-in replacement for Flake8 when used (1)
without or with a small number of plugins, (2) alongside Black, and (3) on Python
3 code. It also re-implements some of the most popular Flake8 plugins and related
code quality tools natively, including isort, yesqa, eradicate, and most of the
rules implemented in pyupgrade. Ruff also supports automatically fixing its own lint
violations, which Flake8 does not.
```

```
    > Finished chain.

    'Ruff can be used as a drop-in replacement for Flake8 when used (1) without or
with a small number of plugins, (2) alongside Black, and (3) on Python 3 code. It
also re-implements some of the most popular Flake8 plugins and related code quality
tools natively, including isort, yesqa, eradicate, and most of the rules implemented
in pyupgrade. Ruff also supports automatically fixing its own lint violations, which
Flake8 does not.'
```

第 8 章

回呼處理器

在程式設計領域中，回呼是一個非常重要的概念。簡而言之，回呼是一種特殊的函數或方法，它可以被傳遞給另一個函數作為參數，並在適當的時候被呼叫。

隨著技術的發展，無論是為使用者即時顯示資料，還是為開發者提供即時的系統日誌，LangChain 都希望系統能夠在關鍵時刻為開發者提供即時資訊。這正是回呼處理器（Callbacks）的用途。回呼處理器允許開發者在特定事件發生時執行自訂操作，這在許多場景中都非常有用，例如日誌記錄、性能監控、流式處理等。

8.1 什麼是回呼處理器

回呼處理器就是一種允許開發者在特定事件發生時執行自訂操作的機制。在 LangChain 框架中，回呼處理器是一種特殊的包裝機制，其允許開發者定義一系列的方法來回應不同的生命週期事件。每當特定事件被觸發時，相應的回呼處理器方法就會被執行。

設計回呼處理器的目的是提供一個統一、模組化和可重用的機制，使開發者能夠更輕鬆地為鏈元件和 Agent 元件增加各種回呼功能。下面是使用回呼處理器的幾個好處。

（1）模組化與再使用性：透過定義回呼處理器，可以建立一組可重用的操作，並且可以輕鬆地在不同的 LangChain 實例或應用中使用這些操作。舉例來說，如果你有多個應用都需要流式輸出到 WebSocket，那麼使用一個統一的 WebSocketStreamingHandler 可以避免重複的程式。

（2）靈活性：回呼處理器提供了一種結構化的方式來回應各種事件，而不僅是流式輸出。這表示你可以為各種事件（如鏈開始、鏈結束、錯誤發生等）定義特定的邏輯。

（3）與 LangChain 框架中的其他元件緊密整合：回呼處理器是為 LangChain 框架特別設計的，確保與其內部機制的相容性和高效性。

（4）程式清晰且具有維護性：透過使用專門的回呼處理器，你的程式結構會更清晰。當其他開發者查看或維護你的程式時，他們可以輕鬆地找到和理解回呼邏輯。

然而，是否使用回呼處理器取決於業務需求。如果你發現直接在應用邏輯中實現特定功能更適合你的需求，那麼完全可以這樣做。LangChain 框架中的回呼處理器只是提供了一個方便、統一的工具，旨在簡化開發者的工作。

8.1.1 回呼處理器的工作流程

LangChain 的回呼機制的核心在於兩個參數：callbacks=[] 和 run_manager。run_manager 參數的主要職責是管理和觸發回呼事件。callbacks=[] 參數則是為 run_manager 提供具體的回呼處理器串列。這表示，在利用鏈元件（無論是 LangChain 的內建元件還是開發者自訂的元件）時，透過提供 callbacks=[] 串列，開發者實際上是在為 run_manager 定義規則：「當特定事件發生時，希望這些特定的回呼處理器被觸發。」整個回呼處理器的工作流程都發生在執行鏈元件的內部。

為了讓讀者更直觀地理解這個過程，請讀者參見圖 8-1。

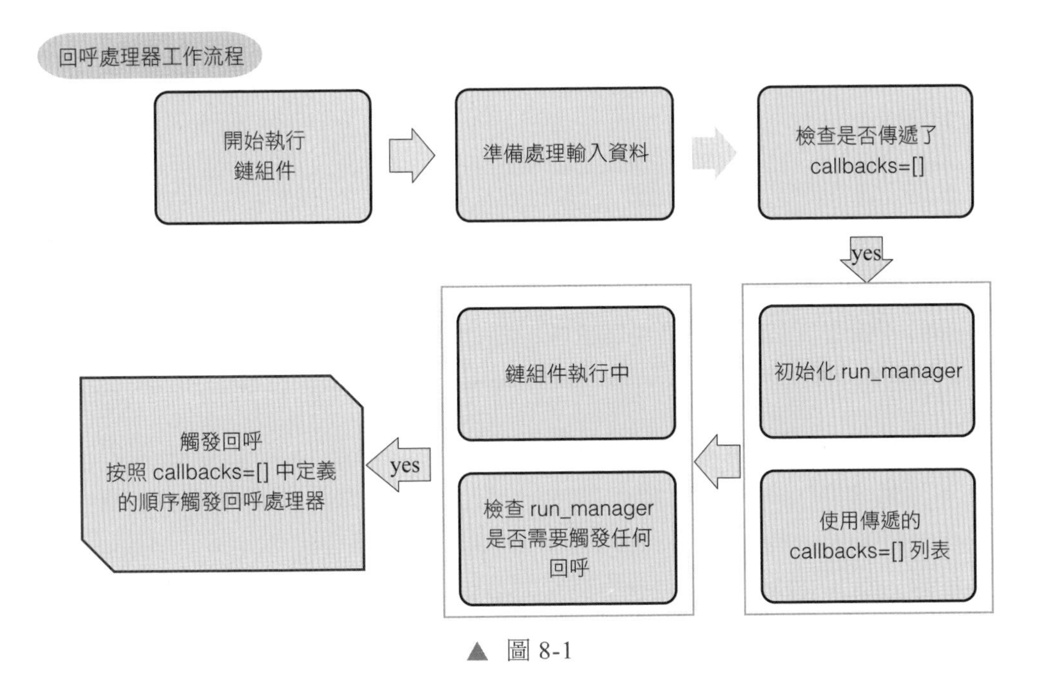

▲ 圖 8-1

整個流程包含開始執行鏈元件、鏈元件執行中、觸發回呼和完成 4 個階段。

開始執行鏈元件階段：此時，系統開始執行鏈元件，並為處理輸入資料做好準備。然後檢查 callbacks=[] 參數，若傳遞了 callbacks=[]，則系統進入下一步初始化 run_manager。此時，系統使用傳遞的 callbacks=[] 串列來初始化 run_manager，確保它包含了所有提供的回呼處理器。

鏈元件執行中階段：系統根據輸入資料執行鏈元件。在各個關鍵點，如資料處理、模型呼叫等，系統會檢查 run_manager 是否需要觸發任何回呼。

觸發回呼階段：如果 run_manager 在某個執行時檢測到需要觸發的回呼事件，它會按照 callbacks=[] 中定義的順序觸發回呼處理器。

完成階段：當所有任務都完成，並且所有必要的回呼都被觸發後，鏈元件的執行就此結束。

8.1.2 回呼處理器的使用

開發者常用的回呼處理器的使用方法是：在實例化鏈元件和 Agent 元件的時候，透過使用 callbacks=[] 參數傳入回呼處理器，整個回呼處理器的工作流程都發生在執行鏈元件的內部。什麼時候鏈元件被執行了，回呼處理器就被呼叫了。

鏈元件的呼叫方式有兩種，一種是建構函數回呼，在建立鏈元件或 Agent 元件時，透過 callbacks=[] 參數將回呼處理器傳入建構函數。這種類型的回呼會在整個元件的生命週期中起作用，只要這個元件被呼叫，相關的回呼函數就會被觸發；另一種是請求回呼，這是在呼叫元件的 run() 或 apply() 方法的 callbacks=[] 參數傳入回呼處理器。

當執行一個鏈元件或 Agent 元件時，回呼處理器會負責在其內部定義事件觸發時，呼叫回呼處理器中內部定義的方法。舉例來說，如果一個 CallbackHandler 有一個名為 on_task_start 的方法，那麼每當鏈元件開始一個新任務時，CallbackManager 就會自動呼叫這個 on_task_start 方法。

如圖 8-2 所示，當一個回呼處理器被傳遞給 Agent 元件時，這個處理器會自動回應 Agent 元件在執行過程中觸發的各種事件。當 LLM 啟動時（圖中①步驟），如果你實現了 on_llm_start 方法，則該方法會在 LLM 開始執行時期被觸發。當工具（Tool）啟動時（圖中②步驟），如果你實現了 on_tool_start 方法，則該方法會在工具（例如數學工具或 Google 搜尋工具）開始執行時期被觸發。

當 Agent 元件執行某個動作時（圖中③步驟）：如果你實現了 on_agent_action 方法，那麼每當 Agent 元件執行一個動作時，這個方法都會被觸發。

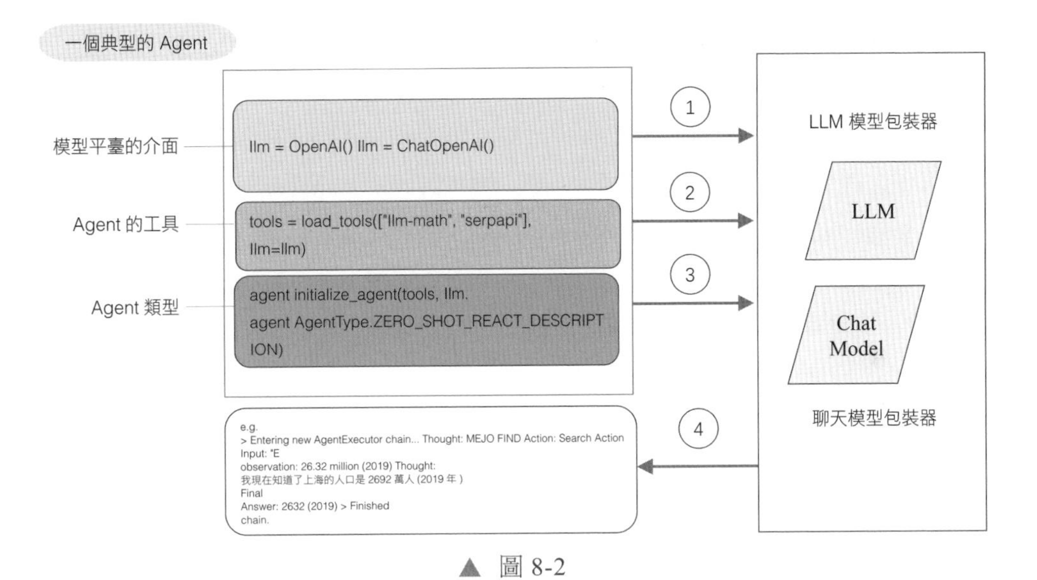
一個典型的 Agent
模型平臺的介面
Agent 的工具
Agent 類型
llm = OpenAI() llm = ChatOpenAI()
tools = load_tools(["llm-math", "serpapi"],
llm=llm)
agent initialize_agent(tools, llm.
agent AgentType.ZERO_SHOT_REACT_DESCRIPT
ION)
1
2
3
4
LLM 模型包裝器
LLM
Chat
Model
聊天模型包裝器
e.g.
> Entering new AgentExecutor chain... Thought: MEJO FIND Action: Search Action
Input: "E
observation: 26.32 million (2019) Thought:
我現在知道了上海的人口是 2692 萬人 (2019 年)
Final
Answer: 2632 (2019) > Finished
chain.

▲ 圖 8-2

本質上，Agent 元件是一個特殊的複合鏈元件，可以簡化回呼處理器的使用範圍為鏈元件。凡是鏈元件，皆可使用 callbacks 參數傳遞具體的回呼處理器串列。（此方式僅為簡化方便之用，在實際開發應用中，最多的使用場景是鏈元件實例化的時候。實際上 LangChain 的各種鏈元件、LLM、Chat Models、Agents 和 Tools 這些類別都可以使用回呼處理器。）

以下是一個具體的鏈元件，其使用 callbacks 參數傳遞具體的回呼處理器串列。

```
# 自訂的回呼處理器
class MyCustomHandler(BaseCallbackHandler):
    def on_llm_start(self, *args, kwargs):
        print("LLM 開始執行 ")

my_handler = MyCustomHandler()

# 執行鏈元件，傳遞 callbacks 參數的串列
result = my_chain.run("some input", callbacks=[my_handler])
```

在上面的例子中，當鏈開始執行並觸發 on_llm_start 事件時，MyCustom Handler 中的相應方法將被呼叫，從而列印出「 "LLM 開始執行 " 」。

8.1.3 自訂鏈元件中的回呼

鏈元件或 Agent 元件通常都有一些核心的執行方法，如 _call、_generate、_run 等。這些方法現在都被設計為接收一個名為 run_manager 的參數。這是因為 run_manager 允許這些元件在執行過程中與回呼系統進行互動，在執行這些元件時，如果傳遞了 callbacks=[] 回呼處理器串列，那麼 run_manager 就會包含這些處理器，並負責在適當的時機觸發它們。

run_manager 主要用於管理和觸發回呼事件。而 callbacks=[] 則是為這個管理器提供具體的回呼處理器串列。當你在使用鏈元件（無論是內建的還是自訂的）時，為其提供 callbacks=[] 串列，實際上是在告訴 run_manager：「當特定事件發生時，我希望這些回呼處理器被觸發。」

run_manager 被綁定到特定的執行或執行，並提供日誌方法，使得在執行程式過程中的任何時刻，都可以觸發回呼事件，如生成新的提示詞、完成執行等。

因此，可以說任何鏈元件都可以使用 callbacks 關鍵字參數，這是因為這些元件的設計已經考慮到了與回呼系統的互動，只要它們的核心方法（如 _call、_generate、_run 等）被呼叫，run_manager 就可以被傳遞進去，從而使得回呼系統可以在執行過程中被觸發。

分析以下自訂鏈：

```
class MyCustomChain(Chain):
    # ... [ 程式簡化 ]

    def _call(
        self,
        inputs: Dict[str, Any],
        run_manager: Optional[CallbackManagerForChainRun] = None,
    ) -> Dict[str, str]:
        # ... [ 程式簡化 ]
```

```
        # 當呼叫語言模型或其他鏈時，應傳遞一個回呼管理器。
        response = self.llm.generate_prompt(
            [prompt_value], callbacks=run_manager.get_child() if run_manager
else None
        )

        # 如果需要記錄此執行的資訊，則可以透過呼叫 'run_manager' 中的方法來做到。
        if run_manager:
            run_manager.on_text(" 記錄此次執行的相關資訊 ")

        return {self.output_key: response.generations[0][0].text}
```

在上述程式中，run_manager 被作為一個參數傳遞給 _call 方法，允許開發者在鏈元件的執行中獲取即時回饋，並進行日誌記錄。這個 MyCustomChain 在被執行時，可以提供 callbacks=[] 串列，這樣就完成了整個回呼工作流程。

```
handler = MyCallbackHandler()
chain = MyCustomChain(llm=llm, prompt=prompt, callbacks=[handler])
chain.run(…)
```

8.2 內建回呼處理器

為了簡化開發過程，LangChain 提供了一系列內建的回呼處理器，比如執行一個 Agent 元件，它的底層都使用到了 StdOutCallbackHandler。例如在下面程式中，設定 verbose=True，在執行 Agent 元件時，也就是事件發生時，會將 Agent 元件的相關資訊列印到標準輸出（通常是主控台或命令列介面中）。

在程式開發過程中，即時的回饋對於開發者理解程式的執行狀態和辨識潛在問題是至關重要的。LangChain 透過其 StdOutCallbackHandler 為開發者提供了這一功能。

```
import os
os.environ["OPENAI_API_KEY"] = " 填入你的金鑰 "

from langchain.agents import load_tools
```

```
from langchain.agents import initialize_agent
from langchain.agents import AgentType

from langchain.llms import OpenAI
llm = OpenAI()

tools = load_tools(["llm-math"], llm=llm)
agent = initialize_agent(
    tools, llm, agent=AgentType.ZERO_SHOT_REACT_DESCRIPTION,verbose=True
)
agent.run("9+7")
```

在命令列介面中就可以看到以 Entering new AgentExecutor chain… 為開始，以 Finished chain 為結尾的標準輸出。這是因為當執行 Agent 元件並啟用 verbose=True 時，StdOutCallbackHandler 將被自動啟動，其將 Agent 元件的活動即時列印到標準輸出。這為開發者提供了即時的回饋，幫助他們了解 Agent 元件的工作情況。

```
> Entering new AgentExecutor chain...
 I need to add two numbers together
Action: Calculator
Action Input: 9+7
Observation: Answer: 16
Thought: I now know the final answer
Final Answer: 9+7 = 16

> Finished chain.
'9+7 = 16'
```

這一系列的輸出不僅告訴 Agent 元件已經開始執行，並完成了其任務，還詳細地展示了 Agent 元件在執行過程中的所有操作和決策。

舉例來說，從輸出中可以清楚地看到 Agent 元件收到的任務是「將兩個數字加在一起」，接下來它決定採取的行動是使用「計算機」，並為此提供了具體的輸入「9+7」。之後，Agent 元件舉出了觀察結果「答案：16」，並在思考後舉出了最終答案「9+7=16」。

這樣的即時回饋對開發者來說意義重大。首先，它幫助開發者即時了解 Agent 元件的決策過程和操作順序。當 Agent 元件的輸出與預期不符時，開發者可以透過這些詳細的回饋迅速定位問題所在，而無須深入底層程式中進行偵錯。其次，這也為開發者提供了一個觀察和測試 Agent 元件在不同情境下的行為的機會，從而最佳化和完善其功能。

然而，如果你更傾向於只獲取 Agent 元件的最終執行結果，而不關心其內部的執行過程，那麼你可以設定 verbose=False。這樣，命令列介面中只會顯示大型語言模型的最終答案，如 '9+7 = 16'，讓輸出更為簡潔。這對那些希望整合 LangChain 到他們的應用中，並希望只展示關鍵資訊的開發者來說是非常有用的。

```
'9+7 = 16'
```

還可以給鏈元件和 Agent 元件增加內建或自訂的回呼處理器。比如給一個基礎的鏈元件 LLMChain 增加一個內建回呼處理器：StdOutCallbackHandler。可以先建立一個鏈元件。在初始化 LLMChain 的時候，這個鏈元件沒有設定內建回呼處理器，也不能設定 verbose=True。

```
from langchain.prompts import PromptTemplate
from langchain.chains import LLMChain
from langchain.llms import OpenAI

llm_chain = LLMChain(llm=OpenAI(),
                     prompt=PromptTemplate.from_template("{input}"))
llm_chain.run('上海的旅遊景點有哪些？')
```

執行 LLMChain 後，大型語言模型回答的是：

```
    上海的旅遊景點有：\n\n1. 上海迪士尼樂園 \n2. 東方明珠塔 \n3. 南京路步行街 \n4. 上海外灘
\n5. 上海野生動物園 \n6. 外白渡橋 \n7. 南京路商業街 \n8. 上海科技館 \n9. 上海老城隍廟 \n10.
上海博物館 \n11. 上海浦江夜遊 \n12. 上海水上樂園 \n13. 上海徐匯森林公園 \n14. 上海金茂大廈 \
n...
```

如果想要監控這個鏈元件，則可以增加一些回呼邏輯，比如想要命令行輸出這個鏈元件執行的相關資訊，則可以給這個鏈元件增加一個回呼處理器。這裡匯入內建的 StdOutCallbackHandler，並且建立它的實例 handler_1。

```
from langchain.callbacks import StdOutCallbackHandler
handler_1 = StdOutCallbackHandler()
```

回呼處理器的使用很簡單，將 handler_1 作為回呼處理器透過 callbacks=[handler_1] 參數增加到 LLMChain 中，以實現對鏈元件執行狀態的監控和命令行輸出。這表示可以增加多個回呼處理器，完成不同的任務邏輯。

```
llm_chain = LLMChain(llm=OpenAI(),callbacks=[handler_1],
                     prompt=PromptTemplate.from_template("{input}"))
llm_chain.run('上海的旅遊景點有哪些？')
```

這樣就給一個 LLMChain 增加了一個回呼處理器，內建的 StdOutCallback Handler 完成的是標準的鏈元件的列印輸出。當繼續執行這個鏈元件時，在命令列介面中就可以看到以 Entering new AgentExecutor chain... 為開始，以 Finished chain 為結尾的標準輸出。

```
    > Entering new LLMChain chain...
    Prompt after formatting:
    上海的旅遊景點有哪些？

    > Finished chain.
    '\n\n上海的旅遊景點有：\n\n1. 東方明珠廣播電視塔\n2. 豫園\n3. 外灘\n4. 南京路步行街
\n5. 上海野...'\n\n
```

8.3 自訂回呼處理器

在程式開發過程中，常常會遇到一些特定的需求，例如為每個使用者請求單獨建立記錄檔，或在發生某一個關鍵事件時及時發送通知。這些需求超出了內建回呼處理器的能力範圍，而自訂回呼處理器在此時發揮了重要的作用。為了真正充分利用回呼處理器，需要設計並實現自己的處理器。

每一個鏈，從它被建立到最終被銷毀，都會經歷多個關鍵階段。在鏈的生命週期中，每一個階段都可能會觸發某些事件。為了確保在恰當的時機介入並執行相應的操作，需要深入了解每一個階段並進行精確的控制。這樣，當鏈處於某個特定的階段時，就可以在相應的回呼處理器方法中執行預定的程式。

在某些情況下，可能只希望在特定的請求中執行特定的程式，而非在鏈的整個生命週期中。這種需求可以透過請求回呼來實現。請求回呼為實現這種特定請求提供了靈活性。舉例來說，在一個場景中，你只希望在某個特定的請求中記錄日誌，而非在所有的請求中都這樣做。透過使用請求回呼，你可以輕鬆地達到這個目的。

不過，無論如何設計和使用回呼處理器，最關鍵的始終是理解自己的業務邏輯需求。只有清晰地知道自己想要達到的目的，才能在正確的回呼處理器方法中插入合適的程式，確保在合適的時機執行正確的操作。自訂回呼處理器提供了一個強大的框架，但如何充分利用這個框架，最終取決於對業務需求的理解和技術的運用。

在撰寫自訂回呼處理器之前，了解其背後的基礎類別是非常重要的。BaseCallbackHandler 正是這樣一個核心類別，其提供了一個強大而靈活的框架，可以輕鬆地回應和處理各種事件。這個類別定義了一系列的方法，每一個都與 LangChain 中的特定事件相對應。只有深入理解了這些事件和方法，才能有效地為應用撰寫自訂的回呼處理器。

1. LLM 事件

on_llm_start：當 LLM 啟動並開始處理請求時，這個方法會被呼叫。它提供了一個機會，舉例來說，初始化某些資源或記錄開始時間。

on_llm_new_token：當 LLM 生成一個新的權杖時，這個方法就會被執行。它在流式處理中特別有用，其允許即時捕捉和處理每一個生成的權杖。

on_llm_end：當 LLM 完成任務並生成了完整的輸出時，這個方法就會被呼叫。它提供了一個機會進行清理操作或記錄任務的完成時間。

on_llm_error：如果在 LLM 處理過程中發生任何錯誤，則這個方法將被執行。可以在這個方法中增加錯誤日誌或執行其他的錯誤處理操作。

2. 聊天模型事件

on_chat_model_start：這個方法在 Chat Model 類別模型包裝器開始工作時被呼叫。它提供了一個機會進行初始化操作或其他準備工作。

3. 鏈事件

on_chain_start：當鏈開始執行時，這個方法會被呼叫。可以在這個方法中進行一些初始化操作。

on_chain_end：在鏈完成所有任務後，這個方法就會被執行。它提供了一個機會進行清理操作或收集結果。

on_chain_error：如果鏈在執行過程中遇到錯誤，則這個方法將被呼叫。它許進行錯誤處理或日誌記錄。

4. 工具事件

on_tool_start：當工具開始執行任務時，這個方法就會被呼叫。

on_tool_end：在工具成功完成任務後，這個方法就會被執行。

on_tool_error：如果工具在執行過程中發生錯誤，則這個方法將被執行。

5. 其他事件

on_text：當需要處理任意文字時，這個方法會被呼叫。它提供了一個機會對文字進行處理或分析。

on_agent_action：當代理執行某個特定的操作時，這個方法就會被執行。

on_agent_finish：在代理完成所有操作後，這個方法就會被呼叫。

BaseCallbackHandler 是一個強大的基礎類別，使開發者可以輕鬆地定義和處理各種事件。深入理解這個基礎類別是撰寫自訂回呼處理器的關鍵。

如果你要自訂自己的回呼處理器，則可以繼承 BaseCallbackHandler 並重寫你需要的方法。舉例來說，如果你想在大型語言模型開始輸出時列印一筆訊息，則可以這樣做：

```
class MyCallbackHandler(BaseCallbackHandler):
    def on_llm_start(self, serialized, prompts, kwargs):
        print("LLM has started!")
```

一旦你自訂了自己的回呼處理器，就可以將其傳遞給 LLMChain，以便在相應的事件發生時執行你的方法。例如：

```
handler = MyCallbackHandler()
chain = LLMChain(llm=llm, prompt=prompt, callbacks=[handler])
```

第 9 章

使用 LangChain 建構應用程式

在探索和學習新技術時，了解 LangChain 框架的理論知識固然重要，但實際的案例分析與實踐嘗試能為你提供更加直觀的認識和更深入的理解。

本章主要以解析案例程式為主。透過具體的實踐操作，你可以更進一步地理解 LangChain 技術的本質，了解各個模組如何協作工作，以及如何在實際應用中發揮其價值。

本章介紹的 3 個精選案例分別是：與本地電腦 PDF 文件對話的 PDF 問答程式，高效的對話式表單程式，以及當前炙手可熱的 Agent 專案 BabyAGI。這 3 個案例不僅表現了 LangChain 在 LLM 應用程式中的應用潛力，更重要的是，它們將為你一步步展示如何將 LangChain 的核心模組——模型 I/O 模組、Chain 鏈模組、記憶模組、資料增強模組及 Agent 模組，融合到實際應用中。

值得注意的是，介紹這些案例程式主要是為了教學和解釋，它們可能並不適用於真實的生產環境。另外，可能在你的電腦環境中執行案例程式後，比如列印文字切分的區塊數，獲得了與案例不一樣的數值結果。比如案例中拆分出 446 個區塊，而你拆分出 448 個區塊。這種差異可能是以下幾點原因造成的：

（1）文件內容存在微小差異，如額外的空白或換行；

（2）兩個環境中函數庫的版本有所不同；

（3）chunk_overlap 等參數導致的邊界效應；

（4）Python 或其他函數庫的版本存在差異。

相同地，在執行相同的查詢程式時，大型語言模型可能會舉出略有不同的答案。這種現象的背後原理與大型語言模型的工作機制有關。大型語言模型（如 GPT 系列）是基於機率的模型，它預測下一個詞的可能性是基於訓練資料中的統計資訊。當模型為生成文字時，它實際上是在每個步驟中做出基於機率的決策，所以，當你在執行案例中的查詢程式時可能會得到與案例稍微不同的答案。

9.1 PDF 問答程式

PDF 問答程式是可以引入外部資料集對大型語言模型進行微調，以生成更準確的回答的程式。假設你是一個太空梭設計師，你需要了解最新的航空材料技術。你可以將幾百頁的航空材料技術文件輸入到大型語言模型中，模型會根據最新的資料集舉出準確的答案。你不用看完整套材料，而是根據自己的經驗提出問題，獲得你想要知道的技術知識。

PDF 問答程式介面中呈現的是人類與文件問答程式的聊天內容，但實質上，人類仍然是在與大型語言模型交流，只不過這個模型現在被賦予了連線外部資料集的能力。就像你在與一位熟悉公司內部文件的同事交談，儘管他可能並未參與過這些文件的撰寫，但他可以準確地回答你的問題。

在大型語言模型出現之前，人類不能像聊天一樣與文件交流，只能依賴於搜尋。舉例來說，你正在為一項重要的報告尋找資料，你必須知道你需要查詢的關鍵字，然後在大量的資訊中篩選出你需要的部分。而現在，你可以透過聊天的方式——即使你不知道具體的關鍵字，也可以讓模型根據你的問題告訴你答案。你就好像在問一位專業的圖書館員，哪些書可以幫助你完成這份報告。

為什麼要引入文件的外部資料集呢？這是因為大型語言模型的訓練資料都是在 2021 年 9 月之前產生的，之後產生的知識和資訊並未被包含進去。大型語言模型就像一個生活在過去的時間旅行者，他只能告訴你他離開的那個時刻之前的所有資訊，但對之後的資訊一無所知。

引入外部資料集還有一個重要的目的，那就是修復大型語言模型的「機器幻覺」，避免舉出錯誤的回答。試想一下，如果你向一個隻知道過去的資訊的人詢問未來的趨勢，他可能會基於過去的資訊進行推斷，但這樣的答案未必正確。所以，要引入最新的資料，讓大型語言模型能夠更準確地回答問題，避免因為資訊過時產生的誤導。

另外，現在普遍使用的資料文件形式包括 PDF、JSON、Word、Excel 等，這些都是獲取即時知識和資料的途徑。同時，這類程式現在非常受歡迎，比如最著名的 Chat PDF 和 ChatDOC，還有針對各種特定領域的程式，如針對法律文件的程式。就像在閱讀各種格式的圖書一樣，不同的程式能夠為你提供不同的知識和資訊。

以上就是選擇 PDF 問答程式作為本章案例的原因。

9.1.1 程式流程

PDF 問答程式的實現方式是利用 LangChain 已實現的向量儲存、嵌入，以及使用查詢和檢索相關的鏈來獲取外部資料集及處理文件，在進行相關性檢索後進行合併處理，將其置入大型語言模型的提示範本中，實現與 PDF 檔案交流的目的。

這裡選定的文件是 Reid Hoffman 寫的一本關於 GPT-4 和人工智慧的書，下載這份 PDF 文件並將其轉為可查詢和互動的形式。

連接這個 PDF 文件資料使用的是 LEDVR 工作流管理，最後使用內建的 RetrievalQA 問答鏈和 load_qa_chain 方法建構文件鏈元件，並且使用不同的文件合併鏈 Stuff 和 Map re-rank 對比答案的品質。

LEDVR 工作流

L：載入器。首先，選擇的文件是 Reid Hoffman 寫的一本關於 GPT-4 和人工智慧的書。為了讓使用者與這個 PDF 問答程式能夠進行互動回答和查詢，首先需要透過載入器從本地獲取這份資料。載入器提供了從各種來源獲取資料的通道，並為後續步驟做好準備。

E：嵌入模型包裝器。接下來，需要處理這份 PDF 文件的內容。透過嵌入模型包裝器，將文件中的每一段文字轉為一個高維向量。這一步的目的是實例化一個嵌入模型包裝器物件，方便後續將向量傳遞給向量儲存庫。

D：文件轉換器。這個環節主要是切分文字，轉換文件物件格式。如果文件過長，則文件轉換器可以將其切分成更小的段落。

V：向量儲存庫。將 LED 的成果都交給向量儲存庫，在實例化嵌入模型包裝器物件時，將切分後的文件轉為向量串列。處理好的向量將被儲存在向量儲存庫中。這是一個專為高維向量設計的儲存系統，它允許快速地查詢和檢索向量，為後續的查詢提供了極大的便利。

R：檢索器。最後，當使用者想要查詢某個特定的資訊時，檢索器就會進入工作狀態。檢索器會將使用者的查詢問題轉為一個嵌入向量，並在向量儲存庫中尋找與之最匹配的文件向量。在找到最相關的文件後，檢索器會傳回文件的內容，滿足使用者的查詢需求。

建立鏈

採用 RetrievalQA 內建的問答鏈結合 load_qa_chain 方法可以建立文件鏈部件，然後透過對比 Stuff 與 Map re-rank 這兩種不同的合併文件鏈來評估答案的優劣。

9.1.2 處理 PDF 文件

首先安裝所需的 Python 函數庫來為後續的操作打基礎。

```
pip -q install langchain openai tiktoken PyPDF2 faiss-cpu
```

這裡安裝了 LangChain、openai、tiktoken、PyPDF2 和 faiss-cpu 這 5 個函數庫。其中，openai 是 OpenAI 的官方函數庫，能與其 API 進行互動。tiktoken 是用於計算字串中 token 數的工具，PyPDF2 允許處理 PDF 檔案，而 faiss-cpu 是一個高效的相似性搜尋函數庫。這裡為 OpenAI 設定了 API 金鑰：

```
import os
os.environ["OPENAI_API_KEY"] = " 填入你的金鑰 "
```

首先在本書的程式倉庫中下載一個名為 impromptu-rh.pdf 的檔案。這個檔案在後續的程式中會被用到，比如進行文字分析。

為了從 PDF 文件中提取內容，需要一個 PDF 閱讀器。這裡選擇了一個基礎的 PDF 閱讀器，但在實際應用中，可能需要根據具體需求選擇更複雜或專業的 PDF 處理函數庫。在處理 PDF 文件時，可能會遇到格式問題或其他意外情況，因此選擇合適的工具和方法是很重要的。不同的專案或資料來源可能需要不同的處理方法，這也是為什麼有時需要使用更高級的工具或服務，比如 AWS、Google Cloud 的相關 API。

為了處理 PDF 和後續的操作，匯入以下函數庫和工具：

```
from PyPDF2 import PdfReader
from langchain.embeddings.openai import OpenAIEmbeddings
from langchain.text_splitter import CharacterTextSplitter
from langchain.vectorstores import FAISS
```

PdfReader 是 PDF 閱讀器，它來自 PyPDF2 函數庫，可用於從 PDF 文件中讀取內容。OpenAIEmbeddings 可用於嵌入或轉換文字資料。CharacterTextSplitter 可用於處理或切分文字。而 FAISS 是一個高效的相似性搜尋函數庫，後續可用於文字或資料的搜尋和匹配。

載入之前下載的 PDF 文件：

```
doc_reader = PdfReader('/content/impromptu-rh.pdf')
```

透過使用 PdfReader，將 PDF 文件的內容載入到 doc_reader 變數中。這一步的目的是讀取 PDF 文件並為後續的文字提取做準備。

為了驗證是否成功載入了 PDF 文件，可以列印 doc_reader，得到的輸出結果是這個物件在記憶體中的位址：<PyPDF2._reader.PdfReader at 0x7f119f57f640>，這表明 doc_reader 已經成功建立並包含了 PDF 文件的內容。

緊接著，從 PDF 文件中提取文字，這部分程式的作用是遍歷 PDF 文件中的每一頁，並使用 extract_text() 方法提取每一頁的文字內容，然後將這些文字內容累加到 raw_text 變數中。

```
raw_text = ''
for i, page in enumerate(doc_reader.pages):
    text = page.extract_text()
    if text:
        raw_text += text
```

為了驗證是否成功地從 PDF 文件中提取了文字，這裡列印了 raw_text 變數的長度，得到的結果是 356710。請注意文字拆分的方法很簡單，就是將這個長字串按照字元數拆分。比如可以設定每 1000 個字元為一個區塊，即 chunk_size = 1000。

```
# Splitting up the text into smaller chunks for indexing
text_splitter = CharacterTextSplitter(
    separator = "\n",
    chunk_size = 1000,
    chunk_overlap  = 200, #striding over the text
```

```
    length_function = len,
)
texts = text_splitter.split_text(raw_text)
```

總共切了 448 個區塊：

```
len(texts) # 448
```

在這個程式部分中，chunk_overlap 參數用於指定文字切分時的重疊量（overlap）。它表示在切分後生成的每個區塊之間重疊的字元數。具體來說，這個參數表示每個區塊的前後，兩個區塊之間會有多少個字元是重複的。例如 chunkA 和 chunkB，它們之間有 200 個字元是重複的。

然後，採用滑動視窗的方法來拆分文字。即每個區塊之間會有部分字元重疊，比如在每 1000 個字元的區塊上，讓前後兩個區塊有 200 個字元重疊。

可以隨機列印一區塊的內容：

```
texts[20]
```

輸出是：

```
  'million registered users. \nIn late January 2023, Microsoft1—which had
invested $1 billion \nin OpenAI in 2019—announced that it would be investing $10 \
nbillion more in the company. It soon unveiled a new version of \nits search engine
Bing, with a variation of ChatGPT built into it.\n1 I sit on Microsoft's Board of
Directors. 10Impromptu: Amplifying Our Humanity Through AI\nBy the start of February
2023, OpenAI said ChatGPT had \none hundred million monthly active users, making
it the fast-\nest-growing consumer internet app ever. Along with that \ntorrent of
user interest, there were news stories of the new Bing \nchatbot functioning in
sporadically unusual ways that were \nvery different from how ChatGPT had generally
been engaging \nwith users—including showing 「anger,」 hurling insults, boast-\ning
on its hacking abilities and capacity for revenge, and basi-\ncally acting as if it
were auditioning for a future episode of Real \nHousewives: Black Mirror Edition .'
```

下面介紹如何將提取的文字轉為機器學習可以理解的格式，並且如何使用這些資料進行搜尋匹配。為了理解和處理文字，需要將其轉為向量串列。這裡選擇使用 OpenAI 的嵌入模型來為文字建立嵌入向量串列。

```
# Download embeddings from OpenAI
embeddings = OpenAIEmbeddings()
```

為了能夠高效率地在這些向量中搜尋和匹配，這裡使用 FAISS 函數庫。先把文字 texts 和嵌入模型包裝器 OpenAIEmbeddings 作為參數傳遞，然後透過 FAISS 函數庫建立一個向量儲存庫，以實現高效的文字搜尋和匹配功能。

```
docsearch = FAISS.from_texts(texts, embeddings)
```

透過上面的程式，將原本的文字內容轉為機器學習可以理解和處理的向量資料。基於文字的向量表示，程式就可以進行高效的搜尋和匹配了。

相似度檢索是其中的一種方法。為了展示如何使用這種方法，下面選擇了一個實際中的查詢：「GPT-4 如何改變了社交媒體？」。

```
query = "GPT-4 如何改變了社交媒體？"
docs = docsearch.similarity_search(query)
```

將查詢傳遞給 similarity_search 方法，在向量資料中透過 docsearch 方法查詢與查詢最匹配的文件。這種搜尋基於向量之間的相似度。得到的搜尋結果是一個陣列，其中包含了與查詢最匹配的文件。

```
len(docs)
```

執行上面的程式，發現結果為 4，這表示有 4 處文件與查詢有關。為了驗證搜尋的準確性，可以嘗試查看第一個匹配的文件。

```
docs[0]
```

在搜尋結果中，第一個匹配的文件中多次提到了「社交媒體」（下文中的 Social media），這證明了 PDF 問答程式的查詢效果非常好，並且嵌入和相似度搜尋的方法都是有效的。

```
    Document(page_content='rected ways that tools like GPT-4 and DALL-E 2 enable.\
nThis is a theme I've touched on throughout this travelog, but \nit's especially
relevant in this chapter. From its inception, social \nmedia worked to recast
broadcast media's monolithic and \npassive audiences as interactive, democratic
communities, in \nwhich newly empowered participants could connect directly \
nwith each other. They could project their own voices broadly, \nwith no editorial
「gatekeeping」 beyond a given platform's terms \nof service.\nEven with the rise
of recommendation algorithms, social media \nremains a medium where users have more
chance to deter -\nmine their own pathways and experiences than they do in the \
nworld of traditional media. It's a medium where they've come \nto expect a certain
level of autonomy, and typically they look for \nnew ways to expand it.\nSocial
media content creators also wear a lot of hats, especially \nwhen starting out. A
new YouTube creator is probably not only', metadata={})
```

前面只有一個 PDF 文件，實現程式也很簡單，透過 LangChain 提供的 LEDVR 工作流管理，完成得很快。接下來，要處理多文件的提問。在現實中要獲取到真實的資訊，通常需要跨越多個文件，比如讀取金融研報、新聞綜合報導等。

9.1.3 建立問答鏈

在 9.1.2 節中，載入了一個 PDF 文件，在將其轉換格式及切分字元後，透過建立向量資料來進行搜尋匹配並獲得了問題的答案。一旦我們有了已經處理好的文件，就可以開始建構一個簡單的問答鏈。下面看一看如何使用 LangChain 建立問答鏈。

在這個過程中，這裡選擇了內建的文件處理鏈中一種被稱為 stuff 的鏈類型。在 Stuff 模式下，將所有相關的文件內容都全部提交給大型語言模型處理，在預設情況下，放入的內容應該少於 4000 個標記。除 Stuff 鏈外，文件處理鏈還有 Refine 鏈、MapReduce 鏈、重排鏈。重排鏈在後面會用到。

```
from langchain.chains.question_answering import load_qa_chain
from langchain.llms import OpenAI
chain = load_qa_chain(OpenAI(),  chain_type="stuff")
```

下一步，建構查詢。首先，使用向量儲存中傳回的內容作為上下文部分來回答查詢。然後，將這個查詢傳給 LLM。LLM 會回答這個查詢，並舉出相應的答案。舉例來說，查詢的問題是「這本書是哪些人創作的？」語言模型鏈將該問題傳遞給向量儲存庫進行相似性搜尋。向量儲存庫會傳回最相似的 4 個文件部分 doc，透過執行 chain.run 並傳遞問題和相似文件部分，然後 LLM 會舉出一個答案。

```
query = "這本書是哪些人創作的？"
docs = docsearch.similarity_search(query)
chain.run(input_documents=docs, question=query)
```

看看 LLM 回答了什麼：

```
' 不知道 '
```

在預設情況下，系統會傳回 4 個最相關的文件，但可以更改這個數字。舉例來說，可以設定傳回 6 個或更多的搜尋結果。

```
query = "這本書是哪些人創作的？"
docs = docsearch.similarity_search(query,k=6)
chain.run(input_documents=docs, question=query)
```

然而，需要注意的是，如果設定傳回的文件數量過多，比如設定 k=20，那麼總的標記數可能會超過模型平臺的最大上下文長度，導致錯誤。舉例來說，你使用的模型的最大上下文長度為 4096，但如果請求的標記數超過了 5000，則系統就會顯示出錯。

設定傳回的文件數量為 6，則獲取的結果是：

```
'這本書的作者是 Reid Hoffman 和 Sam Altman。'
```

在這種情況下，如果相關文件的內容多一些，則答案會更加準確一些。設定的傳回的文件數量越少，表示大型語言模型獲取到的相關資訊也就越少。之前詢問 query = "這本書是哪些人創作的？" 僅傳回了 4 筆結果，導致它回答了「不知道」。而修改傳回的文件數量為 6 筆時，它找出了作者 Reid Hoffman。

它還提到了 Sam Altman，實際上 Sam Altman 並不是作者。出現這種錯誤可能是因為使用了低級的模型型號，預設 LLM 類別模型包裝器是「text-davinci-003」型號，這個型號的能力遠不如 GPT-4。

重排鏈

Stuff 鏈的優勢是把所有文件的內容都放在提示詞範本中，並不對文件進行細分處理。而重排鏈則是選擇了最佳化的演算法，提高查詢的品質。

下面提出更複雜的查詢。比如說，想要知道「OpenAI 的創始人是誰？」並且想要獲取前 10 個最相關的查詢結果。在這種情況下，會傳回多個答案，而不僅是一個。可以看到它不只傳回一個答案，而是根據需求傳回了每個查詢的答案和相應的評分。

```
from langchain.chains.question_answering import load_qa_chain

chain = load_qa_chain(OpenAI(),
          hain_type="map_rerank",return_intermediate_steps=True)

query = "OpenAI 的創始人是誰？"
docs = docsearch.similarity_search(query,k=10)
results = chain(
{"input_documents": docs, "question": query}, return_only_outputs=True)
```

return_intermediate_steps=True 是重要的參數，設定這個參數可以讓我們看到 map_rerank 是如何對檢索到的文件進行評分的。

下面對傳回的每個查詢結果進行評分。舉例來說，OpenAI 在這本書中被多次提及，因此它的評分可能會有 80 分，90 分甚至 100 分。觀察 intermediate_steps 中的內容，有 2 個得分為 100 的答案。

```
{'intermediate_steps': [{'answer': ' This document does not answer the question.',
   'score': '0'},
  {'answer': ' OpenAI 的創始人是 Elon Musk, Sam Altman, Greg Brockman 和 Ilya
Sutskever。',
   'score': '100'},
  {'answer': ' This document does not answer the question. ', 'score': '0'},
```

```
  {'answer': ' This document does not answer the question.', 'score': '0'},
  {'answer': ' This document does not answer the question.', 'score': '0'},
  {'answer': ' This document does not answer the question', 'score': '0'},
  {'answer': ' OpenAI 的創始人是 Elon Musk、 Sam Altman、 Greg Brockman、 Ilya
Sutskever、Wojciech Zaremba 和 Peter Norvig。',
   'score': '100'},
  {'answer': ' This document does not answer the question.', 'score': '0'},
  {'answer': ' This document does not answer the question.', 'score': '0'},
  {'answer': ' This document does not answer the question', 'score': '0'}],
 'output_text': ' OpenAI 的創始人是 Elon Musk, Sam Altman, Greg Brockman 和 Ilya
Sutskever。'}
```

在進行評分後，模型輸出一個最終的答案：'score': '100'，即得分為 100 的那個答案：

```
results['output_text']

' OpenAI 的創始人是 Elon Musk, Sam Altman, Greg Brockman 和 Ilya Sutskever。'
```

為了搞清楚為什麼模型會評分，可以列印提示詞範本。

```
# check the prompt
chain.llm_chain.prompt.template
```

從提示詞範本內容中可以看出，為了確保大型語言模型能夠在收到問題後提供準確和有用的答案，LangChain 為模型設計了一套詳細的提示詞範本。該提示詞範本描述了如何根據給定的背景資訊回答問題，並如何為答案評分。提示詞範本開始強調了整體目標：使模型能夠根據給定的背景資訊提供準確的答案，並為答案評分（第 1~5 行程式）。

模型需要明白其核心任務：根據給定的背景資訊回答問題。如果模型不知道答案，則它應該直接表示不知道，而非試圖編造答案。對於這一點要提醒模型：如果不知道答案，應該直接表示不知道，而非編造答案（第 1 行程式）。

接下來，為模型提供答案和評分的標準格式。對於答案部分，要求模型簡潔、明確地回答問題，而對於評分部分，則要求模型為其答案舉出一個 0~100

的分數，用以表示答案的完整性和準確性。這部分明確了答案和評分的格式，並強調了答案的完整性和準確性（第 5~6 行程式）。

透過 3 個範例，模型可以更進一步地理解如何根據答案的相關性和準確性為其評分 （第 7~21 行程式）。在範例中強調了答案的完整性和準確性是評分的核心標準。

最後，為了使模型能夠在具體的實踐中應用上述提示詞範本，這裡為模型提供了一個上下文背景和使用者輸入問題的範本。當模型接到一個問題時，它應使用此範本為問題提供答案和評分（第 22~25 行程式）。下面是格式化和翻譯過後的提示詞範本。

```
1. 當你面對以下的背景資訊時，如何回答最後的問題是關鍵。如果不知道答案，則直接說你不知道，不要試圖編造答案。

2. 除提供答案外，還需要舉出一個分數，表示它如何完全回答了使用者的問題。請按照以下格式：
3. 問題：[qustion]

4. 有幫助的答案：[answer]

5. 分數：[ 分數範圍為 0~100]

6. 如何確定分數：
   - 更高的分數代表更好的答案
   - 更好的答案能夠充分地回應所提出的問題，並提供足夠的細節
   - 如果根據上下文不知道答案，那麼分數應該是 0
   - 不要過於自信！

7. 範例 #1

8. 背景：
   - 蘋果是紅色的

9. 問題：蘋果是什麼顏色？

10. 有幫助的答案：紅色

11. 分數：100
```

```
12. 範例 #2

13. 背景：
    - 那是夜晚，證人忘了帶他的眼鏡。他不確定那是一輛跑車還是 SUV

14. 問題：那輛車是什麼類型的？

15. 有幫助的答案：跑車或 SUV

16. 分數：60

17. 範例 #3

18. 背景：
    - 梨不是紅色的，就是橙色的

19. 問題：蘋果是什麼顏色？

20. 有幫助的答案：這個文件沒有回答這個問題

21. 分數：0

22. 開始！

23. 背景：
    - {context}

24. 問題：{question}

25. 有幫助的答案：
```

▲ 格式化和翻譯的提示詞範本

RetrievalQA 鏈

RetrievalQA 鏈是 LangChain 已經封裝好的索引查詢問答鏈。在將其實例化之後，可以直接把問題扔給它，從而簡化了很多步驟，並可以獲得比較穩定的查詢結果。

為了建立這樣的鏈，需要一個檢索器。可以使用之前設定好的 docsearch 作為檢索器，並且可以設定傳回的文件數量為 "k":4。

```
docsearch = FAISS.from_texts(texts, embeddings)
from langchain.chains import RetrievalQA

retriever = \
docsearch.as_retriever(search_type="similarity", search_kwargs={"k":4})
```

將 RetrievalQA 鏈的 chain_type 設定為 stuff 類型，stuff 類型會將搜尋到的 4 個相似文件部分全部提交給 LLM。

```
# create the chain to answer questions
rqa = RetrievalQA.from_chain_type(llm=OpenAI(),
                                  chain_type="stuff",
                                  retriever=retriever,
                                  return_source_documents=True)
```

設定 return_source_documents=True 後，當查詢「OpenAI 是什麼」時，不僅會得到一個答案，還會得到來源文件 source_documents。

```
query = "OpenAI 是什麼？"
rqa(query)['result']
```

查詢的結果是：

```
' OpenAI 是一家技術研究和開發公司，旨在研究人工智慧的安全性、可控性和效率。它的主要目標是使智慧技術得以廣泛使用，以改善人類生活。'
```

如果不需要中間步驟和來源文件，只需要最終答案，那麼可以直接請求傳回結果。設定 return_source_documents 為 False。

比如問「GPT-4 對創新力有什麼影響？」

```
query = "GPT-4 對創新力有什麼影響？"
rqa(query)['result']
```

它會直接傳回結果，不包括來源文件。

> ' GPT-4 可以加強創作者和創作者的創作能力和生產力，從而提高創新力。它可以幫助他們，例如頭腦風暴、編輯、回饋、翻譯和行銷。此外，GPT-4 還可以幫助他們更快地完成任務，從而提高他們的生產效率。它也可以幫助他們更深入地思考，更有創意地思考 '

9.2 對話式表單

本節會介紹這個由大型語言模型驅動的提問和使用者回答的程式。它並不是常見的 AI 程式，即並非人類提出問題，AI 進行回答，而是角色發生了轉變：AI 主動提出問題，人類進行回答。

這類程式已經被廣泛地應用到各種生活場景中。想像一下，你正在參加一家公司的應徵，面試的過程全由這個程式負責。它會以面試官的口吻提出一系列關於職位的問題讓你來回答。或，你每天要透過幾百個人的好友申請，與他們打招呼、了解需求等，這個程式會自動跟新好友聊天，根據他們的回答來為其打標籤，儲存名片資訊。或，你正在填寫一張報名表，這個程式會根據你之前的回答，逐步引導你完成報名。這些都是這類程式在具體生活中的使用案例，可以看出其實用性。

這類程式需要完成兩個主要任務。首先，需要讓大型語言模型只負責提問，而不進行回答，同時限制問題的範圍。以應徵程式為例，程式只會提出關於職位認識的問題，讓面試者進行回答。

其次，程式需要根據使用者的回答來更新資料庫和下一個問題。舉例來說，有一個使用者回答「我叫李特麗」，程式就能夠辨識出這個使用者的名字是「李特麗」，並將其儲存到資料庫中。然後，程式會檢查對於這個使用者是否還有其他資訊缺失，例如使用者的居住城市或電子郵件位址等，如果有缺失的資訊，它就會選擇相應的問題進行提問，例如「你住在哪裡？」一旦所有需要的資訊都收集齊全，程式就會結束這一次的對話。

9.2.1 OpenAI 函數的標記鏈

本節介紹如何建立一個對話式表單，實現讓使用者以自然對話的方式填寫表單資訊。

在網頁中經常會出現表單讓使用者填寫資訊。在網頁中處理這些表單非常容易，因為資訊可以很容易地被解析和處理。但是，如果將表單放入一個聊天機器人中，並且希望使用者能夠以自然對話的方式回答，那麼該怎麼辦？可以使用 OpenAI 函數的標記鏈來給使用者的資訊做「標記」。標記鏈是使用 OpenAI 函數的參數來指定一個標記文件的模式。這有助確保模型輸出理想的精確標籤，以及它們對應的類型。

比如我們正在處理大量的文字資料，希望分析每一段文字的情緒是積極的還是消極的。在這種情況下，就可以使用標記鏈來實現這個功能。此時，我們需要的不僅是模型的輸出結果，更重要的是這些結果必須是我們想要的，比如具有情緒類型的標籤。

標記鏈一般在想要給文字標注特定屬性的時候使用。舉例來說，有人可能會問：「這筆資訊的情緒是什麼？」在這個例子中，「情緒」就是想要標注的特定屬性，而標記鏈就可以幫助實現這個目標。

透過這種方式，不僅可以標注出文字的情緒，還可以標注出文字的其他屬性，如主題、作者的觀點等。這個過程就好像給文字貼上了一張張標籤，使程式可以更快、更準確地理解和分析文字。

9.2.2 標記鏈的使用

在開始專案之前首先需要安裝所需的 Python 套件。這裡需要從 GitHub 上下載並安裝 LangChain。因為它的最新版本可以支援標記鏈功能，所以這裡使用 pip 命令進行安裝：

```
pip install  openai tiktoken  langchain
```

接下來，設定 OpenAI 的 API 金鑰，使其可以與 OpenAI 服務進行通訊：

```
import os
os.environ["OPENAI_API_KEY"] = " 填入你的金鑰 "
```

為了使用相應的功能，需要從相應的函數庫中匯入一些特定的類別和方法：

```
from langchain.chat_models import ChatOpenAI
from langchain.chains import LLMChain
from langchain.prompts import ChatPromptTemplate
from pydantic import BaseModel, Field
from enum import Enum
from langchain.chains.openai_functions import (
    create_tagging_chain,
    create_tagging_chain_pydantic,
)
```

接下來，定義了一個 Pydantic 資料模式 PersonalDetails，描述 name、city 和 email 欄位的資料型態。

```
class PersonalDetails(BaseModel):
    # 定義資料的類型
    name: str = Field(
        ...,
        description = "這是使用者輸入的名字"
    )
    city: str = Field(
        ...,
        description = "這是使用者輸入的居住城市"
    )
    email: str = Field(
        ...,
        description = "這是使用者輸入的電子郵件位址"
    )
```

接著，使用 ChatOpenAI 類別，該類別是一個聊天模型包裝器，選擇的模型型號是 gpt-3.5-turbo-0613，這個型號僅適用於聊天模型包裝器：

```
llm = ChatOpenAI(temperature=0, model="gpt-3.5-turbo-0613")
```

為了自動標記使用者的對話並將其分類到適當的欄位，下面建立一個標記鏈：

```
chain = create_tagging_chain_pydantic(PersonalDetails,llm)
```

透過以下範例可以看到程式是如何執行這個標記鏈，以處理使用者提供的資訊的：

```
test_str1 = "你好，我是李特麗，我住在上海浦東，我的電子郵件是：liteli1987@XX.com"
test_res1 = chain.run(test_str1)
```

程式成功執行後，使用者的輸入被正確地分配到了 PersonalDetails 資料模式中：

```
PersonalDetails(name='李特麗', city='上海浦東', email='liteli1987@XX.com')
```

下面進一步測試標記鏈的健壯性。即使沒有提供完整的資訊，標記鏈仍然可以成功捕捉所提供的部分：

```
test_str2 = "我的電子郵件位址是：liteli1987@XX.com"
test_res2 = chain.run(test_str2)
test_res2
```

最終，即使沒有提供姓名和城市，標記鏈仍然能夠成功捕捉使用者的電子郵件位址：

```
PersonalDetails(name='', city='', email='liteli1987@XX.com')
```

還可以加入一些干擾資訊，比如告訴它筆者的電子郵件位址，以及順帶告訴它筆者弟弟的電子郵件位址。

```
test_str3 = "我叫李特麗，我弟弟的電子郵件是位址：1106968391@xx.com"
test_res3 = chain.run(test_str3)
test_res3
```

但它並不會把筆者弟弟的電子郵件位址記錄到筆者的資訊裡。

```
PersonalDetails(name='李特麗', city='', email='')
```

9.2.3 建立提示詞範本

還記得這個程式需要完成的兩個主要任務嗎？第一個任務便是需要讓大型語言模型只負責提問，不進行回答，同時限制問題的範圍。可以透過設定提示詞範本，執行一個 LLM 鏈完成這一目標。為了實現這一目標，這裡定義一個函數 ask_for_info，這個函數接受一個名為 ask_for 的參數串列，清單中的元素代表希望模型詢問使用者的資訊，如姓名、城市和電子郵件位址。

在函數內部定義了一個提示詞範本 first_prompt。這個範本指導大型語言模型如何與使用者進行互動。具體地說，範本中有幾個重要的指導原則：1）大型語言模型應該扮演前臺的角色，並詢問使用者的個人資訊。2）大型語言模型不應該跟使用者打招呼，只需要解釋需要哪些資訊。3）所有大型語言模型的輸出都應該是問題。4）大型語言模型應該從 ask_for 串列中隨機選擇一個項目進行提問。

```
def ask_for_info(ask_for=["name","city","email"]):
    # 定義一個提示詞範本
    first_prompt = ChatPromptTemplate.from_template(
        """
        假設你現在是一名前臺，你現在需要對使用者進行詢問他個人的具體資訊。
        不要跟使用者打招呼！你可以解釋你需要什麼資訊。不要說「你好！」！
        接下來你和使用者之間的對話都是你來提問，凡是你說的都是問句。
        你每次隨機選擇 {ask_for} 串列中的項目，向使用者提問。
        比如 ["name","city"] 串列，你可以隨機選擇一個 "name",
····你的問題就是「請問你的名字是？」
        """
    )
info_gathering_chain = LLMChain(llm=llm, prompt=first_prompt)
chat_chain = info_gathering_chain.run(ask_for=ask_for)
return chat_chain
```

當呼叫 ask_for_info 函數並為其提供一個 ask_for 串列時，大型語言模型會根據提示詞範本生成一個與串列中的某個專案相關的問題。

```
ask_for_info(ask_for=["name","city","email"])
```

舉例來說，讓大型語言模型詢問使用者的姓名、城市和電子郵件位址。在程式執行後，模型首先詢問姓名：「請問你的名字是？」這正是我們希望大型語言模型在此場景中做的事情，它證明了程式的設計是成功的。

```
'請問你的名字是？'
```

9.2.4 資料更新和檢查

本節會進行資料的更新和檢查。這裡定義一個函數，用於檢查資料是否填寫完整。首先，定義一個函數 check_what_is_empty，其主要目的是檢查使用者的個人資訊中哪些資料是空缺的。透過遍歷使用者的詳細資訊字典，該函數可以發現哪些欄位是空的，並將這些欄位名稱收集到 ask_for 串列中傳回。

```
def check_what_is_empty(user_personal_details):
    ask_for = []
    # 檢查項目是否為空
    for field,value in user_personal_details.dict().items():
        if value in [None, "", 0]:
            print(f"Field '{field}' 為空" )
            ask_for.append(f'{field}')
    return ask_for
```

為了測試這個函數，這裡建立了一個名為 user_007_personal_details 的範例使用者，並為該使用者的所有欄位賦予空值。在呼叫 check_what_is_empty 函數後，發現該使用者的所有欄位（姓名、城市和電子郵件）都是空的。

```
user_007_personal_details = PersonalDetails(name="",city="",email="")
```

執行 check_what_is_empty 函數，查看哪些資料沒有填寫：

```
ask_for = check_what_is_empty(user_007_personal_details)
ask_for
```

結果顯示 007 的姓名、城市和電子郵件位址都沒有填寫。

```
Field 'name' 為空
Field 'city' 為空
Field 'email' 為空
['name', 'city', 'email']
```

接下來定義一個 add_non_empty_details 函數負責更新使用者的資訊。當程式與使用者進行互動並收到使用者的回答時，這個函數將根據使用者的回答更新記憶體中的使用者資訊，確保始終有使用者的最新資訊。

```
def add_non_empty_details(current_details:PersonalDetails,
new_details:PersonalDetails):
    # 這是已經填好的使用者資訊
    non_empty_details = {k:v for k,v in new_details.dict().items() if v not in
[None, "", 0]}
    update_details = current_details.copy(update=non_empty_details)
    return update_details
```

為了測試這個功能，讓程式向使用者 user_007 提問，該使用者回答說他的名字是 007。隨後程式呼叫了 add_non_empty_details 函數，並確認使用者的名字已經更新為 007，而其他欄位仍然為空。

```
res = chain.run(" 我的名字 007")
user_007_personal_details = add_non_empty_details(user_007_personal_details,res)
user_007_personal_details
```

執行標記鏈後，更新一筆資料。

```
PersonalDetails(name='007', city='', email='')
```

繼續使用 check_what_is_empty 函數，確認還需要向使用者詢問哪些資訊。結果顯示，還需要詢問該使用者的城市和電子郵件位址。

```
ask_for = check_what_is_empty(user_007_personal_details)
ask_for
```

呼叫檢查函數後，可以看到以下結果。

```
["city","email"]
```

為了使整個流程更為自動化，這裡定義一個 decide_ask 函數。這個函數的作用是決定程式是否需要繼續向使用者提問，並且程式會自動呼叫 ask_for_info 函數來進行提問。如果所有的資訊都已經填寫完整，那麼它會輸出「全部填寫完整」。

```
def decide_ask(ask_for=["name","city","email"]):
    if ask_for:
        ai_res = ask_for_info(ask_for=ask_for)
        print(ai_res)
    else:
        print(" 全部填寫完整 ")
decide_ask(ask_for)
```

下面以 user_999 為例進行一個完整的互動。首先程式詢問該使用者的名字，使用者回答後，程式確認使用者的名字並繼續詢問其他資訊。當所有的資訊都已經填寫完整後，程式停止了提問。

```
user_999_personal_details = PersonalDetails(name="",city="",email="")
```

啟動程式。

```
decide_ask(ask_for)
```

程式開始向 999 使用者提問。

```
請問你的名字是？
```

999 使用者回答後，程式更新了該使用者的資訊。

```
str999 = " 我的名字是 999"
user_999_personal_details, ask_for_999 =
filter_response(str999,user_999_personal_details)
decide_ask(ask_for_999)
```

檢查電子郵件位址發現為空，程式繼續問：「請問你的電子郵件位址是多少？」

```
Field 'email' 為空
請問你的電子郵件位址是多少？
```

999 使用者回答自己的電子郵件位址。

```
str999 = "XX@XX.com"
user_999_personal_details, ask_for_999 = filter_response(str999,user_999_personal_
details)
decide_ask(ask_for_999)
```

程式停止提問。

```
'全部填寫完整'
```

整個流程確保了程式可以有效地從使用者那裡收集所有必要的資訊，同時也提供了一種機制，使程式可以在使用者提供某些資訊後立即更新它們。

9.3 使用 LangChain 實現 BabyAGI

這一節將利用 LangChain 實現 BabyAGI。透過本節內容，讀者可以更加直觀地看到每一步驟的執行情況，並且也可以在自己的環境中進行實驗。

9.3.1 BabyAGI 介紹

BabyAGI 是由 Yohei Nakajima 在 2023 年 5 月發佈的自治的 AI 代理程式碼。這種自治的 AI 代理旨在根據給定的目標生成和執行任務。它利用 OpenAI、Pinecone、LangChain 和 Chroma 來自動化任務並實現代理特定目標。

在 Agent 模組中，可以把 AgentExecutor 看作一個專案經理，其實 BabyAGI 也可以被看作一個專案經理管理專案。BabyAGI 透過建立、優先處理和執行任務清單來實現代理特定的目標。它還適應變化，並進行必要的調整以確保達到目標。與專案經理一樣，BabyAGI 具有從以前的經驗中學習並做出明智決策的能力。

我們也可以認為 BabyAGI 是電腦中 AI 驅動的個人幫手。透過解釋給定的目標，它建立了一個所需任務的串列，然後執行它們。每完成一個任務後，BabyAGI 都會評估結果並相應地調整其方法。BabyAGI 的獨特之處在於它能夠從試驗和錯誤回饋中學習，做出類似人類的認知決策。它還可以撰寫和執行程式來實現特定的目標。

使用 BabyAGI 的好處是，可以讓我們有更多的時間專注於更高價值的任務，如決策和創意專案。

在原 BabyAGI 專案中，BabyAGI 按照以下步驟來建立 Agent，承擔不同的任務，開展自動化任務並聯合這些 Agent 以實現目標。下面依然遵照這樣的步驟，使用 LangChain 內部的模組功能，建立 Agent，實現與 BabyAGI 相同能力的 Agent。下面先了解一下原來 BabyAGI 的實施步驟（如圖 9-1 所示是作者繪製的流程圖）。

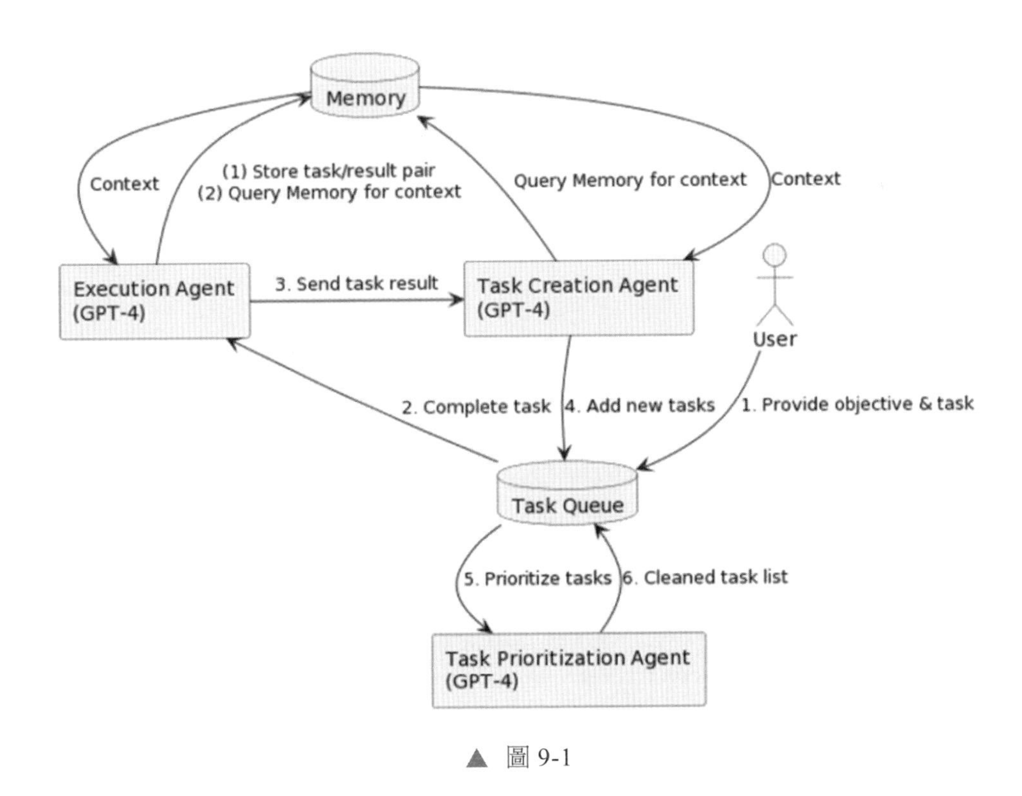

▲ 圖 9-1

(1) 設定明確的目標：首先，使用者設定 BabyAGI 將完成的目標。

(2) 任務生成（Agent）：接下來，BabyAGI 將使用諸如 GPT-4 之類的大型語言模型，將目標細分為一系列潛在任務。然後將任務清單儲存在長期記憶體（向量資料庫）中供將來參考。

(3) 任務優先順序（Agent）：有了任務串列後，BabyAGI 將使用其推理能力評估任務並根據它們的重要性和依賴性對任務進行優先排序，以達到最終的結果。BabyAGI 將決定首先執行哪個任務。

(4) 任務執行（Agent）：然後，BabyAGI 將執行並完成任務。執行的結果和收集到的資訊也將被儲存在長期記憶中供將來使用。

(5) 評估和建立新任務：執行任務後，BabyAGI 將使用其推理能力評估剩餘的任務和先前執行的結果。基於評估，它將建立要完成的新任務，以達到最終的目標。

(6) 重複：重複這些步驟，直到 BabyAGI 實現原始目標或使用者干預為止。BabyAGI 將不斷評估目標的進展，並相應地調整任務串列和優先順序，以有效地達到期望的結果。

9.3.2 環境與工具

對於此次實驗，需要兩個主要工具：OpenAI 及一個搜尋引擎 API。這兩者將協作完成 BabyAGI 的建構。

```
!pip -q install  langchain huggingface_hub openai google-search-results tiktoken
cohere faiss-cpu

import os

os.environ["OPENAI_API_KEY"] = " 填入你的 OPENAI 金鑰 "
os.environ["SERPAPI_API_KEY"] = " 填入你的 SERPAPI 金鑰 "
```

匯入工具：

```
import os
from collections import deque
from typing import Dict, List, Optional, Any

from langchain import LLMChain, OpenAI, PromptTemplate
from langchain.embeddings import OpenAIEmbeddings
from langchain.llms import BaseLLM
from langchain.vectorstores.base import VectorStore
from pydantic import BaseModel, Field
from langchain.chains.base import Chain
```

9.3.3 向量儲存

在此範例中使用了 FAISS 向量儲存。這是一種記憶體儲存技術，無須進行任何外部呼叫，例如向 Pinecone 請求。但如果你願意，完全可以改變其中的一些設定，將其連接到 Pinecone。向量儲存是利用 OpenAI 的嵌入模型進行的。

先匯入 FAISS 向量函數庫：

```
from langchain.vectorstores import FAISS
from langchain.docstore import InMemoryDocstore
```

在建構一個特定的嵌入模型，生成向量索引並儲存這些向量時，可以按照以下步驟來操作。

首先，需要選擇一個適當的嵌入模型。這種模型可以是詞嵌入模型，如 Word2Vec 或 GloVe，也可以是句子嵌入模型，如 BERT 或 Doc2Vec。這些模型透過將詞或句子映射到高維度的向量空間，實現了對詞或句子語義的捕捉。選擇哪種嵌入模型主要取決於處理的任務特性和資料的特點。

這裡使用的是 OpenAI 的文字嵌入模型。OpenAI 的文字嵌入模型可以精確地嵌入大段文字，輸出 1536 維的向量串列。

```
# Define your embedding model
embeddings_model = OpenAIEmbeddings()
```

其次，對文字資料進行處理，生成相應的嵌入向量。在生成向量後，需要建構一個索引，以便能夠高效率地查詢和比較向量。

```
# Initialize the vectorstore as empty
import faiss
embedding_size = 1536
index = faiss.IndexFlatL2(embedding_size)
```

最後，需要將生成的向量和建構的索引進行儲存。

```
vectorstore = FAISS(embeddings_model.embed_query, index, InMemoryDocstore({}), {})
```

9.3.4 建構任務鏈

LangChain 的好處在於，可以讓我們清楚地看到鏈元件在執行哪些操作，以及它們的提示是什麼。其中有 3 個主要鏈元件：建立任務鏈、任務優先順序鏈和執行鏈。這些鏈元件都在為達成整體目標而工作，它們會生成一系列任務。

建立任務鏈

透過定義 TaskCreationChain 類別實現建立任務鏈的功能，這個類別定義了一個名為 TaskCreationChain 的類別，它的主要職責是基於已有的任務結果和目標，自動生成新的任務。這個類別是 LLMChain 的子類別，專門用於生成任務。

該類別有一個類別方法 from_llm，這個方法接受一個 BaseLLM 類型的物件和一個可選的布林參數 verbose。from_llm 方法中定義了一個範本字串 task_creation_template，這個範本用於描述如何從已有任務的結果和描述，以及未完成任務的串列中，生成新的任務。

```
class TaskCreationChain(LLMChain):
    """Chain to generates tasks."""

    @classmethod
    def from_llm(cls, llm: BaseLLM, verbose: bool = True) -> LLMChain:
        """Get the response parser."""
        task_creation_template = (
```

```
            "You are an task creation AI that uses the result of an execution
agent"
            " to create new tasks with the following objective: {objective},"
            " The last completed task has the result: {result}."
            " This result was based on this task description:
{task_description}."
            " These are incomplete tasks: {incomplete_tasks}."
            " Based on the result, create new tasks to be completed"
            " by the AI system that do not overlap with incomplete tasks."
            " Return the tasks as an array."
        )
    prompt = PromptTemplate(
            template=task_creation_template,
            input_variables=["result", "task_description",
 "incomplete_tasks", "objective"],
        )
    return cls(prompt=prompt, llm=llm, verbose=verbose)
```

這些步驟看起來很簡單，但這裡就是你可以進行修改，從而使 AI 更符合你需求的地方。

任務優先順序鏈

這個鏈元件的主要職責是將傳入的任務進行清理，重新設定它們的優先順序，以便按照你的最終目標進行排序。任務優先順序鏈元件不會刪除任何任務，而是將任務以編號串列的形式傳回。

```
class TaskPrioritizationChain(LLMChain):
    """Chain to prioritize tasks."""

    @classmethod
    def from_llm(cls, llm: BaseLLM, verbose: bool = True) -> LLMChain:
        """Get the response parser."""
        task_prioritization_template = (
            "You are an task prioritization AI tasked with cleaning the
formatting of and reprioritizing"
            " the following tasks: {task_names}."
            " Consider the ultimate objective of your team: {objective}."
```

```
            " Do not remove any tasks. Return the result as a numbered list, like:"
            " #. First task"
            " #. Second task"
            " Start the task list with number {next_task_id}."
        )
    prompt = PromptTemplate(
            template=task_prioritization_template,
            input_variables=["task_names", "next_task_id", "objective"],
        )
    return cls(prompt=prompt, llm=llm, verbose=verbose)
```

執行鏈

在這個過程中，定義了一個執行代理，並傳遞了一些工具給它。這個執行代理是一個計畫者，能夠為給定的目標制定一個待辦事項串列。傳遞搜尋和待辦事項這兩種工具給它，是為了讓它能夠在需要的時候進行搜尋或制定待辦事項串列。

```
from langchain.agents import ZeroShotAgent, Tool, AgentExecutor
from langchain import OpenAI, SerpAPIWrapper, LLMChain

todo_prompt = PromptTemplate.from_template("You are a planner
who is an expert at coming up with a todo list for a given objective.
Come up with a todo list for this objective: {objective}")
todo_chain = LLMChain(llm=OpenAI(temperature=0), prompt=todo_prompt)
search = SerpAPIWrapper()
tools = [
    Tool(
        name = "Search",
        func=search.run,
        description="useful for when you need to answer questions about
current events"
    ),
    Tool(
        name = "TODO",
        func=todo_chain.run,
        description="useful for when you need to come up with todo lists.
Input: an objective to create a todo list for. Output: a todo list
for that objective. Please be very clear what the objective is!"
```

```
    )
]

prefix = """You are an AI who performs one task based on the following
objective: {objective}. Take into account these previously completed
tasks: {context}.
"""
suffix = """
Question: {task}
{agent_scratchpad}
"""
prompt = ZeroShotAgent.create_prompt(
    tools,
    prefix=prefix,
    suffix=suffix,
    input_variables=["objective", "task", "context","agent_scratchpad"]
)
```

可以看到，這個執行器使用 ZeroShotAgent 將提示詞、首碼 / 尾碼及輸入變數一併輸入。透過這種方式，可以讓我們更清楚地看到在程式執行過程中，這些部分是如何組合在一起工作的。

整合所有鏈

下面定義一組函數，主要負責任務的建立（get_next_task）、優先順序排序（prioritize_tasks 和 _get_top_tasks）和執行（execute_task）。它使用了 LLMChain 物件來執行不同的任務管理邏輯，並使用 vectorstore 來進行相似度搜尋。這一系列功能合在一起為任務管理提供了一套完整的解決方案。

```
def get_next_task(task_creation_chain: LLMChain, result: Dict, task_description:
str,
       task_list: List[str], objective: str) -> List[Dict]:
    """Get the next task."""
    incomplete_tasks = ", ".join(task_list)
    response = task_creation_chain.run(
        result=result,
        task_description=task_description,
        incomplete_tasks=incomplete_tasks,
```

```
        objective=objective
    )
    new_tasks = response.split('\n')
return [{"task_name": task_name} for task_name in new_tasks if
task_name.strip()]

def prioritize_tasks(task_prioritization_chain: LLMChain, this_task_id: int,
                     task_list: List[Dict], objective: str) -> List[Dict]:
    """Prioritize tasks."""
    task_names = [t["task_name"] for t in task_list]
    next_task_id = int(this_task_id) + 1
    response = task_prioritization_chain.run(
        task_names=task_names,
        next_task_id=next_task_id,
        objective=objective
    )
    new_tasks = response.split('\n')
    prioritized_task_list = []
    for task_string in new_tasks:
        if not task_string.strip():
            continue
        task_parts = task_string.strip().split(".", 1)
        if len(task_parts) == 2:
            task_id = task_parts[0].strip()
            task_name = task_parts[1].strip()
            prioritized_task_list.append({
"task_id": task_id,
"task_name": task_name})
    return prioritized_task_list


def _get_top_tasks(vectorstore, query: str, k: int) -> List[str]:
    """Get the top k tasks based on the query."""
    results = vectorstore.similarity_search_with_score(query, k=k)
    if not results:
        return []
    sorted_results, _ = zip(*sorted(results, key=lambda x: x[1], reverse=True))
    return [str(item.metadata['task']) for item in sorted_results]
```

```
def execute_task(vectorstore, execution_chain: LLMChain,
objective: str, task: str, k: int = 5) -> str:
    """Execute a task."""
    context = _get_top_tasks(vectorstore, query=objective, k=k)
    return execution_chain.run(
        objective=objective,
        context=context,
        task=task
    )
```

9.3.5 建立 BabyAGI

建立 BabyAGI 類別

為了使這個過程更便於管理，下面為 BabyAGI 建立了一個類別。在這個類別中，可以增加任務、列印任務串列、列印下一個任務、列印任務結果。這些函數能夠與大型語言模型一起使用，從而使所有的內容都能夠同時執行。

實際的執行過程是在一個 While 迴圈中進行的。它會在獲取到某個結果後退出，並根據這個結果進行下一步操作。讀者可以看到整個過程中發生的各種事情，包括建立新任務、重新設定優先順序等。

```
class BabyAGI(Chain, BaseModel):
    """Controller model for the BabyAGI agent."""

    task_list: deque = Field(default_factory=deque)
    task_creation_chain: TaskCreationChain = Field(...)
    task_prioritization_chain: TaskPrioritizationChain = Field(...)
    execution_chain: AgentExecutor = Field(...)
    task_id_counter: int = Field(1)
    vectorstore: VectorStore = Field(init=False)
    max_iterations: Optional[int] = None

    class Config:
        """Configuration for this pydantic object."""
        arbitrary_types_allowed = True

    def add_task(self, task: Dict):
```

```
        self.task_list.append(task)

    def print_task_list(self):
        print("\033[95m\033[1m" + "\n*TASK LIST*\n" + "\033[0m\033[0m")
        for t in self.task_list:
            print(str(t["task_id"]) + ": " + t["task_name"])

    def print_next_task(self, task: Dict):
        print("\033[92m\033[1m" + "\n*NEXT TASK*\n" + "\033[0m\033[0m")
        print(str(task["task_id"]) + ": " + task["task_name"])

    def print_task_result(self, result: str):
        print("\033[93m\033[1m" + "\n*TASK RESULT*\n" +
"\033[0m\033[0m")
        print(result)

    @property
    def input_keys(self) -> List[str]:
        return ["objective"]

    @property
    def output_keys(self) -> List[str]:
        return []

    def _call(self, inputs: Dict[str, Any]) -> Dict[str, Any]:
        """Run the agent."""
        objective = inputs['objective']
        first_task = inputs.get("first_task", "Make a todo list")
        self.add_task({"task_id": 1, "task_name": first_task})
        num_iters = 0
        while True:
            if self.task_list:
                self.print_task_list()

                # Step 1: Pull the first task
                task = self.task_list.popleft()
                self.print_next_task(task)

                # Step 2: Execute the task
```

```
                result = execute_task(self.vectorstore,
self.execution_chain, objective, task["task_name"]
                )
                this_task_id = int(task["task_id"])
                self.print_task_result(result)

                # Step 3: Store the result
                result_id = f"result_{task['task_id']}"
                self.vectorstore.add_texts(
                    texts=[result],
                    metadatas=[{"task": task["task_name"]}],
                    ids=[result_id],
                )

                # Step 4: Create new tasks and reprioritize task list
                new_tasks = get_next_task(
                    self.task_creation_chain, result, task["task_name"],
[t["task_name"] for t in self.task_list], objective)
                for new_task in new_tasks:
                    self.task_id_counter += 1
                    new_task.update({"task_id": self.task_id_counter})
                    self.add_task(new_task)
                self.task_list = deque(
                    prioritize_tasks(self.task_prioritization_chain,
this_task_id, list(self.task_list), objective) )
            num_iters += 1
            if self.max_iterations is not None
and num_iters == self.max_iterations:
                print("\033[91m\033[1m" + "\n*TASK ENDING*\n"
+ "\033[0m\033[0m")
                break
        return {}

    @classmethod
    def from_llm(
        cls,
        llm: BaseLLM,
        vectorstore: VectorStore,
        verbose: bool = False,
```

```
        kwargs
    ) -> "BabyAGI":
        """Initialize the BabyAGI Controller."""
        task_creation_chain = TaskCreationChain.from_llm(
            llm, verbose=verbose
        )
        task_prioritization_chain = TaskPrioritizationChain.from_llm(
            llm, verbose=verbose
        )
        llm_chain = LLMChain(llm=llm, prompt=prompt)
        tool_names = [tool.name for tool in tools]
        agent = ZeroShotAgent(llm_chain=llm_chain, allowed_tools=tool_names)
        agent_executor = AgentExecutor.from_agent_and_tools(
agent=agent, tools=tools, verbose=True)
        return cls(
            task_creation_chain=task_creation_chain,
            task_prioritization_chain=task_prioritization_chain,
            execution_chain=agent_executor,
            vectorstore=vectorstore,
            kwargs
        )
```

在這個 BabyAGI 專案中，並沒有使用 Pinecone 進行儲存，而是選擇在本地進行儲存。這樣可以讓我們更直觀地看到在這個過程中發生的每一件事。

正因為我們對過程有了深入的觀察，所以可以考慮如何進一步最佳化。一個可能的最佳化方向是增加一個額外的鏈元件，用於生成摘要或最終報告。為了實現這種最佳化，這裡特意將溫度設定為零（最低溫度值），以確保輸出的一致性和準確性（溫度高，會導致隨機性變強）。

```
llm = OpenAI(temperature=0)
```

以一個具體的應用場景來說，假如我們設定了一個目標——找到在網上購買 Yubikey 5C 最低價格和網站。這樣的設定可以極佳地展示如何實現特定目標。

```
OBJECTIVE = "Find the cheapest price and site to buy a Yubikey 5c online and give me
the URL"
```

開始實例化 BabyAGI 類別並執行它。

```
llm = OpenAI(temperature=0)
```

首先，需要傳入大型語言模型和向量記憶體，然後設定一個最大的迭代次數，這是這個版本相比於先前版本的改進之處。在早前的版本中，程式會無限迴圈下去，而在這個版本中，可以透過設定迭代次數上限來限制迴圈的次數（max_iterations: Optional [int] = 7）。

```
# Logging of LLMChains
verbose=False
# If None, will keep on going forever
max_iterations: Optional[int] = 7
# 實例化 BabyAGI
baby_agi = BabyAGI.from_llm(
    llm=llm,
    vectorstore=vectorstore,
    verbose=verbose,
    max_iterations=max_iterations
)
```

接下來將目標輸入到程式中，程式會制定一個待辦事項串列並開始執行。舉例來說，希望找到能以最低價格購買 YubiKey 5C 的網站，並獲取 URL。程式則會生成一個待辦事項串列，包括搜尋線上零售商，比較不同線上零售商的價格，查詢折扣或促銷活動，以及閱讀每個線上零售商的客戶評論。

```
baby_agi({"objective": OBJECTIVE})
```

9.3.6 執行 BabyAGI

程式會根據待辦事項串列開始執行任務。對於每個任務，程式會進行一些搜尋，比較不同線上零售商的 YubiKey 5C 價格，檢查是否有折扣和促銷活動等。

在整個過程中，程式會生成觀察結果，比如它在哪些地方看到了 YubiKey5C，它找到的最便宜的價格是多少。如果在執行過程中遇到問題或需要做出選擇，程式也會傳回相應的任務，並根據這些任務調整待辦事項串列。

最後，程式會傳回一個 URL（透過這個位址可能不能造訪到商品），回答可以在哪個網站以最低價格購買 YubiKey 5C。但是，傳回的 URL 並不總是有效的。舉例來說，程式傳回的 URL 可能會導致 404 錯誤，或傳回的價格可能和網站上顯示的價格不一致。造成這些問題的原因可能是程式執行的位置和實際的位置不同，也可能是程式沒有能力檢查 URL 的有效性。

```
*TASK LIST*

3: Compare the price of Yubikey 5c at other online retailers to Yubico.com/store.
4: Check customer reviews of [Retailer Name] for Yubikey 5c.
5: Find out if [Retailer Name] offers any discounts or promotions for Yubikey 5c.
6: Research the return policy of [Retailer Name] for Yubikey 5c.
7: Determine the shipping cost for Yubikey 5c from [Retailer Name].
8: Check customer reviews of other online retailers for Yubikey 5c.
9: Find out if other online retailers offer any discounts or promotions for Yubikey
5c.
10: Research the return policy of other online retailers for Yubikey 5c.
11: Determine the shipping cost for Yubikey 5c from other online retailers.

*NEXT TASK*

3: Compare the price of Yubikey 5c at other online retailers to Yubico.com/store.

> Entering new AgentExecutor chain...
Thought: I should compare the prices of Yubikey 5c at other online retailers.
Action: Search
Action Input: Prices of Yubikey 5c at other online retailers
Observation: [{'position': 1, 'block_position': 'top', 'title': 'YubiKey 5C - OEM
Official', 'price': '$55.00', 'extracted_price': 55.0, 'link': ' 請參考本書程式倉庫 URL 映
射表，找到對應資源 ://www.yubico.com/product/yubikey-5c', 'source': 'yubico.com/store',
'thumbnail': ' 請參考本書程式倉庫 URL 映射表，找到對應資源 :
//serpapi.com/searches/64ba2ffc49ecdb86973e7b26/images/ebce3fc64f92f22d58e2ea0dae
58f9a2419c119482504cffef43e39a06787765.webp', 'extensions': ['45-day returns (most
items)']}, {'position': 2, 'block_position': 'top', 'title': 'Yubico YubiKey 5C -
```

```
USB security key', 'price': '$3,256.99', 'extracted_price': 3256.99, 'link': '請參考本書程式倉庫 URL 映射表，找到對應資源 ://www.cdw.com/product/ yubico-yubikey-5c-usb-security-key/7493450?cm_ven=acquirgy&cm_cat=google&cm_pla=NA-NA-Yubico_NY&cm_ite=7493450', 'source': 'CDW', 'shipping': 'Get it by 7/26', 'thumbnail': '請參考本書程式倉庫 URL 映射表，找到對應資源 ://serpapi.com/ searches/64ba2ffc49ecdb86973e7b26/images/ebce3fc64f92f22d58e2ea0dae58f9a2b4a2cbdc8de9b340a34c7f35661e9f75.webp'}, {'position': 3, 'block_position': 'top', 'title': 'YubiKey 5C NFC - OEM Official', 'price': '$55.00', 'extracted_price': 55.0, 'link': '請參考本書程式倉庫 URL 映射表，找到對應資源 ://www.yubico.com/product/ yubikey-5c-nfc', 'source': 'yubico.com/store', 'thumbnail': '請參考本書程式倉庫 URL 映射表，找到對應資源 ://serpapi.com/searches/64ba2ffc49ecdb86973e7b26/images/ ebce3fc64f92f22d58e2ea0dae58f9a2f0f2eed4b19c6081b5000768a9cc1878.webp', 'extensions': ['45-day returns (most items)']}]Thought:
```

雖然這個系統還不完美，但是它確實提供了一個基於鏈元件的自動化流程，用來獲取資訊、制定待辦事項串列，並執行任務。這個系統範例展示了如何用簡單的鏈元件模型來處理複雜的問題。這是一個不斷學習和思考的過程，我們可以根據需要調整提示詞、增加新的鏈元件，或改進現有的鏈元件。

第 10 章 整合

10.1 整合的背景與 LLM 整合

學習任何新的技術框架或工具，往往需要對其背後的原理和歷史背景有所了解，這樣可以更進一步地掌握它的應用方式和最佳實踐。在探討為什麼學習 LangChain 的整合專案之前，先看看 Apache Camel 和 Spring Cloud Data Flow 的整合技術歷史與現狀。Apache Camel 和 Spring Cloud Data Flow 都是整合領域的佼佼者，它們各自擁有豐富的生態系統和社區支援。這兩個框架已經解決了很多整合的常見問題，提供了大量的最佳實踐。LangChain 作為一個新的整合框架，其設計思想和實現方式，可以透過學習這兩個框架，讓我們得到很大啟發。學習它們可以幫助我們更進一步地理解 LangChain 的設計哲學和技術選型。

當談及整合，首先要了解的是：為什麼 Apache Camel 會成為這個領域的佼佼者呢？答案很簡單。Apache Camel 針對不同的協定和資料型態，提供了特定的 API 實現。這是因為整合的真正挑戰在於處理來自不同系統、協定和資料格式的資訊，而 Apache Camel 可以解決這個問題。它支援超過 80 個協定和資料型態，包括但不限於 RESTful 服務、訊息佇列和資料庫，並且得益於其模組化和可擴展的架構，Apache Camel 為開發者帶來了巨大的便利性和靈活性。

而當進入雲端運算時代，資料的整合和流動變得更加關鍵。Spring Cloud Data Flow（SCDF）應運而生，成為雲端原生環境中的資料流程處理利器。它不僅是一個資料流程處理工具，更是一個完整的微服務整合框架。SCDF 允許開發者輕鬆建立、部署和監控資料流程處理管道，更重要的是，它支援與多種雲端平台整合，為雲端原生應用的開發提供了極大的靈活性。

如今面對大型語言模型開發的複雜性，LLM 應用程式開發、部署和管理需要一個專為其量身打造的整合框架。LangChain 結合 LLM 的特性，提供了一套完整的工具和技術，簡化了 LLM 應用的開發、部署和管理。LangChain 正是這樣的解決方案。

整合的真正挑戰在於處理來自不同系統、協定和資料格式的資訊，而 LangChain 的 Integrations 函數庫正是基於這一核心思想而建構的。以下是其核心分類及相關描述。

Callbacks：在某些特定事件觸發時，開發者可能需要與其他系統或服務互動。正如 Apache Camel 針對不同協定和資料型態提供了特定的 API 實現，Callbacks 功能也為開發者創造了類似的橋樑。

聊天模型包裝器：面對多樣的對話場景，LangChain 提供了 10 種聊天模型來滿足從簡單問答到高級互動的需求。這如同 Apache Camel 為不同的協定和資料型態提供解決方案。

Document loaders：文件載入與處理是整合中的基礎工作。LangChain 提供了 127 種文件載入工具，確保了各種應用場景的需求都能被滿足。

Document transformers：針對文件的處理和轉換，LangChain 提供了 7 種轉換器，這可以看作是 LangChain 為多種資料格式提供支援的延伸。

LLM 模型包裝器：針對 LLM 應用程式開發，LangChain 準備了 57 種 LLM 模型，滿足了與不同協定和資料格式互動的需要。

Memory：LangChain 提供了 12 種記憶儲存解決方案，滿足了各種持久化需求。

Retrievers：資訊檢索是整合的關鍵，LangChain 為此準備了 22 種整合工具，無論是本地文件還是網路上的資訊都能被有效地檢索。

嵌入模型包裝器：文字的向量化處理是與各種協定和資料型態互動的關鍵。LangChain 為此提供了 31 種嵌入模型包裝器。

Agent toolkit：為了幫助開發者建立智慧代理，LangChain 提供了 21 種整合工具套件，確保與各種系統和服務的互動能夠流暢進行。

Tools：為了滿足開發、測試和最佳化的多樣需求，LangChain 提供了 37 種整合工具。

Vector store：機器學習和深度學習需要專門的向量資料儲存，LangChain 為此提供了 45 種解決方案。

Grouped by provider：展現了 LangChain 與各大供應商和平臺的整合實力，這也反映了它在處理不同系統、協定和資料格式資訊方面的廣泛適應性。

LangChain 雖然提供了廣泛的整合函數庫，但這也為開發者帶來了一系列的挑戰。以下是開發者在使用 LangChain 的整合函數庫時可能會遇到的問題。

（1）選擇的困惑：面對多種相似的工具，開發者可能會在選擇上猶豫不決，不知道哪種更適合他們的需求。（2）學習曲線：不同的工具有其特有的功能和操作方式，這表示開發者需要為每一種工具投入學習時間。（3）維護的挑戰：隨著技術的迅速發展，一些工具可能會過時，因此需要定期更新或替換。（4）性能與相容性：使用不同的整合工具時，可能會出現性能瓶頸或相容性問題，這有可能影響整個 LLM 應用的穩定性和效率。

10.2 LLM 整合指南

LLM 整合是實現了各個模型平臺的 LLM 模型包裝器，本節主要介紹 Hugging Face 和 Azure OpenAI。Hugging Face 提供了一個平臺，能夠及時追蹤當前熱門的新型語言模型。它為 BERT、XLNet、GPT 等多種模型提供了統一且高效的程式開發實踐。更為出色的是，它設有一個模型資料庫，其中涵蓋了許多常用的預訓練模型，以及為各種任務進行微調的模型，使得模型的下載變得簡單、快捷。Hugging Face 上的很多模型支援本地下載和部署，為開發者提供了多樣的功能和模組，能夠快速回應各種需求，大大提高開發效率。另外，Hugging Face 提供免費模型，比如搜尋 google/flan-t5-xl 來獲取免費的模型。

Azure OpenAI 是 LangChain 與 Azure 之間的整合專案，旨在讓開發者能夠在 LangChain 框架中透過模型包裝器在 Azure 平臺上呼叫 OpenAI 的 GPT 系列模型。此外，Azure OpenAI 不僅是 Azure 平臺上的標識性工具，也是 LLM 應用中的核心元件，其可與 Azure 平臺協作作業。

10.2.1 Azure OpenAI 整合

Azure OpenAI 是 LangChain 實現的在 Azure 平台叫用 OpenAI 能力的 LLM 模型包裝器。舉例來說，如果開發者想要在 Azure 平臺中利用 OpenAI 的 GPT 系列模型，那麼可以使用這個整合專案。更為重要的是，它來源於 Azure 平臺，一個在雲端運算領域具有權威地位的平臺，這確保了其穩定性和高效性，為 LLM 應用提供了有力的支援。

整合步驟

在終端中設定以下參數：

```
# 將此設定為 azure
export OPENAI_API_TYPE=azure
# 想要使用的 API 版本：對於已發佈的版本，將此設定為 2023-05-15export OPENAI_API_
VERSION=2023-05-15
# Azure OpenAI 資源的基礎 URL。可以在 Azure 門戶網站中，透過查詢你的 Azure OpenAI 資源來找到
這個資訊
```

```
export OPENAI_API_BASE= 請參考本書程式倉庫 URL 映射表，找到對應資源 ://your-resource-name.
openai.azure.com
# Azure OpenAI 資源的 API 金鑰。你可以在 Azure 門戶網站中，透過查詢你的 Azure OpenAI 資源來找
到這個資訊
export OPENAI_API_KEY=<your Azure OpenAI API key>
```

對於 Azure OpenAI 整合專案，從 langchain.llms 中匯入 AzureOpenAI 類別。具體程式如下：

```
from langchain.llms import AzureOpenAI
```

安裝 LangChain 的 Python 函數庫後，就可以匯入 AzureOpenAI 類別了。在 langchain.llms 中，已經整合了各大模型平臺的 API 封裝。當你在 VSCode 中編輯並輸入點號後，它會自動列出所有可用的封裝整合。為了方便辨識，這些整合通常會以其模型平臺的名稱作為類別名的首碼，如「AzureOpenAI」。

在 langchain.chat_models 中，針對聊天模型專門實現了各大模型平臺的 API 封裝。如果你想使用 Azure 的聊天模型，那麼可以匯入 AzureChatOpenAI 類別。

```
from langchain.chat_models.azure_openai import AzureChatOpenAI
```

AzureOpenAI 提供了一個簡潔明瞭的介面。具體操作如下：

建立一個「AzureOpenAI」的實例。在這個過程中，需要指定部署名稱和模型名稱。

```
llm = AzureOpenAI(
      deployment_name="td2",
      model_name="text-davinci-002",
  )
```

一旦初始化完成，便可以輕鬆地執行 LLM 應用並獲得結果。舉例來說，要請求講一個笑話，只需呼叫此實例並提供相應的提示：

```
llm("Tell me a joke")
```

此外，AzureOpenAI API 的設定可以透過環境變數（或直接）在 Python 環境中進行，這與標準 OpenAI API 的使用方式略有不同。

效果展示

在執行 Azure OpenAI LLM 應用後，得到的回應如下：

```
"\n\nWhy couldn't the bicycle stand up by itself? Because it was...two tired!"
```

此外，透過呼叫 print 方法，開發者可以查看 LLM 應用的自訂輸出：

```
print(llm)
# 列印結果
Params: {'deployment_name': 'text-davinci-002', 'model_name': 'text-davinci-002',
'temperature': 0.7, 'max_tokens': 256, 'top_p': 1, 'frequency_penalty': 0, 'presence_
penalty': 0, 'n': 1, 'best_of': 1}
```

10.2.2 Hugging Face Hub 整合

Hugging Face Hub 整合專案是一個旨在提高機器學習和深度學習模型可存取性和協作性的創新平臺。該專案專注於提供一個中心化的位置，供開發者和研究者分享、發佈和協作開發各種 NLP 模型。除了儲存預訓練模型，Hugging Face Hub 還支援多種框架和函數庫，確保開發者可以輕鬆地整合和部署這些模型到他們的 LLM 應用中。此外，透過 API 和其他工具的整合，Hugging Face Hub 使得 LLM 應用與其他平臺的互動更為流暢，為機器學習社區帶來了巨大價值。

整合步驟

對於 Hugging Face Hub 整合專案，可以從 LangChain 中匯入相關的類別。

```
from  langchain import HuggingFaceHub, PromptTemplate, LLMChain
```

安裝 huggingface_hub 的 Python 套件。

```
pip install huggingface_hub
```

接下來，獲取「API TOKEN」權杖並為其設定環境變數。

```
from getpass import getpass
HUGGINGFACEHUB_API_TOKEN = getpass()
os.environ["HUGGINGFACEHUB_API_TOKEN"] = HUGGINGFACEHUB_API_TOKEN
```

建構問題和範本，然後使用 PromptTemplate 生成提示。

```
question = "Who won the FIFA World Cup in the year 1994? "
template = """Question: {question}\nAnswer: Let's think step by step."""
prompt = PromptTemplate(template=template, input_variables=["question"])
```

使用不同的模型資料庫和 repo_id 實例化「HuggingFaceHub」並執行 LLMChain。其中，<specific_repo_id> 可以是 Flan、Dolly 等模型的特定 ID。

```
repo_id = "<specific_repo_id>"
llm = HuggingFaceHub(
    repo_id=repo_id, model_kwargs={"temperature": 0.5, "max_length": 64}
)
llm_chain = LLMChain(prompt=prompt, llm=llm)
print(llm_chain.run(question))
```

效果展示

使用 Flan 模型：

```
repo_id = "google/flan-t5-xxl"
llm = HuggingFaceHub(
    repo_id=repo_id, model_kwargs={"temperature": 0.5, "max_length": 64}
)
llm_chain = LLMChain(prompt=prompt, llm=llm)

print(llm_chain.run(question))
```

使用 Flan 模型得到的回答是：

```
The FIFA World Cup was held in the year 1994. West Germany won the FIFA World Cup
in 1994.
```

使用 Dolly 模型：

```
repo_id = "databricks/dolly-v2-3b"
llm = HuggingFaceHub(
    repo_id=repo_id, model_kwargs={"temperature": 0.5, "max_length": 64}
)
llm_chain = LLMChain(prompt=prompt, llm=llm)
print(llm_chain.run(question))
```

使用 Dolly 模型得到的回答是：

```
  First of all, the world cup was won by the Germany. Then the Argentina won the
world cup in 2022. So, the Argentina won the world cup in 1994.
```

使用 Camel 模型、XGen 模型和 Falcon 模型也會得到類似的輸出，具體取決於所選的模型和參數設定。

10.3 聊天模型整合指南

隨著 GPT-4 等大型語言模型的突破，聊天機器人已經不僅是簡單的問答工具，它們現在廣泛應用於客服、企業諮詢、電子商務等多種場景，提供給使用者準確、快速的回饋。在這樣的背景下，開發者們急需一套可以輕鬆切換、整合不同平臺的工具。

正是基於這樣的需求，Anthropic、PaLM 2 和 OpenAI 的 API 封裝應運而生。這些封裝不僅為開發者提供了與 Anthropic、PaLM 2、OpenAI 三大平臺的穩定互動能力，而且確保了在開發和部署聊天機器人的過程中，無論是從哪個平臺切換到哪個平臺，都能夠做到高效和快速。對於開發者而言，這無疑大大降低了開發難度和時間成本。

10.3.1 Anthropic 聊天模型整合

在 langchain.chat_models 中，針對聊天模型專門實現了各大模型平臺的 API 封裝。當你在 VSCode 環境中程式設計並輸入點號後，系統會自動列舉所有的聊天模型封裝整合選項。為了方便開發者迅速辨識，這些封裝通常以「Chat」加上其對應的模型平臺名稱作為類別名的首碼，例如 ChatAnthropic。如果你想使用 Anthropic 的聊天模型，那麼可以透過以下操作匯入 ChatAnthropic 類別。具體匯入程式為：

```
from langchain.chat_models import ChatAnthropic
```

同時引入 langchain.schema 中定義的三種訊息類型。這些工具主要用於格式化和處理聊天模型的輸入資料。具體來說，聊天模型包裝器期望的輸入是一個訊息串列，而非單一的字串。因此，當開發者利用此包裝器與模型進行互動時，要確保按照特定的結構組織資料，滿足模型的輸入要求。

```
from langchain.prompts.chat import (
    ChatPromptTemplate,
    SystemMessagePromptTemplate,
    AIMessagePromptTemplate,
    HumanMessagePromptTemplate,
)
from  langchain.schema import AIMessage, HumanMessage, SystemMessage
```

Anthropic 聊天模型的整合可以總結為以下幾個步驟：

首先，建立一個 ChatAnthropic 實例，然後使用它處理訊息。

```
chat = ChatAnthropic()
messages = [HumanMessage(content="Translate this sentence from English
to French. I love programming.")]
chat(messages)
```

此時得到輸出：

```
AIMessage(content=" J'aime la programmation.", additional_kwargs={}, example=False)
```

Anthropic 聊天模型不僅提供了基本的聊天功能，還進一步支援非同步和串流功能，為開發者提供更為靈活和高效的對話模式。

在程式中，可以看到從 langchain.callbacks.manager 匯入的 CallbackManager 和從 langchain.callbacks.streaming_stdout 匯入的 StreamingStdOutCallbackHandler。CallbackManager 可用於管理各種回呼操作，確保非同步任務的順利執行。而 StreamingStdOutCallbackHandler 則專門用於處理串流輸出，即即時將模型的回應輸出到標準輸出串流。結合這兩個工具，開發者可以更加輕鬆地利用 Anthropic 聊天模型的高級功能，確保資料處理的即時性和流暢性。

```
from langchain.callbacks.manager import CallbackManager
from langchain.callbacks.streaming_stdout import StreamingStdOutCallbackHandler
  await chat.agenerate([messages])
```

傳回以下輸出：

```
   LLMResult(generations=[[ChatGeneration(text=" J'aime programmer.", generation_info=None, message=AIMessage(content=" J'aime programmer.", additional_kwargs={}, example=False))]], llm_output={}, run=[RunInfo(run_id=UUID('8cc8fb68-1c35-439c-96a0-695036a93652'))])
```

透過設定 streaming 和 callback_manager 參數啟用串流功能。

```
chat = ChatAnthropic(
      streaming=True,
      verbose=True,

callback_manager=CallbackManager([StreamingStdOutCallbackHandler()]),
  )
chat(messages)
```

得到輸出：

```
J'aime la programmation.
AIMessage(content=" J'aime la programmation.", additional_kwargs={}, example=False)
```

Anthropic 聊天模型能夠根據提供的人類訊息進行回應。舉例來說，在上述範例中，模型成功地將英文「I love programming」翻譯成法文「J'aime la programmation」。

此外，透過非同步和串流功能，開發者可以更加靈活地使用模型，使其更加適應各種即時互動的場景。

10.3.2 PaLM 2 聊天模型整合

為了建構高效的 LLM 應用，開發者需要選擇合適的工具和模型。Vertex AI 作為 Google 雲端平台的一部分，為開發者提供了一系列的生成式 AI 模型，特別是 PaLM 2。此外，Vertex AI 提供了聊天功能，使開發者能夠與模型進行直觀的互動。透過使用不同的訊息類型，如 HumanMessage 和 SystemMessage，開發者可以更進一步地引導模型的行為。使用 MessagePromptTemplate 可以進一步增強這種互動，因為開發者可以為特定的任務或場景建立訂製的範本，而非每次都手動建構完整的訊息。

PaLM 2 不僅是一個大型語言模型，它還是一個擁有改進的多語言、推理和程式開發能力的前端模型。開發者在 Google 雲端平台上使用 Vertex AI，可以輕鬆地接觸和利用 PaLM 2 的強大功能。

PaLM 2 API 的核心功能

PaLM 2 API 提供了以下兩個核心功能。

PaLM API for text：這個 API 可完成語言任務的微調，如分類、摘要和實體提取。對於那些需要處理和分析文字資料的 LLM 應用，這是一個寶貴的工具。

PaLM API for chat：這個 API 則更偏重於聊天應用。它能夠進行多輪聊天，模型會追蹤聊天中的先前訊息，並將其用作生成新回應的上下文。對於需要實現智慧聊天的機器人或其他類似功能的 LLM 應用，這個 API 提供了強大的支援。

整合步驟

為了使用 Vertex AI 聊天模型，首先你需要安裝 google-cloud-aiplatform。

```
pip install google-cloud-aiplatform
```

然後，為了支援模型互動、聊天提示和訊息架構，可以從 langchain.chat_models、langchain.prompts.chat 和 langchain.schema 匯入相關的類別和方法。

```
from langchain.chat_models import ChatVertexAI
from langchain.prompts.chat import (
    ChatPromptTemplate,
    SystemMessagePromptTemplate,
    HumanMessagePromptTemplate,
)
from langchain.schema import HumanMessage, SystemMessage
```

為了使用 Vertex AI 聊天模型，可以建立一個 ChatVertexAI 實例，並用它來處理訊息。舉例來說，可以給模型發送一個系統訊息，告訴它：它是一個可以將英文翻譯成法語的幫手。然後發送一個「人類訊息」，要求翻譯一個句子。

```
chat = ChatVertexAI()
messages = [
    SystemMessage(
        content="You are a helpful assistant that translates English to 
French."
    ),
    HumanMessage(
        content="Translate this sentence from English to French. I love 
programming."
    ),
]
chat(messages)
```

傳回以下輸出：

```
    AIMessage(content='Sure, here is the translation of the sentence "I love 
programming" from English to French: J\'aime programmer.', additional_kwargs={}, 
example=False)
```

下面參照以下程式進行設定提示詞範本。先定義一個提示詞範本，明確表達幫手的功能，即從「{input_language}」翻譯為「{output_language}」。基於這個定義，使用 SystemMessagePromptTemplate.from_template 方法建立一個系統訊息的提示詞範本物件。

```
template = (
"You are a helpful assistant that translates {input_language} to
{output_language}."
)
system_message_prompt = SystemMessagePromptTemplate.from_template(template)
human_template = "{text}"
human_message_prompt=HumanMessagePromptTemplate.from_template(human_template)
```

接下來，同樣為輸入定義了一個簡潔的範本，並進一步利用 HumanMessage Prompt Template.from_template 實例化了人類訊息的提示詞範本物件。

為了方便地組合多個角色的範本訊息，可以利用 ChatPromptTemplate.from_messages 方法。這個方法接收了一系列的範本物件，並將它們整合為一個完整的聊天提示詞範本。

最後，使用 format_prompt 方法，將具體的參數如輸入語言、輸出語言和使用者文字綁定進預先定義的範本中。這樣，經過格式化的提示詞可以反映出幫手的功能（從英文翻譯為法語）和使用者的原始輸入（I love programming），並將其整合為一個完整的、為語言模型準備的提示詞，從而引導模型提供相關的回覆。

```
chat_prompt = ChatPromptTemplate.from_messages(
    [system_message_prompt, human_message_prompt]
)

# get a chat completion from the formatted messages
chat(
    chat_prompt.format_prompt(
        input_language="English", output_language="French", text="I love
programming."
    ).to_messages()
)
```

傳回以下輸出：

```
    AIMessage(content='Sure, here is the translation of "I love programming" in
French: J\'aime programmer.', additional_kwargs={}, example=False)
```

Vertex AI 還提供了 Codey API，更改模型型號為「codechat-bison」，專門用於程式幫助。舉例來說，當你詢問如何建立一個 Python 函數來辨識所有的質數時，它可以提供相關的程式建議。

```
chat = ChatVertexAI(model_name="codechat-bison")
messages = [
    HumanMessage(
        content="How do I create a python function to identify all prime numbers?"
    )
]
chat(messages)
```

傳回以下輸出：

```
    AIMessage(content='The following Python function can be used to identify all
prime numbers up to a given integer: ...', additional_kwargs={}, example=False)
```

10.3.3 OpenAI 聊天模型整合

匯入所需的類別和方法：若要使用 Azure 上託管的 OpenAI 端點，則要從 langchain.chat_models 和 langchain.schema 匯入相關的類別和方法，以支援模型互動和訊息架構。

```
from langchain.chat_models import AzureChatOpenAI
from langchain.schema import HumanMessage
```

與 Azure 上的 OpenAI 端點互動主要涉及以下步驟：首先，要設定必要的基本資訊，包括 Azure 上的 OpenAI API 的基本 URL（BASE_URL）、API 金鑰（API_KEY）用於身份驗證及存取服務，以及代表 Azure 部署的名稱（DEPLOYMENT_NAME）。

```
BASE_URL = "請參考本書程式倉庫 URL 映射表，找到對應資源：//${TODO}.openai.azure.com"
API_KEY = "..."
DEPLOYMENT_NAME = "chat"
model = AzureChatOpenAI(
    openai_api_base=BASE_URL,
    openai_api_version="2023-05-15",
```

```
    deployment_name=DEPLOYMENT_NAME,
    openai_api_key=API_KEY,
    openai_api_type="azure",
)
```

特別注意，${TODO} 部分應替換為你在 Azure 上的 OpenAI 服務的真實 URL 部分。有了這些資訊，你就可以建立一個名為 AzureChatOpenAI 的模型實例了，其中 openai_api_type 的值已經被設定為「azure」，確保 API 請求會被重定向到 Azure 託管的 OpenAI 端點。最後，與其他聊天模型的對話模式相同，你可以向該模型發送一個「HumanMessage」，並從模型中獲取對應的回覆。

```
model(
    [
        HumanMessage(
            content="Translate this sentence from English to French. I love
programming."
        )
    ]
)
```

傳回以下輸出：

```
AIMessage(content="J'aime programmer.", additional_kwargs={})
```

這是一個簡單且直接的方法來與 Azure 上託管的 OpenAI 端點進行互動。一旦你已經在 Azure 上設定好了 OpenAI 服務，並獲取了相關的 API 金鑰和 URL，那麼這個過程就變得相對簡單了。

Azure 提供了一個可靠且安全的環境來託管和執行 OpenAI 模型，這為企業和開發者提供了一個在雲端中快速部署和擴展 AI 解決方案的方法。

需要注意的是，每當你與 Azure 上的服務進行互動時，都應確保保護好你的 API 金鑰，以防止任何未授權的存取或潛在的濫用。

10.4 向量資料庫整合指南

向量資料庫是一種索引和儲存向量嵌入以實現高效管理和快速檢索的資料庫。與單獨的向量索引不同，像 Pinecone 這樣的向量資料庫提供了額外的功能，舉例來說，索引管理、資料管理、中繼資料儲存和過濾，以及水平擴展。

特別是在處理巨量資料和複雜查詢時，向量資料庫在多種應用場景中發揮著關鍵作用。其中，語義文字搜尋是一個典型的應用，使用者可以透過 NLP 轉換器和句子嵌入模型將文字資料轉化為向量嵌入，再利用 Pinecone 這類工具進行索引和搜尋。此外，它還可以支援生成問答系統，即從 Pinecone 檢索與特定查詢相關的上下文，然後傳遞給如 OpenAI 這樣的生成模型，從而產生基於真實資料的答案。

不僅如此，向量資料庫的應用還擴展到了影像和電子商務領域。舉例來說，透過將圖像資料轉化為向量嵌入，再使用 Pinecone 之類的工具建構索引，可以輕鬆地執行影像的相似性搜尋。同時，基於代表使用者興趣和行為的向量，向量資料庫可以為電子商務平臺生成產品推薦，從而實現個性化的使用者體驗。

下面介紹 Chroma、Pinecone、Milvus 三種向量資料庫整合。

10.4.1 Chroma 整合

首先載入一個文件，將其切割成幾部分，使用開放原始碼嵌入模型進行嵌入，載入到 Chroma 中，然後對其進行查詢。

安裝向量資料庫 chromadb：

```
pip install chromadb
```

從 langchain.embeddings.sentence_transformer、langchain.text_splitter、langchain. vectorstores 和 langchain.document_loaders 匯入相關的類別和方法來支援文件載入、文字切割、嵌入和向量儲存。

```
# import
from langchain.embeddings.sentence_transformer import SentenceTransformerEmbeddings
from langchain.text_splitter import CharacterTextSplitter
from langchain.vectorstores import Chroma
from langchain.document_loaders import TextLoader
```

為了有效處理文件，首先需要使用 TextLoader 進行文件的載入。在載入後，借助 CharacterTextSplitter 將文件切割成大小為 1,000 字元的區塊，這些區塊之間存在 0 字元的重疊。在文件準備完成後，採用 SentenceTransformerEmbeddings 建立一個名為 all-MiniLM-L6-v2 的嵌入模型型號。

接著，為了實現向量化搜尋和相似度檢測，使用 Chroma.from_documents 方法將這些嵌入後的文件載入到 Chroma 中。一旦資料載入完畢，便可以利用 db.similarity_search 方法查詢文件，快速找到與特定查詢內容相關的文件部分。

```
# 載入文件並將其切割成區塊
loader = TextLoader("../../../state_of_the_union.txt")
documents = loader.load()

# 將文件切割成區塊
text_splitter = CharacterTextSplitter(chunk_size=1000, chunk_overlap=0)
docs = text_splitter.split_documents(documents)

# 建立開放原始碼嵌入函數
embedding_function = SentenceTransformerEmbeddings(model_name="all-MiniLM-L6-v2")

# 將文件載入到 Chroma
db = Chroma.from_documents(docs, embedding_function)

# 查詢
query = "What did the president say about Ketanji Brown Jackson"
docs = db.similarity_search(query)

# 列印結果
print(docs[0].page_content)
```

列印獲得的結果是：

```
    /Users/jeff/.pyenv/versions/3.10.10/lib/python3.10/site-packages/tqdm/auto.py:21:
TqdmWarning: IProgress not found. Please update jupyter and ipywidgets. See 請參考本
書程式倉庫 URL 映射表，找到對應資源 ://ipywidgets.readthedocs.io/en/ stable/user_install.
html
      from .autonotebook import tqdm as notebook_tqdm

    Tonight. I call on the Senate to: Pass the Freedom to Vote Act. Pass the John
Lewis Voting Rights Act. And while you're at it, pass the Disclose Act so Americans
can know who is funding our elections.
    ...
```

這個範例演示了如何使用 LangChain 函數庫處理、嵌入和查詢文件的過程。

這種查詢可以用於許多不同的應用場景，如新聞文章分析、法律文件查詢、學術研究等。使用開放原始碼嵌入模型和 Chroma 這樣的向量儲存工具，可以有效地搜尋大量的文件，並快速找到與特定查詢相關的部分。

需要注意的是，在實際應用中，你可能需要調整文件切割的大小，並選擇不同的嵌入模型，以適應特定的需求和資料集。

10.4.2 Pinecone 整合

Pinecone 是一個高效的向量搜尋服務，特別針對那些需要處理大量資料的應用而設計。高性能是其核心特點之一，即使在數十億個項目的資料集上，它都能確保超低的查詢延遲，從而提供給使用者即時的搜尋回饋。

除了快速查詢，Pinecone 還具備即時更新的能力。這表示當你增加、編輯或刪除資料時，其索引會被即時地更新，確保資料的即時性和準確性。這為動態變化的資料環境提供了極大的便利。

Pinecone 融合了向量搜尋與中繼資料過濾的功能。這使得它不僅可以根據向量相似性搜尋，還可以結合中繼資料進行過濾，從而提供更為精準的搜尋結果。而作為一個完全託管的服務，Pinecone 使得使用者無需擔心後端的複雜性和安全性，專注於實現其業務需求。下面範例提供了如何與 Pinecone 向量資料庫互動的步驟。

1. 初始化和設定。首先，使用者需要透過 pip 安裝 pinecone-client、openai、tiktoken 和 langchain。tiktoken 是一個文件計數工具，用於計算文件中的詞數或標記數，而無需進行實際的模型轉換。這在評估模型所需的 token 數或預估模型呼叫的成本時尤為有用。簡單來說，tiktoken 提供了一種高效的方式來了解文件的大小和複雜性。

```
pip install pinecone-client openai tiktoken langchain
```

為了與 Pinecone 互動，使用者需要輸入 Pinecone API 金鑰和 Pinecone 環境。此外，由於要使用 OpenAIEmbeddings，所以也需要 OpenAI 的 API 金鑰。

```
import os
import getpass

os.environ["PINECONE_API_KEY"] = getpass.getpass("Pinecone API Key:")

os.environ["OPENAI_API_KEY"] = getpass.getpass("OpenAI API Key:")

from langchain.embeddings.openai import OpenAIEmbeddings
from langchain.text_splitter import CharacterTextSplitter
from langchain.vectorstores import Pinecone
from langchain.document_loaders import TextLoader
```

2. 載入和切割文件。與之前 Chroma 的範例類似，這裡使用 TextLoader 載入文件，並使用 CharacterTextSplitter 將其切割。

```
from langchain.document_loaders import TextLoader

loader = TextLoader("../../../state_of_the_union.txt")
documents = loader.load()
text_splitter = CharacterTextSplitter(chunk_size=1000, chunk_overlap=0)
docs = text_splitter.split_documents(documents)
```

3. 嵌入文件。使用嵌入模型包裝器 OpenAIEmbeddings 進行文件嵌入。

```
embeddings = OpenAIEmbeddings()
```

4. 與 Pinecone 互動。使用 Pinecone 的 API 初始化 Pinecone，然後檢查索引是否已存在。如果不存在，則建立一個新的索引。OpenAI 的 text-embedding-ada-002 模型使用 1536 維，所以需要設定維度為「1536」。

   1536 維在這裡指的是由 OpenAI 的 text-embedding-ada-002 模型生成的每個文字嵌入（或稱為向量表示）所具有的維度或特徵數。簡單地說，當這個模型接收一個文字輸入並為其生成嵌入時，輸出的嵌入向量將有 1536 個數值或座標。這 1536 個數值或座標捕捉了文字的語義資訊，使得具有相似意義的文字具有相近的向量表示。因此，當建立一個索引來儲存由此模型生成的嵌入時，需要確保該索引能夠容納 1536 維的資料，從而確保每一個維度的資訊都被完整地儲存下來。

```
import pinecone

# 初始化 Pinecone
pinecone.init(
    api_key=os.getenv("PINECONE_API_KEY"),  # find at app.pinecone.io
    environment=os.getenv("PINECONE_ENV"),  # next to api key in console
)

index_name = "LangChain-demo"

# 首先，檢查索引是否已經存在。如果不存在，則建立一個新的索引
if index_name not in pinecone.list_indexes():
    # 建立一個新索引
    pinecone.create_index(
      name=index_name,
      metric='cosine',
      dimension=1536
)
# OpenAI 嵌入模型 text-embedding-ada-002 的維度為 1536
docsearch = Pinecone.from_documents(docs, embeddings, index_name=index_name)
```

```
# 如果已經存在索引，則可以載入它
# docsearch = Pinecone.from_existing_index(index_name, embeddings)

query = "What did the president say about Ketanji Brown Jackson"
docs = docsearch.similarity_search(query)
```

5. 文件搜尋。使用 similarity_search 方法查詢文件，並輸出查詢結果。當使用 similarity_search 方法查詢文件時，首先透過嵌入模型將每個文件和查詢都轉為向量。然後，計算查詢向量與文件向量間的相似度，通常基於餘弦相似度。最後，根據相似度排序並傳回與查詢最相關的文件。

```
print(docs[0].page_content)
```

6. 向現有索引增加更多文字。使用 add_texts 函數將更多的文字嵌入到現有的 Pinecone 索引中。首先，初始化一個代表該索引的物件。然後，建立一個 Pinecone 向量儲存實例，該實例將使用指定的嵌入函數將文字轉化為向量。最後，使用 add_texts 函數，將字串 More text! 的向量表示形式加入這個索引中，以便於後續的相似度查詢。

```
index = pinecone.Index("LangChain-demo")
vectorstore = Pinecone(index, embeddings.embed_query, "text")

vectorstore.add_texts("More text!")
```

7. 最大邊際相關性搜尋。除了使用 similarity_search，使用者還可以使用 mmr 作為檢索器。這提供給使用者了一種新的、更加相關的方法來查詢文件。使用最大邊際相關性（Maximum Margin Relevance, MMR）搜尋方法來查詢文件，從而提供更相關的搜尋結果。首先，透過 as_retriever 函數將文件搜尋器設定為「使用 'mmr' 作為其檢索類型」。然後，用指定的查詢（query）獲取相關的文件。在獲取的文件中，程式遍歷每一份匹配的文件，並列印其內容。

```
retriever = docsearch.as_retriever(search_type="mmr")
matched_docs = retriever.get_relevant_documents(query)
for i, d in enumerate(matched_docs):
```

```
    print(f"\n## Document {i}\n")
print(d.page_content)
```

10.4.3 Milvus 整合

Milvus 是一個專門的向量資料庫，旨在為由深度神經網路和其他機器學習模型生成的大規模嵌入向量提供儲存、索引和管理，其能夠輕鬆管理兆等級的向量索引。

傳統的關聯式資料庫通常用於儲存和查詢結構化資料，而 Milvus 從其核心設計上就是為了處理從非結構化資料生成的嵌入向量。這是因為在當前的網際網路時代，非結構化資料，如電子郵件、論文、物聯網感測器資料和社交媒體圖片，越來越普遍。

為了使這些非結構化資料對機器有意義，科學研究人員和工程師經常使用嵌入技術將它們轉化為數值向量。這些向量捕捉了原始資料的關鍵特徵和資訊。Milvus 的主要任務是儲存這些嵌入向量，並為之提供高效查詢功能。

此外，Milvus 還能衡量向量之間的相似性，透過計算向量間的距離來評估相似度。因此，如果兩個向量很相似，則它們表示的原始非結構化資料也很相似。這一特點使 Milvus 在很多領域，如推薦系統、影像搜尋和自然語言處理，成為一個強大的工具。

1. 準備工作。先確保已經執行了一個 Milvus 實例，並透過 pip 安裝了 pymilvus。

```
pip install pymilvus
```

2. 設定 OpenAI API 金鑰。由於想使用 OpenAIEmbeddings，所以需要獲取 OpenAI 的 API 金鑰。這可以透過設定環境變數實現。

```
import os
import getpass

os.environ["OPENAI_API_KEY"] = getpass.getpass("OpenAI API Key:")
```

3. 載入和切割文件。這部分與之前的 Azure 和 Pinecone 範例類似。首先使用 TextLoader 從給定的路徑載入文件。然後，使用 CharacterTextSplitter 根據給定的大小切割這些文件。

```
from langchain.embeddings.openai import OpenAIEmbeddings
from langchain.text_splitter import CharacterTextSplitter
from langchain.vectorstores import Milvus
from langchain.document_loaders import TextLoader
```

4. 嵌入文件。使用 OpenAI 的模型來為這些文件生成嵌入向量。

```
from langchain.document_loaders import TextLoader

loader = TextLoader("../../../state_of_the_union.txt")
documents = loader.load()
text_splitter = CharacterTextSplitter(chunk_size=1000, chunk_overlap=0)
docs = text_splitter.split_documents(documents)

embeddings = OpenAIEmbeddings()
```

5. 與 Milvus 互動。在與 Milvus 互動的步驟中，首先根據給定的參數（如主機名稱和通訊埠編號）建立與 Milvus 實例的連接。一旦連接建立，使用者便可以將之前處理過並轉為向量形式的文件載入到 Milvus 資料庫中，為後續的查詢和分析做好準備。

```
vector_db = Milvus.from_documents(
    docs,
    embeddings,
    connection_args={"host": "127.0.0.1", "port": "19530"},
)
```

6. 文件搜尋和前面的 Pinecone 範例一樣，可以使用 similarity_search 方法查詢與輸入查詢相似的文件。在這個例子中，查詢的是「What did the president say about Ketanji Brown Jackson」，並且傳回了相關的段落。

```
query = "What did the president say about Ketanji Brown Jackson"
docs = vector_db.similarity_search(query)
```

列印搜尋的相關文件結果。

```
docs[0].page_content
#'Tonight. I call on the Senate to: Pass the Freedom to Vote Act. Pass the John
Lewis Voting Rights Act. And while you're at it, pass the Disclose Act so Americans
can know who is funding our elections. \n\nTonight, I'd like to honor someone
who has dedicated his life to serve this country: Justice Stephen Breyer—an Army
veteran, Constitutional scholar, and retiring Justice of the United States Supreme
Court. Justice Breyer, thank you for your service. \n\nOne of the most serious
constitutional responsibilities a President has is nominating someone to serve on
the United States Supreme Court. \n\nAnd I did that 4 days ago, when I nominated
Circuit Court of Appeals Judge Ketanji Brown Jackson. One of our nation's top legal
minds, who will continue Justice Breyer's legacy of excellence.'
```

與 OpenAI 和 LangChain 結合使用，Milvus 可以提供給使用者高效的向量搜尋和查詢能力。

10.5 嵌入模型整合指南

Cohere Embeddings 提供了與 Cohere 平臺的無縫對接，確保文字嵌入過程既高效又精確。而 HuggingFaceEmbeddings 和 LlamaCppEmbeddings 則代表了另外兩種文字嵌入整合方法。它們都經過嚴格的測試，以確保與 Hugging Face Hub 和 Llama.cpp 平臺的穩定和高效互動，使得開發者可以更輕鬆地在其 LLM 應用中使用這些先進的嵌入技術。

10.5.1 HuggingFaceEmbeddings 嵌入整合

SentenceTransformersEmbeddings 為開發者提供了一種高效、簡潔的方式來為文字生成向量嵌入。這種嵌入通常基於深度學習模型，專為捕捉文字之間的複雜語義關係而設計。利用這種技術，開發者能夠實現更加精確的文字匹配和更深入的內容分析，為 LLM 應用帶來了最佳化的效果。

實際上，SentenceTransformersEmbeddings 是透過 HuggingFaceEmbeddings 整合進行呼叫的。對於那些已經熟悉 sentence_transformers 套件的開發者，為了

使其更容易上手和進行整合，LangChain 提供了 SentenceTransformerEmbeddings 的別名，這樣開發者可以在程式中使用熟悉的命名方式。

首先需要對開發環境進行設定。確保在開始前已經正確地安裝了 sentence_transformers 套件，這是為了確保文字嵌入的流程可以順利進行。如未安裝，可以透過提供的安裝命令完成設定。

```
pip install sentence_transformers > /dev/null
```

注意，為了保證環境的穩定性，請及時更新 pip 到其最新版本。

```
[notice] A new release of pip is available: 23.0.1 -> 23.1.1
[notice] To update, run: pip install --upgrade pip
```

開發者需要從 langchain.embeddings 模組匯入 HuggingFaceEmbeddings 和 SentenceTransformerEmbeddings。

```
from langchain.embeddings \
import (HuggingFaceEmbeddings,SentenceTransformerEmbeddings)
```

文字嵌入實踐。首要步驟是初始化嵌入模型。透過 HuggingFaceEmbeddings 指定相關的模型名稱 all-MiniLM-L6-v2 來設定所需的嵌入模型包裝器，從而為後續的文字轉換工作做好準備。

```
embeddings = HuggingFaceEmbeddings(model_name="all-MiniLM-L6-v2")
```

對於更熟悉 SentenceTransformer 的開發者，上述初始化等於：

```
embeddings = SentenceTransformerEmbeddings(model_name="all-MiniLM-L6-v2")
```

在 LLM 應用中，當開發者遇到文字資料時，可以使用先前初始化的嵌入模型，直接將此文字轉為相應的向量嵌入，為後續分析或其他操作提供機器可理解的格式。

```
text = "This is a test document."
query_result = embeddings.embed_query(text)
```

如果需要處理多個文件的嵌入時，如同時嵌入「This is a test document.」和「This is not a test document.」，則可以將這些文字作為串列傳遞給 embeddings.embed_ documents 方法，從而一次性得到這些文件的對應嵌入結果，並儲存在 doc_result 中。

```
doc_result = embeddings.embed_documents([text, "This is not a test document."])
```

10.5.2 LlamaCppEmbeddings 嵌入整合

Llama.cpp 主要目標是在 MacBook 上使用 4 位元整數量化執行 LLaMA 模型。這是一個純粹的 C/C++ 實現，不相依任何外部函數庫。儘管該程式優先考慮 Apple 晶片並透過 ARM NEON、Accelerate 和 Metal 框架進行最佳化，但它也為 x86 架構提供了 AVX、 AVX 2 和 AVX 512 的支援。此外，該程式在計算精度上支援混合的 F16 / F32，並能夠支援 4 位元、5 位元和 8 位元的整數量化。對於 BLAS 操作，它支援各種函數庫，如 OpenBLAS、Apple BLAS、ARM Performance Lib、ATLAS、BLIS、Intel MKL、NVHPC、ACML、SCSL、SGIMATH 等。另外，也支援 cuBLAS 和 CLBlast。

在準備整合和使用 llama-cpp 之前，開發者首先需要設定其開發環境。具體來說，必須確保已經安裝了 llama-cpp-python 函數庫。這可以透過簡單地執行特定的安裝命令來實現。

```
pip install llama-cpp-python
```

為了簡化開發過程，llama-cpp 的嵌入模組已被預先整合。因此，開發者可以直接從 langchain.embeddings 模組中匯入 LlamaCppEmbeddings 來使用這個功能。

```
from langchain.embeddings import LlamaCppEmbeddings
```

在實際應用中，要利用 llama-cpp 進行文字嵌入，首先需要初始化模型。

開發者可以透過 LlamaCppEmbeddings 類別為其提供特定的模型路徑（如「/path/to/model/ggml-model-q4_0.bin」）來完成這個步驟，從而為後續操作建立一個 llama-cpp 嵌入模型實例。

```
llama = LlamaCppEmbeddings(model_path="/path/to/model/ggml-model-q4_0.bin")
```

為了從 LLM 應用中的文字資料中生成嵌入，開發者只需將所需文字傳遞給已初始化的 LlamaCppEmbeddings 實例。舉例來說，對於文字「This is a test document.」，透過呼叫 llama-cpp 模型的嵌入方法，開發者可以獲得該文字的向量嵌入表示。

```
text = "This is a test document."
query_result = llama.embed_query(text)
```

對要嵌入的一組文件，開發者可以簡單地傳遞一個包含所有文件的串列給 llama.embed_documents 方法。舉例來說，將文字串列 [text] 傳入方法後，它將傳回這些文件的向量嵌入表示，並儲存在 doc_result 變數中。這使得對多個文件的批次嵌入變得簡單、高效。

```
doc_result = llama.embed_documents([text])
```

一旦成功整合 llama-cpp 到 LangChain 中，開發者就可以充分利用其高效的文字嵌入能力，進一步為 LLM 應用帶來高準確率和低延遲的體驗。透過不斷地測試、最佳化和調整，開發者可以確保 llama-cpp 嵌入在各種場景下都能穩定發揮其最大潛能。

10.5.3 Cohere 嵌入整合

隨著各種文字嵌入技術的發展，Cohere 成了開發者在 LLM 應用中的又一選擇。其憑藉穩定性和高效性受到許多開發者的歡迎。接下來，我們將探討如何在 LangChain 中整合和使用 Cohere 嵌入。

與其他嵌入方法相比，Cohere 在某些特定任務上具有更高的準確率和更好的性能。Cohere 利用如 BERT 和 GPT 等 Transformer 架構的深度學習模型為文字生成嵌入。這些嵌入不僅反映文字的表面結構，還深入捕捉其語義含義，確保即使兩段文字的字面表述不同，但只要它們的意思或概念相似，其生成的嵌入也會是相似的。

在 LangChain 中，為了簡化開發者的工作流並提供更便捷的 Cohere 嵌入使用體驗，開發團隊預置了與 Cohere 相關的嵌入模組。開發者只需透過簡單地從 langchain.embeddings 模組中匯入 CohereEmbeddings 類別，就能輕鬆地在其應用中整合 Cohere 的功能。

```
from langchain.embeddings import CohereEmbeddings
```

在 LangChain 中，當開發者想要實際應用 Cohere 的嵌入功能時，首先需要擁有一個有效的 Cohere API 金鑰，這是為了確保與 Cohere 服務的通訊。一旦獲得金鑰，開發者便可以使用 CohereEmbeddings 類別並透過 cohere_api_key 參數來初始化它，從而在應用中生成文字嵌入。

```
embeddings = CohereEmbeddings(cohere_api_key=cohere_api_key)
```

在 LLM 應用中，當開發者想要為特定的文字資料如「This is a test document.」生成嵌入表示時，他們可以直接利用 Cohere 的嵌入方法。這一方法將該文字轉為一個數值向量，該向量捕捉了文字的語義含義，從而為後續的分析或操作提供了基礎。

```
query_result = embeddings.embed_query(text)
```

如果需要為一組文件生成嵌入，則可以使用以下方法：

```
doc_result = embeddings.embed_documents([text])
```

整合 Cohere 嵌入 LangChain 中，開發者可以充分發揮其特有的文字嵌入優勢，為 LLM 應用提供更準確的文字表示。當處理複雜的語言任務時，Cohere 會帶來更好的性能和穩定性。

10.6 Agent toolkits 整合指南

Agent toolkits 的整合旨在簡化並增強 LLM 應用中的資料處理和分析功能。CSV Agent 提供了一個專門的工具，允許開發者處理 CSV 資料。Pandas Agent 則整合了 Pandas 框架，賦予了開發者在應用中進行高效資料操作的能力。另外，為了滿足先進的資料視覺化需求，PowerBI Agent 與 Microsoft PowerBI 緊密結合，為開發者帶來了豐富的、直觀的資料視覺化工具。這些工具套件確保了 LLM 應用的資料處理、分析和視覺化都既簡單又高效。

10.6.1 CSV Agent 的整合

LangChain 為開發者提供了多種與 CSV 檔案互動的方式，特別是針對問題回答任務。下面我們將詳細討論如何使用 CSV Agent，以及說明一些相關的安全注意事項。

CSV Agent 主要用於與 CSV 檔案互動，特別是當需要查詢或檢索資訊時。需要注意的是，CSV Agent 內部呼叫了 Pandas DataFrame Agent 和 Python Agent。這表示，當 LLM 生成的 Python 程式可能存在問題時，執行這些程式可能會導致意外的後果。因此，使用時應保持謹慎。

CSV Agent 是 LLM 應用中用於處理 CSV 資料的工具，而在程式設計中，為了實現這一功能，開發者需要引用一系列特定的 API。create_csv_agent 是建立和管理 CSV Agent 的核心方法，位於 langchain.agents 模組中。而 OpenAI 來自 langchain.llms 模組，可用於模型管理或與 OpenAI 平臺的互動。ChatOpenAI 從 langchain.chat_models 匯入一個針對聊天模型的包裝器。最後，AgentType 定義了 LLM 應用中可以使用的各種 Agent 的類型，幫助開發者明確各個 Agent 的角色和功能。透過這些 API 的結合，開發者可以在 LLM 應用中輕鬆建立和使用 CSV Agent。

```
from langchain.agents import create_csv_agent
from langchain.llms import OpenAI
from langchain.chat_models import ChatOpenAI
from langchain.agents.agent_types import AgentType
```

在初始化方法中，create_csv_agent 函數被用於建構一個新的 CSV Agent。此代理的特點是使用 ZERO_SHOT_REACT_DESCRIPTION 類型，這表示該代理可以在沒有預先訓練的情況下對資料進行描述或反應。在範例程式中，代理被設定為處理名為 titanic.csv 的檔案，使用 OpenAI 模型並設定其溫度參數為 0，以獲得更具確定性的輸出。同時，透過 verbose=True 參數，代理在執行時期會顯示更多的詳細資訊。

```
agent = create_csv_agent(
        OpenAI(temperature=0),
        "titanic.csv",
        verbose=True,
        agent_type=AgentType.ZERO_SHOT_REACT_DESCRIPTION,
    )
```

另外還可以使用 OPENAI_FUNCTIONS 類型進行初始化。這是一種不同於 ZERO_SHOT_REACT_DESCRIPTION 的代理建構方法。在這種方法中，代理是基於特定的 OpenAI 功能操作的，特別是那些與 ChatOpenAI 模型相關的功能。舉例來說，在舉出的程式中，使用了模型 gpt-3.5-turbo-0613 來建立一個代理，該模型的溫度參數被設定為 0 以獲得確定性輸出。這個代理專門為處理名為 titanic.csv 的檔案而設，並透過 verbose=True 參數提供額外的執行時期的詳細資訊。

OPENAI_FUNCTIONS 類型是一個代理初始化選項，專門為高級的 OpenAI 模型設計。這些模型如 gpt-3.5-turbo-0613，是在 2023 年 6 月 13 日之後發佈的。之前發佈的型號並不能使用 OPENAI_FUNCTIONS 類型進行初始化。

```
agent = create_csv_agent(
        ChatOpenAI(temperature=0, model="gpt-3.5-turbo-0613"),
        "titanic.csv",
        verbose=True,
        agent_type=AgentType.OPENAI_FUNCTIONS,
    )
```

使用 CSV Agent 查詢資料是一個直接的方式，允許開發者對已載入的 CSV 檔案進行互動式查詢。在 CSV Agent 被初始化後，它會在背景讀取和理解 CSV

檔案內容。舉例來說，透過呼叫 agent.run() 方法並提供相應的文字查詢，如「how many rows are there?」，代理會檢索檔案並傳回檔案中行的數量。這種方法為開發者提供了一個簡潔、直觀的介面，使他們能夠與 CSV 資料互動，而無須撰寫複雜的查詢或處理邏輯。

```
agent.run("how many rows are there?")
```

或詢問具有超過 3 名兄弟姐妹的人數：

```
agent.run("how many people have more than 3 siblings")
```

CSV Agent 的設計不僅侷限於單一 CSV 檔案的查詢，它還能夠同時處理多個 CSV 檔案，並與多個 CSV 檔案互動。這表示開發者可以比較和分析多個資料集之間的差異。舉例來說，透過傳遞兩個 CSV 檔案「titanic.csv」和「titanic_age_fillna.csv」給代理，你可以詢問這兩個資料框（DataFrames）在年齡列上的不同之處。這個功能大大增強了 CSV Agent 的靈活性和實用性，為開發者提供了一個高效的工具來分析和對比不同的資料來源。

```
agent = create_csv_agent(
    ChatOpenAI(temperature=0, model="gpt-3.5-turbo-0613"),
    ["titanic.csv", "titanic_age_fillna.csv"],
    verbose=True,
    agent_type=AgentType.OPENAI_FUNCTIONS,
)
agent.run("how many rows in the age column are different between the two
dfs?")
```

10.6.2 Pandas Dataframe Agent 的整合

LangChain 不僅提供了與 CSV 檔案互動的方法，還為開發者提供了與 pandas 資料幀互動的方式。此功能特別適用於問題回答任務。

Pandas Dataframe Agent 主要用於與 pandas 資料幀互動，特別是在需要查詢或檢索資訊時。需要注意的是，此代理在背景呼叫 Python 代理，執行 LLM 生成的 Python 程式。如果 LLM 生成的 Python 程式可能是有害的，則執行此程式可能會導致意外的結果。因此，使用時應謹慎。

首先使用 create_pandas_dataframe_agent，建立一個代理來與資料幀互動。同時，ChatOpenAI 和 OpenAI 提供了與 LLM 模型的連接，可以為該代理提供理解和輸出自然語言的回答。AgentType 則定義了可能的代理類型。使用 Python 的 pandas 函數庫匯入一個名為「titanic.csv」的 CSV 檔案，並將其讀取為一個資料幀 df。至此，開發者便可以利用 LangChain 中的工具和代理與這個資料幀進行互動。

```
from langchain.agents import create_pandas_dataframe_agent
from langchain.chat_models import ChatOpenAI
from langchain.agents.agent_types import AgentType
from langchain.llms import OpenAI
import pandas as pd

df = pd.read_csv("titanic.csv")
```

這種方法使用了 ZERO_SHOT_REACT_DESCRIPTION 類型作為代理類型。以下是初始化代理的例子：

```
agent = create_pandas_dataframe_agent(OpenAI(temperature=0), df, verbose=True)
```

另外還可以使用 OPENAI_FUNCTIONS 類型進行初始化。這是一種不同於 ZERO_SHOT_REACT_DESCRIPTION 的代理建構方法。在這種方法中，代理是基於特定的 OpenAI 功能操作的，特別是那些與 ChatOpenAI 模型相關的功能。

使用 OPENAI_FUNCTIONS 類型進行初始化。

```
agent = create_pandas_dataframe_agent(
        ChatOpenAI(temperature=0, model="gpt-3.5-turbo-0613"),
        df,
        verbose=True,
        agent_type=AgentType.OPENAI_FUNCTIONS,
    )
```

與 CSV Agent 類似，一旦初始化 Pandas Dataframe Agent，便可以執行查詢以檢索資料幀中的資料。

除了單一資料幀，Pandas Dataframe Agent 還支援與多個資料幀互動。舉例來說，你可以將多個資料幀傳遞給代理，並詢問兩個資料幀之間年齡列的差異行數。

```
df1 = df.copy()
df1["Age"] = df1["Age"].fillna(df1["Age"].mean())
agent = create_pandas_dataframe_agent(OpenAI(temperature=0), [df, df1], verbose=True)
agent.run("how many rows in the age column are different?")
# 輸出結果：
    > Entering new AgentExecutor chain...
    Thought: I need to compare the age columns in both dataframes
    Action: python_repl_ast
    Action Input: len(df1[df1['Age'] != df2['Age']])
    Observation: 177
    Thought: I now know the final answer
    Final Answer: 177 rows in the age column are different.

    > Finished chain.
'177 rows in the age column are different.'
```

10.6.3 PowerBI Dataset Agent 的整合

Power BI 是一個用於資料視覺化和報告的工具，但當需要透過程式設計方式查詢和分析 Power BI 資料集時，可以使用 LangChain 的 PowerBI Dataset Agent，使得查詢變得更自然和人性化，而不用再相依於 DAX（資料分析運算式）查詢語言。

PowerBI Dataset Agent 可與 Power BI 資料集互動。你可以使用此代理查詢資料集，舉例來說，描述資料表、查詢表中的記錄數或對資料進行多維度的分析。

初始化 PowerBI Dataset Agent 所用的類別：

- create_pbi_agent 和 PowerBIToolkit 來 自 langchain.agents.agent_toolkits。
- PowerBIDataset 來自 langchain.utilities.powerbi。
- ChatOpenAI 來自 langchain.chat_models。
- AgentExecutor 來自 langchain.agents。

透過執行 pip install azure-identity 命令，安裝 azure.identity 套件，以支援 Azure 的身份驗證。代理需要 Azure 的認證來存取 PowerBI 資料集。這裡使用了 DefaultAzureCredential() 函數，它是 Azure 提供的預設方法，用於獲取適當的認證憑據，以便代理、存取相關資料。

```
from langchain.agents.agent_toolkits import create_pbi_agent
from langchain.agents.agent_toolkits import PowerBIToolkit
from langchain.utilities.powerbi import PowerBIDataset
from langchain.chat_models import ChatOpenAI
from langchain.agents import AgentExecutor
from azure.identity import DefaultAzureCredential
```

建立 PowerBI Dataset Agent 涉及以下步驟：首先，透過建立一個或多個 LLM（如 fast_llm 和 smart_llm）獲取文字的嵌入表示。然後，透過實例 PowerBIToolkit 建立一個 Power BI 工具集，用於處理 PowerBI 資料集的任務。接著，透過呼叫 create_pbi_agent 方法建立 PowerBI Dataset Agent，該代理可以與 PowerBI 資料集進行互動。

在資料集查詢方面，有多種操作可用。

首先，透過呼叫 agent_executor.run("Describe table1")，代理可以提供關於資料表的描述資訊。此外，代理還可以在資料表上執行簡單的查詢操作，比如計算資料表中的記錄數，透過呼叫 agent_executor.run("How many records are in table1?") 完成。

```
fast_llm = ChatOpenAI(
    temperature=0.5, max_tokens=1000, model_name="gpt-3.5-turbo", verbose=True
)
smart_llm = ChatOpenAI(temperature=0, max_tokens=100, model_name="gpt-4",
```

```
verbose=True)

toolkit = PowerBIToolkit(
    powerbi=PowerBIDataset(
        dataset_id="<dataset_id>",
        table_names=["table1", "table2"],
        credential=DefaultAzureCredential(),
    ),
    llm=smart_llm,
)

agent_executor = create_pbi_agent(
    llm=fast_llm,
    toolkit=toolkit,
    verbose=True,
)
```

代理可以計算資料表中的記錄數：

```
agent_executor.run("How many records are in table1?")
```

我們還可以提供一些自訂的少樣本提示詞範本，使模型更容易理解與 Power BI 資料集相關的問題和回答。提供這些提示可以幫助模型生成更準確的 DAX 查詢。需要注意的是，當與 Power BI 資料集進行互動時，請確保你有適當的許可權和憑證。

LangChain 的 PowerBI Dataset Agent 目前仍在積極開發中，可能存在不完整的地方，因此在生產環境中使用時應進行適當的測試。

```
# 虛構的例子
few_shots = """
Question: How many rows are in the table revenue?
DAX: EVALUATE ROW("Number of rows", COUNTROWS(revenue_details))
----
Question: How many rows are in the table revenue where year is not empty?
DAX: EVALUATE ROW("Number of rows", COUNTROWS(FILTER(revenue_details, revenue_
details[year] <> "")))
----
```

```
Question: What was the average of value in revenue in dollars?
DAX: EVALUATE ROW("Average", AVERAGE(revenue_details[dollar_value]))
----
"""
toolkit = PowerBIToolkit(
    powerbi=PowerBIDataset(
        dataset_id="<dataset_id>",
        table_names=["table1", "table2"],
        credential=DefaultAzureCredential(),
    ),
    llm=smart_llm,
    examples=few_shots,
)
agent_executor = create_pbi_agent(
    llm=fast_llm,
    toolkit=toolkit,
    verbose=True,
)
```

執行查詢敘述：

```
agent_executor.run("What was the maximum of value in revenue in dollars in 2022?")
```

使用 LangChain 的 PowerBI Dataset Agent 與 Power BI 資料集進行互動為開發者提供了一種新的、自然的方式來查詢和分析資料。透過這種方式，開發者可以更加靈活和直觀地與資料互動，而不需要深入了解 DAX 查詢語言的複雜性。

10.7 Retrievers 整合指南

Retrievers 的整合重點在於為開發者提供方便、高效的資訊檢索工具。首先，Arxiv API Wrapper 為那些需要存取和檢索學術文獻的開發者提供了專門的解決方案，確保他們能夠從 Arxiv 資料庫中獲取所需的研究資料。其次，Azure Cognitive Search Wrapper 為開發者提供了與 Azure 平臺的深度整合，使其能夠高效、準確地從 Azure 中檢索各種資訊。最後，Wikipedia API Wrapper 則簡化了從維基百科中提取內容的流程，讓開發者無須深入了解其背後的技術細節，即可輕鬆獲取所需的公開資訊。

10.7.1 WikipediaRetriever 整合

Wikipedia 作為一個龐大的線上百科全書，提供給使用者了豐富的知識和資訊。使用 LangChain 的 WikipediaRetriever，可以從 Wikipedia 獲取相關文件並進行查詢。

首先，為了使用相關功能，安裝「wikipedia」Python 套件。

```
pip install wikipedia
```

下面介紹 WikipediaRetriever 的參數設定。預設情況下，lang 參數設定為「en」可用於在特定語言的 Wikipedia 部分中進行搜尋。load_max_docs 參數預設為「100」，即限制了下載文件的數量。在實驗階段，建議使用較小的數字，因為目前的上限是「300」。此外，load_all_available_meta 參數預設為「False」，這表示只下載最重要的欄位，包括發佈日期、標題和摘要。如果將其設定為「True」，則會下載其他欄位。

執行 WikipediaRetriever 很簡單，只需使用 get_relevant_documents() 方法，並輸入查詢文字作為參數。舉例來說，如果要查詢關於「HUNTER X HUNTER」的相關文件，那麼可以執行以下操作：

```
from langchain.retrievers import WikipediaRetriever
retriever = WikipediaRetriever()
docs = retriever.get_relevant_documents(query="HUNTER X HUNTER")
```

查看文件的中繼資料或內容：

```
print(docs[0].metadata)
print(docs[0].page_content[:400])
```

為了使用 LangChain 進行問題回答，你需要一個 OpenAI API 金鑰。之後，你可以使用 ConversationalRetrievalChain 結合 ChatOpenAI 和 Wikipedia Retriever 進行互動式的問答。例如：

```
from getpass import getpass
import os
from langchain.chat_models import ChatOpenAI
from langchain.chains import ConversationalRetrievalChain

OPENAI_API_KEY = getpass()
os.environ["OPENAI_API_KEY"] = OPENAI_API_KEY

model = ChatOpenAI(model_name="gpt-3.5-turbo")
qa = ConversationalRetrievalChain.from_llm(model, retriever=retriever)
questions = ["What is Apify?", ...]
```

對於每個問題，你可以透過適當的程式獲取並列印出答案。請注意以下幾點事項：首先，在使用 API 金鑰時，務必確保不要在公開的程式中暴露它，以確保安全。其次，與 Wikipedia 進行互動時，可能會受到頻率限制或其他限制，因此要注意控制 API 請求的頻率，以避免觸發限制。

LangChain 的 WikipediaRetriever 為開發者提供了一個簡單而有效的方式，使其可以輕鬆地與 Wikipedia 互動，獲取相關的文件並進行問題回答。這為開發者帶來了巨大的便利，使他們可以更容易地從 Wikipedia 獲取知識並將其應用到自己的應用中。

10.7.2 ArxivRetriever 整合

arXiv 是一個免費的分發服務和開放獲取檔案的網站，該網站收錄的學術論文，涵蓋了物理、數學、電腦科學、量化生物學、量化金融、統計學、電氣工程與系統科學，以及經濟學等領域。ArxivRetriever 是 LangChain 框架與 arXiv 的整合工具，可以用於從 arXiv 檢索相關文件。

首先，要使用 arXiv 整合工具，需要安裝「arxiv」Python 套件。

```
pip install arxiv
```

ArxivRetriever 是 LangChain 框架提供的類別，用於與 arXiv 進行互動。它有一些參數需要設定。其中，load_max_docs 參數用於限制下載的文件數量。預設情況下限制下載的文件數量是「100」，但是考慮到下載較多文件可能帶來的問題，建議在測試時使用較小的數字。此外，還有一個 load_all_available_meta 參數，預設為 False。當設為 False 時，只會下載最重要的欄位，包括發佈日期、標題、作者和摘要。如果將其設為 True，則會下載其他欄位。

在使用範例中，可以看到如何實例化一個 ArxivRetriever 物件。在此例中，load_max_docs 被設定為「2」，以限制下載的文件數量。然後，透過呼叫 get_relevant_documents 方法，輸入一個查詢關鍵字，即可從 arXiv 中檢索相關的文件。

```
from langchain.retrievers import ArxivRetriever
retriever = ArxivRetriever(load_max_docs=2)
docs = retriever.get_relevant_documents(query="1605.08386")
```

以上程式展示了如何從 Arxiv.org 檢索與 query 相關的文件。

當整合上述工具到 LLM 應用中時，開發者可能會遇到多種問題。舉例來說，如何有效地將查詢結果從 ArxivRetriever 傳遞給 OpenAIEmbeddings 進行嵌入？答案是：透過先使用 ArxivRetriever 檢索文件，再使用 OpenAIEmbeddings 為其生成嵌入，從而實現流暢的工作流程。

10.7.3 Azure Cognitive Search 整合

Azure Cognitive Search 作為一個雲端搜尋服務，能夠為開發者帶來豐富的搜尋體驗。下面將詳細指導開發者如何在 LangChain 中整合和使用 Azure Cognitive Search。

Azure Cognitive Search（之前稱為 Azure Search）是一個雲端搜尋服務，為開發者提供了建設豐富搜尋體驗的基礎設施、API 和工具。無論是文件搜尋、線上零售應用還是私有內容的資料探索，搜尋都是向使用者展示文字的應用的基礎。

在整合 Azure Cognitive Search 到 LangChain 之前，需要根據 Azure 的官方指南進行相應的設定，同時確保你已經獲取了三個重要資訊：ACS 服務名稱、ACS 索引名稱和 API 金鑰。

一旦完成了設定和資訊獲取，就可以在 LangChain 中使用 Azure Cognitive Search 了。首先，從 langchain.retrievers 模組中匯入 AzureCognitiveSearchRetriever 類別，這樣你就能夠在 LangChain 中使用 Azure Cognitive Search 的檢索功能了。

```
from langchain.retrievers import AzureCognitiveSearchRetriever
```

將 ACS 服務名稱、索引名稱和 API 金鑰設定為環境變數。這樣在建立檢索器時，就可以直接讀取這些環境變數。

```
import os
os.environ["AZURE_COGNITIVE_SEARCH_SERVICE_NAME"] = "<YOUR_ACS_SERVICE_NAME>"
os.environ["AZURE_COGNITIVE_SEARCH_INDEX_NAME"] = "<YOUR_ACS_INDEX_NAME>"
os.environ["AZURE_COGNITIVE_SEARCH_API_KEY"] = "<YOUR_API_KEY>"
```

至此，可以使用上述環境變數建立 Azure Cognitive Search 檢索器，並隨選檢索相關文件。

```
retriever = AzureCognitiveSearchRetriever(content_key="content", top_k=10)
documents = retriever.get_relevant_documents("what is LangChain")
```

其中，top_k 參數指定了傳回的結果數量，我們可以根據實際需求進行調整。

整合 Azure Cognitive Search 到 LangChain 不僅提升了 LLM 應用的搜尋功能，還使開發者能夠更加便捷地利用 Azure 提供的強大搜尋能力。

第 11 章 LLM 應用程式開發必學知識

本章我們將對 LLM 應用程式開發涉及的基礎知識做一個簡單介紹。

NLP，即自然語言處理，是一個研究如何使電腦能夠理解、解釋和生成人類語言的學科。簡單地說，NLP 的目標是使電腦能夠「理解」和「產生」人類語言，從而使機器能夠與人類進行更自然的互動。近年來，NLP 已經在很多領域獲得了廣泛的應用，舉例來說，聊天機器人、搜尋引擎最佳化、情感分析、自動文摘、機器翻譯等。

LLM，即大型語言模型，是一種特殊的 NLP 模型。它是透過在大量文字資料上進行訓練來建構的。由於其規模之大，LLM 能夠捕捉語言中的細微差異和複雜關係，從而在各種任務上實現出色的性能。

舉例來說，OpenAI 的 GPT-4 就是一個 LLM 的例子，它在 100 多種語言任務上都展現了出色的性能，甚至在某些任務上接近或超越了人類的表現。

了解 LLM 的核心知識和基本概念在開發 LLM 應用時是非常關鍵的，正如建築的穩定性取決於其基礎的堅固程度。同樣，開發 LLM 應用的成功根基也依靠 LLM 的核心知識和基本概念。

11.1 LLM 的核心知識

本節將探討文字嵌入、點積和餘弦相似性、注意力機制。

11.1.1 文字嵌入

文字嵌入包括詞和句子的嵌入，是語言模型的核心部分。舉例來說，在像電影《HER》這樣的科幻電影中，人工智慧助理能夠輕鬆地與人類交談並理解他們說的話。2023 年以前，讓電腦理解和產生語言似乎是不可能的任務，但最新的 LLM（如 GPT-4）已經能夠做到這一點，使人類幾乎無法判斷他們是與另一個人還是電腦交談。

NLP 的基本任務是理解人類語言。但是，人類用詞語和句子交談，而電腦只能理解和處理數字。那麼如何以連貫的方式將詞語和句子轉化為數字呢？這就是詞嵌入所做的事情。

下面我們透過一個直觀的測試來理解。標出 12 個單字：

```
Basketball
Bicycle
Building
Car
Castle
Cherry
House
Soccer
Grapes
```

```
Tennis
Motorcycle
Watermelon
```

現在的問題是，應該在這個平面上的哪個位置放置「apple」這個詞呢？最理想的位置是 C 點，因為「Apple」這個詞與「Cherry」、「Watermelon」和「Grapes」這些詞都很接近，而與「House」、「Car」或「Tennis」這樣的詞距離較遠。這就是詞嵌入的實質。為每個單字分配的數字是什麼呢？簡單說，就是詞的位置的水平座標和垂直座標。這樣，「Apple」這個詞就被分配到了 [5,5] 這個座標，而「Motorcycle」這個詞被分配到了 [5,1] 這個座標，如圖 11-1 所示。

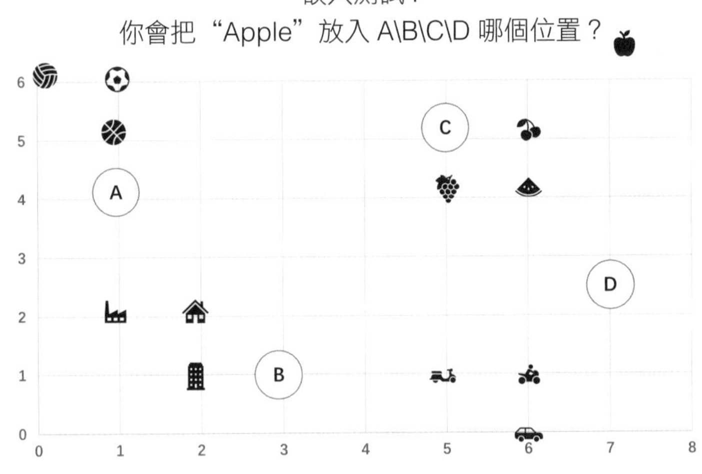

▲ 圖 11-1

對於一個良好的詞嵌入，它應具有以下特性：（1）相似的詞應對應於接近的點（或等效地對應於相似的分數）。（2）不同的詞應對應於相隔較遠的點（或等效地對應於明顯不同的分數）。

在圖 11-2 中的嵌入測試中，「puppy」這個詞與「dog」比較近，現在測試「cow」這個詞放在 A 點、B 點、C 點哪個位置比較合適？

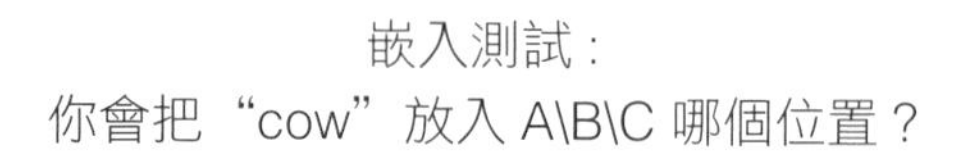

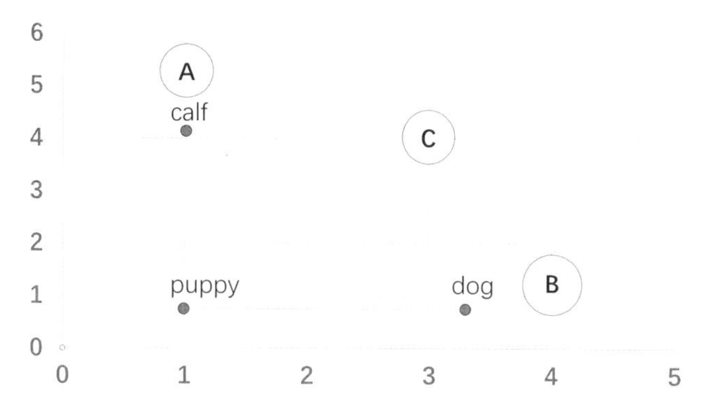

▲ 圖 11-2

在圖 11-2 中，可以觀察到三個標記點：A 點、B 點和 C 點。A 點位於「calf」附近，表示它在語義上與「calf」相近。而 B 點則位於「dog」附近，這表示它與「dog」有較高的語義相似性。

C 點的位置則較為特殊，它與 A 點的距離較近，暗示 C 點在語義上與 A 點（也就是「calf」）較為相似。

因此，考慮到「cow」與「calf」的緊密語義關係，將「cow」放在 A 點或 C 點附近都是合適的。但如果要選擇一個最佳的位置，那麼 A 點是最為合適的，因為它直接與「calf」相鄰。

詞嵌入對於理解文字非常有用，但實際上，人類語言遠比簡單拼湊的詞彙更為複雜。它擁有結構、句子等特點。那麼，如何表示一個句子呢？

舉例來說，有一個詞嵌入為以下單字分配以下分數：

```
No: [1,0,0,0]
I: [0,2,0,0]
Am: [-1,0,1,0]
Good: [0,0,1,3]
```

那麼，「No, I am good!」這個句子對應的向量是 [0,2,2,3]。然而，「I am no good」這個句子也對應同樣的向量 [0,2,2,3]。這兩個句子的含義相差甚遠，但它們被解釋得完全相同，這顯然是不合適的。因此，需要更好的嵌入方法，考慮單字的順序、語言的語義和句子的實際含義。

下面介紹句子嵌入的概念。句子嵌入與詞嵌入類似，只是它將每個句子與一個充滿數字的向量相連結。這種連結方式保證了相似的句子被分配到相似的向量，不同的句子被分配到不同的向量，並且向量的每個座標都表示句子的某種屬性。

文字嵌入已經證明了其重要性，現在是時候開始探索它們的實用性了。以下面的短語為例：

```
我喜歡狗狗
I love my dog
I adore my dog
Hello, how are you?
Hey, how's it going?
你好，最近怎麼樣
I love watching soccer
我喜歡看世界盃
I like watching soccer matches
```

模型傳回的嵌入資料顯示相同含義的敘述，在向量空間內距離接近，如圖 11-3 所示。

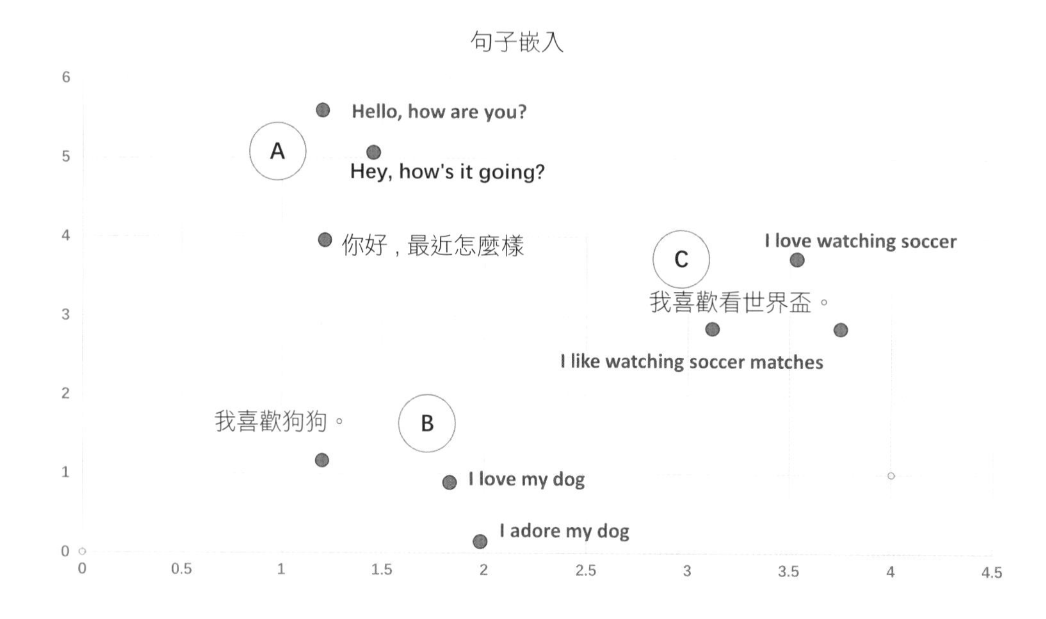

▲ 圖 11-3

多語言句子嵌入

大多數詞和句子嵌入都依賴於模型受過訓練的語言。但在全球化的今天，多語言模型變得尤為重要。OpenAI 已經訓練了一個大型的多語言模型，支援超過 100 種語言。以下是幾個漢語、阿拉伯語和英文的句子範例，表 11-1 左側是不同語言的表達方式，表 11-1 右側是圖 11-3 中表示的位置：

▼ 表 11-1

蘋果是一種水果	A
التفاح هو فاكهة	A
An apple is a fruit	A
天空是藍色的	B
السماء زرقاء	B
The sky is blue	B

（續表）

世界盃在卡達	C
كأس العالم في قطر	C
The world cup is in Qatar	C
大熊貓住在森林裡	D
الباندا العملاق يعيش في الغابة	D
The giant panda lives in the woods	D

模型傳回的嵌入資料顯示，它能夠辨識關於大熊貓、足球、蘋果和天空的句子，即使它們是用不同的語言撰寫的。

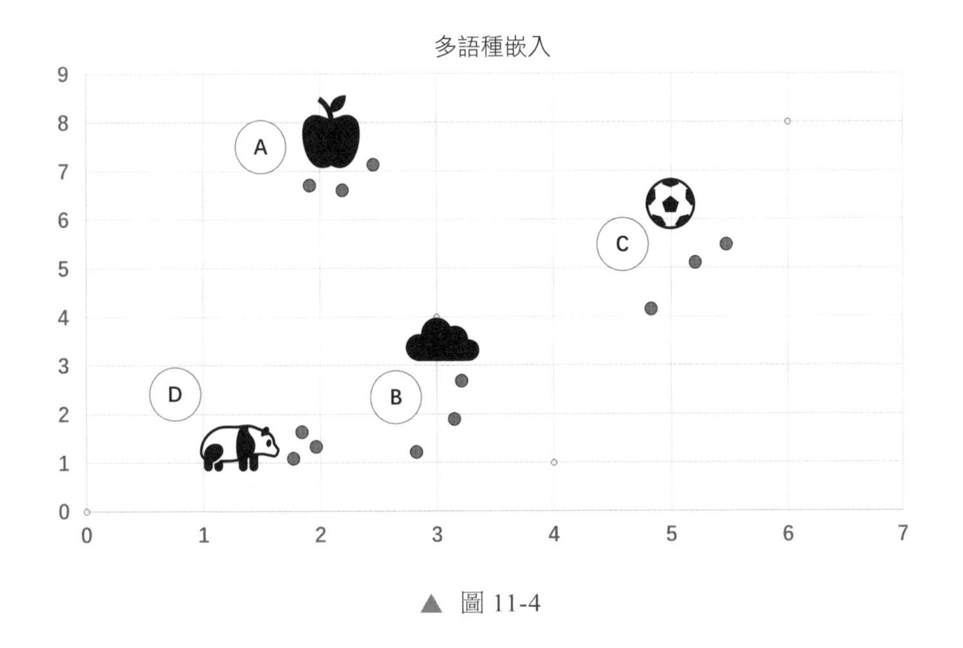

▲ 圖 11-4

11.1.2 點積相似性和餘弦相似性

對於每個 LLM，知道兩個詞或兩個不同的句子是否相似或不同是非常關鍵的。詞和句子嵌入為此提供了有力的工具。簡而言之，詞嵌入將每個詞與一組數字（向量）連結起來，這樣詞的語義屬性就可以轉化為數字的數學屬性。句子嵌入則更為強大，因為它們將每個句子與一組數字連結起來，這些數字也攜帶了句子的重要屬性。

了解嵌入的基礎後，可以使用它們來查詢相似性。一旦獲得了文字的嵌入，就可以計算它們之間的相似性。點積相似性和餘弦相似性都是確定兩個詞（或句子）是否相似的有用方法。

點積相似性

為了簡化問題，考慮一個只有 4 個句子的資料集，每個句子都被分配了兩個數字。舉例來說，電影標題「Rush Hour」和「Rush Hour 2」被分配了相似的數字，因為它們在某種程度上是相似的。

```
You've Got Mail: [0, 5]
Rush Hour: [6, 5]
Rush Hour 2: [7, 4]
Taken: [7, 0]
```

點積是一種建立相似性分數的方法。在這個方法中，如果兩部電影的得分匹配，那麼乘以兩部電影的行動分數，再乘以兩部電影的喜劇分數並相加，這個數字就會很高。舉例來說，「Rush Hour: [6,5]」中的 6 代表行動分數為 6 分，5 代表喜劇分數為 5 分。計算過程為：

```
[You've got mail, Taken] = 0*7 + 5*0 = 0
[Rush Hour, Rush Hour 2] = 6*7 + 5*4 = 62
```

電影標題「Rush Hour」和「Rush Hour 2」被分配了相似的數字，計算的結果是 62，而「You've got mail」和「Taken」的計算結果是 0。這個例子直觀地反映了兩個向量之間的相似性。對於相似的句子，它們的嵌入向量的點積會很大；而對於不相似的句子，點積則相對較小。

餘弦相似性

在開發 LLM 應用時，經常需要對句子或詞語之間的相似度進行量化評估。其中，一種廣泛使用的方法是餘弦相似性。

餘弦相似性基於向量間的夾角來衡量它們之間的相似度。這種方法特別適用於評估高維空間中的資料點之間的相似度，例如在 LLM 應用中的文字嵌入。

舉例來說，在二維平面上，將電影嵌入為點，其中水平座標表示動作（圖 11-5 的水平座標，Action）得分，垂直座標表示喜劇得分（圖 11-5 的水平座標，Comedy）。電影的嵌入可能看起來像素在平面上。舉例來說，「You've got mail」與「Taken」之間的距離很遠，因為它們是非常不同的電影。而「Rush Hour」與「Rush Hour 2」非常接近，因為它們是相似的電影。

雖然歐幾里德距離可以測量兩點之間的距離，但它不能總是極佳地表示相似性。特別是當資料點在高維空間中非常接近時，角度測量更為合適。

這裡，引入餘弦相似性。餘弦相似性衡量的是從原點出發到兩句子所形成的兩射線之間的夾角的餘弦值。當兩點非常接近時，這個角度會很小，其餘弦值接近 1，表示它們之間的相似度很高。

舉例來說，在之前的電影範例中，「You've got mail」與「Taken」之間的角度為「90°」，其餘弦值為「0」，表示它們之間的相似度為「0」。而「Rush Hour」與「Rush Hour 2」之間的角度為「11.31°」，其餘弦值為「0.98」，表示它們之間的相似度非常高，如圖 11-5 所示。

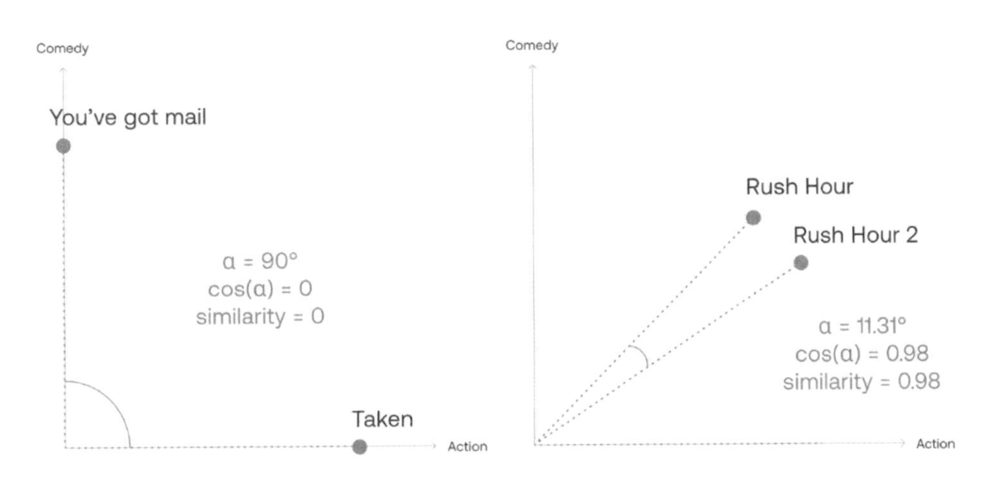

▲ 圖 11-5

11.1.3 注意力機制

在 LLM 應用的開發過程中，一個核心的技術挑戰是如何準確處理多義詞。為了有效解決這一問題，LLM 引入了注意力機制。

前面我們已經了解了詞嵌入和句子嵌入，以及如何衡量詞彙和句子之間的相似性。簡而言之，詞嵌入是一種將詞與數字串列（向量）相連結的方法，使得相似的詞產生距離較近的數字，而不同的詞產生距離較遠的數字。

但是，詞嵌入面臨一個重要的問題：如何處理具有多種定義的詞。舉例來說，單字「天」可以指天空或時間單位。不考慮上下文，傳統的詞嵌入為「天」分配相同的向量。為了解決這一問題，需要注意力機制。注意力機制可以根據上下文為單字提供特定的向量，從而為單字提供上下文資訊。

為了理解注意力機制，考慮以下兩個句子。

句子 1：「他在天上飛翔。」

句子 2：「這個問題讓我想了好幾天。」

在這兩個句子中，「天」的含義完全不同。第一個句子中的「天」指的是天空，而第二個句子中的「天」指的是時間單位。如何讓電腦理解這兩種不同的含義呢？

解決的關鍵是查看鄰近的詞。在第一個句子中，「飛翔」提供了上下文，而在第二個句子中，「想」和「問題」提供了上下文。因此，為了理解「天」的上下文，需要考慮其他詞。

這就是注意力機制的工作原理。它考慮了句子中的所有詞，並為目標詞（如「天」）提供上下文資訊。注意力機制可以為每個詞提供一個與上下文相關的向量，從而使 LLM 能夠更準確地理解每個詞的含義。

為了在數學模型中表示詞的上下文關係，可以透過調整詞嵌入的向量來「移動」一個詞更靠近另一個詞。舉例來說，為了使「天」更接近「飛翔」，可以將其向量與「飛翔」向量的加權平均進行混合。權重可以基於兩個詞之間的相似性來決定。

假設有以下詞向量：

```
飛翔：[0,5]
想：[8,0]
天：[6,6]
```

假設還有兩個新的嵌入向量：

```
天 1（與「飛翔」更接近）：[5.4, 5.9]
天 2（與「想」更接近）：[6.4, 4.8]
```

如你所見，「天 1」更接近「飛翔」，而「天 2」更接近「想」。把方括號內的兩個數字看成平面上的座標，其中第一個數字是水平座標，第二個數字是垂直座標。天 1 的垂直座標「5.9」更接近「飛翔」的垂直座標「5」。天 2 的水平座標「6.4」更接近「想」的水平座標「8」。透過生成上下文嵌入新的向量，能夠更準確地捕捉到一個詞在不同語境中的含義。在上面的例子中，透過建立兩個上下文嵌入「天 1」和「天 2」，電腦能夠區分「天」這個詞在與「飛翔」和「想」兩種上下文中的不同含義。

這種方法可以為多義詞建立多個上下文相關的嵌入，從而為 LLM 應用提供更準確的表示。

11.2 Transformer 模型

Transformer 模型在機器學習領域中迅速嶄露頭角，特別是在處理文字上下文時表現出色。為了幫助開發者深入理解這一技術並在 LLM 應用中發揮其最大潛力，本節將詳細探討 Transformer 模型的架構及其工作原理。

Transformer 模型能夠撰寫故事、隨筆、詩歌，回答問題，進行語言翻譯，與人類交流，甚至透過對人類來說困難的考試！但它們究竟是什麼呢？幸運的是，Transformer 模型的架構並不複雜，它只是一些有用元件的連接，每個元件都有其特定的功能。

Transformer 模型是如何工作的呢？當輸入一個簡單的句子時，如「Hello, how are」，Transformer 模型可以預測出最可能的下一個詞，如「you」。這是因為 Transformer 模型能夠追蹤所寫文字的上下文，從而使生成的文字有意義。

這種逐詞建構文字的方法可能與人類形成句子和思考的方式不同，但這正是 Transformer 模型如此出色的原因：它們能夠非常好地追蹤上下文，從而選擇恰當的下一個詞彙。

下面是 Transformer 模型的主要知識：

1. 標記化。標記化是文字處理的第一步。它涉及將每個單字、標點符號轉為一個已知的權杖。舉例來說，句子「Write a story.」將被轉為四個相應的權杖：<Write>、<a>、<story> 和 <.>。

2. 嵌入。經過標記化後，下一步是將這些權杖轉為數字，這就是嵌入的作用。它將每個權杖映射到一個數字向量，如果兩個文字部分相似，則其對應的向量也會很相似。

3. 位置編碼。為了確保句子中的每個單字在處理時能夠保持其原始位置資訊，所以引入了位置編碼。它是透過增加一系列預先定義的向量到每個詞的嵌入向量來實現的。

4. Transformer block。Transformer 模型的核心是由多個 Transformer block 組成的。每一個 Transformer block 都包含兩個主要部分：注意力元件和前饋元件。

5. 注意力機制。注意力機制是 Transformer 模型中的關鍵技術，它能夠為每個單字提供上下文資訊。舉例來說，在句子「The bank of the river」和「Money in the bank」中，單字「bank」的含義在兩個句子中是不同的。注意力機制透過分析句子中的其他單字（river 和 money）來為每個單字提供上下文，確保其在生成或處理文字時具有正確的含義。

為了更進一步增強這一機制的能力，引入了多頭注意力機制，其使用多個嵌入來修改向量並為它們增加上下文。

除此之外，我們還需要了解關於 Transformer 模型的其他重要知識。

1. Softmax 層。Transformer 模型是透過多層的 Transformer block 來建構的，每一層都包含注意力和前饋層，從而形成了一個大型的神經網路，用於預測句子中的下一個單字。Transformer 模型為所有單字輸出分數，並為句子中最可能的下一個單字舉出最高分數。

   Softmax 層的作用是將這些分數轉化為機率值。舉例來說，Transformer 為單字「Once」舉出了 0.5 的機率，而為「Somewhere」和「There」分別舉出了 0.3 和 0.2 的機率。透過採樣，選擇機率最高的單字作為輸出。

2. 後訓練。雖然了解了 Transformer 模型的基本工作原理，但為了使其在實際 LLM 應用中發揮出更好的效果，還需要進行後續的訓練。舉例來說，當詢問 Transformer 模型「阿爾及利亞的首都在哪裡？」時，理想的回答是「阿爾及爾」。但由於 Transformer 模型是基於整個網際網路進行訓練的，因此可能會舉出不同的答案。

   為了改善這種情況，我們可以進行後訓練，即在整體訓練完成後，再對模型進行特定任務的訓練。這就像對人進行特定任務的培訓一樣。透過後訓練，可以使 Transformer 模型在特定任務如回答問題、進行對話或撰寫程式上表現得更好。

11.3 語義搜尋

在 LLM 應用程式開發的世界中，語義搜尋已經成了一個核心技術。與傳統的關鍵字搜尋相比，語義搜尋提供了更高的準確性和靈活性，使得開發者可以提供給使用者更加豐富和準確的搜尋體驗。

語義搜尋使用文字嵌入和相似度來建構一個查詢模型。與此不同，傳統的關鍵字搜尋依賴於查詢和回應之間共同詞彙的數量。但是，這種方法往往無法捕捉到文字中的真正含義。

舉例來說，考慮以下查詢和一組回應：

> 查詢：世界盃在哪裡？
> 回應：
> 世界盃在卡達。
> 天空是藍色的。
> 熊住在森林中。
> 蘋果是一種水果。

傳統的關鍵字搜尋可能會選擇與查詢擁有最多共同詞彙的回應，但這可能不是正確的答案。而語義搜尋則會選擇語義上與查詢最匹配的回應。

文字嵌入是將每個文字部分（可以是一個單字或一篇完整的文章）轉為一個數字向量的方法。這些向量可以使用各種演算法（如 OpenAI 的嵌入模型）生成，並可以透過降維演算法減少到更易於處理的尺寸。這些向量可以被繪製在平面上，使我們可以視覺化查詢和響應之間的距離。

儘管可以使用歐幾里德距離來測量查詢和回應之間的距離，但相似度通常提供了更好的結果。透過比較文字嵌入向量之間的相似度，可以確定哪些回應與給定查詢最匹配。

在現代 LLM 應用程式開發中，語義搜尋已經成為一個不可或缺的技術。這一技術的核心在於文字嵌入和相似度的計算，它們共同為開發者提供了一個強大的工具來增強使用者的搜尋體驗。

11.3.1 語義搜尋的工作原理

什麼不是語義搜尋？在學習語義搜尋之前，讓我們看看什麼不是語義搜尋。在語義搜尋之前，最流行的搜尋方式是關鍵字搜尋。想像一下，你有很多句子的串列，這些句子是回應。當你提問（查詢）時，關鍵字搜尋會查詢與查詢中共有的單字數量最多的句子（回應）。舉例來說，考慮以下查詢和一組回應：

> 查詢：世界盃在哪裡？
> 回應：
> 世界盃在卡達。
> 熊住在森林裡。

透過關鍵字搜尋，你可以注意到響應與查詢有以下共同的單字數量：世界盃在卡達（4 個共同的詞），熊住在森林裡（2 個共同的詞）。在這種情況下，選擇「世界盃在卡達」。幸運的是，這是正確的回應。但是，情況並非總是如此。想像一下，如果有另一個回應：

> 我杯中的咖啡在世界的哪個地方？

此響應與查詢有 5 個共同的詞，所以如果它在響應串列中，那麼就會選擇它。但這不是正確的回應。

總會有一些情況，由於語言的模糊性、同義詞和其他障礙，關鍵字搜尋將無法找到最佳的回應。所以轉向下一個表現更好的演算法——語義搜尋。

簡而言之，語義搜尋的工作原理如下：（1）使用文字嵌入將單字轉為向量（數字串列）。（2）使用相似性來找到回應中與查詢對應的向量最相似的向量。（3）輸出與這個最相似的向量對應的回應。

要執行語義搜尋，首先要計算查詢和每個句子之間的相似度，然後傳回相似度最高的句子。對 LLM 應用程式開發者來說，這表示可以透過簡單的演算法迅速找到與查詢最相關的答案，從而提供給使用者更精確的搜尋結果。

執行語義搜尋的常用演算法是最近鄰演算法，這是一個簡單且實用的演算法，通常用於分類。在這個上下文中，最近鄰演算法會查詢資料集中與給定點最近的點。然而，該演算法在大型態資料集中可能效率較低。為了提高效率，開發者可以使用近似最近鄰演算法或其他最佳化策略，如 Inverted File Index 和 Hierarchical Navigable Small World。

LLM 應用程式開發者應當注意到，語義搜尋的性能高度依賴於文字嵌入的品質。新的多語言嵌入模型為開發者提供了一個強大的工具，支援 100 多種語言的搜尋。這表示開發者可以使用任何一種語言的查詢，並在所有其他語言中搜尋答案。

儘管文字嵌入和相似度在語義搜尋中發揮了關鍵作用，但它們並不總能提供最佳的搜尋結果。舉例來說，考慮一個查詢：「世界盃在哪裡？」。雖然正確的答案是「世界盃在卡達」，但模型可能會傳回與查詢語義上更接近的其他回應，如「上屆世界盃在俄羅斯」。

在進行相似性搜尋時，目標是找到文字中的語義意義，而不僅是基於表面上的詞彙匹配。這需要對語言的深入理解和處理，而這正是 NLP 的核心。

11.3.2 RAG 的工作原理

在建構 LLM 應用時，開發者需要了解如何處理和回應使用者的查詢。特別是當遇到如「還有沒有減震效果好的跑步鞋推薦？」這樣的查詢時，RAG（檢索增強生成）流程顯得尤為重要。

RAG 流程有兩個關鍵步驟：

第一步是分塊（圖 11-6 中的①分塊），也可以稱為編制索引。在這個階段，首先收集 LLM 應用使用的所有文件。接著，將這些文件分成合適的區塊，使其可以被大型模型輕鬆處理，並為其生成相應的嵌入。這些嵌入隨後會被儲存到一個專門的向量資料庫中，為後續的查詢做好準備。

第二步是回應使用者需求（圖 11-6 中的②查詢）。當使用者發送查詢如「還有沒有減震效果好的跑步鞋推薦」時，LLM 應用的任務是將這個查詢轉為一個嵌入，這被稱為 QUERY_EMBEDDING。

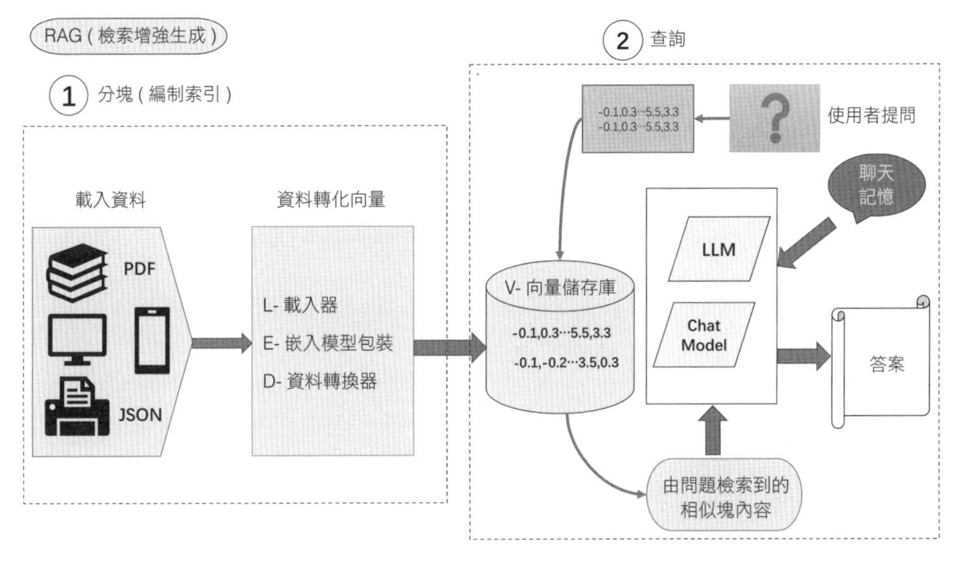

▲ 圖 11-6

隨後，向量資料庫會搜尋與 QUERY_EMBEDDING 最匹配的文件區塊。此階段的關鍵在於，LLM 應用會將當前的聊天記憶和從向量資料庫檢索到的相關文件一同作為上下文輸入，進而產生最終的答案。舉例來說，答案可能包含了某企業的高品質減震跑步鞋的型號和商品資訊。

11.4 NLP 與機器學習基礎

當執行相似性搜尋時，我們追求的是文字的深層次含義，而不只是停留在字面上的詞語對應。為了實現這一點，需要深入地理解和處理語言。

11.4.1 LLM 應用程式開發中的傳統機器學習方法

隨著深度學習的出現和流行，NLP 領域發生了巨大的變革。然而，在深度學習成為主流之前，研究者們使用了各種傳統方法來建構 NLP 模型。這些方法在當今仍然有其應用場景，尤其是在某些特定的 NLP 任務中。

以下是幾種用於執行 NLP 任務的機器學習方法及其簡要描述。

N-Gram 模型：這是一種基於訓練的機率模型，可以估計文字中詞序列的機率分佈。

Logistic 回歸：這是一個在文字分類任務中非常流行的演算法，它使用機率生成函數為任何給定的輸字輸入一個 0 到 1 之間的值。

貝氏：這是一個使用機率預測輸出類別的可能性的監督演算法。它使用貝氏定理，假設資料中的特徵是相互獨立的。

Markov 模型：這個模型非常適合序列資料，因為它可以預測隨機變數序列的機率。

作為一名開發者，特別是對於那些希望使用 LLM 建構應用的初學者，了解這些傳統方法對於整體理解 NLP 技術發展有很大幫助。儘管現代技術發展得很快，但這些傳統方法在某些場景中仍然很有價值。

11.4.2 NLP 文字前置處理

在建構 LLM 應用時，開發者通常會發現，處理和清理資料是實現最佳模型性能的關鍵。在 NLP 領域，這一步驟通常被稱為「文字前置處理」。文字前置處理不僅提高了資料的品質，還最終增強了模型的表現力。

文字前置處理的主要目標是將嘈雜的文字轉化為機器學習模型可以理解的形式。這一過程為進一步的分析、報告，準備了清晰、有序的文字資料。

當開發者在 NLP 專案中收集文字資料時，首先從資料庫或非正式設定（如部落格發文、社交媒體、電子商務網站、訊息板等）中提取資料。由於文字資料的非結構化特性，其格式和品質可能會有所不同，這可能會引入雜訊，影響建構的 NLP 模型的性能。因此，學習如何有效地前置處理這些資料是至關重要的。

文字資料清理

以下是一些用於清理文字資料的方法。

Tokenization（標記化）：這是 NLP 中的基礎步驟，它將文字分解為較小的區塊，如詞、短語、符號或其他有意義的元素。

Normalization（規範化）：規範化是將具有相似含義的多個單字標準化的過程，將它們轉化為單一的規範形式。

Stop Word Removal（停用詞移除）：某些詞在文字資料中頻繁出現，但通常不增加資料的實際意義，這些詞被稱為「停用詞」。

Stemming（詞幹提取）：透過移除詞的首碼和尾碼來清理文字資料。

Lemmatization（詞形還原）：這是 NLP 中使用的過程，它將一個詞的各種曲折形式轉化為其基本形式或詞典形式。

從文字到向量的轉換

在 LLM 應用程式開發的過程中，將文字轉化為數字或向量形式是一個關鍵步驟。此過程被稱為「文字向量化」，其目的是為各種機器學習演算法提供數值輸入。

機器學習和深度學習模型需要數字資料作為輸入，因為它們不能像人類那樣直接處理資料。以下是執行文字向量化的一些常用方法。

One Hot Encoding（獨熱編碼）：此方法採用文字資料中的唯一單字並為每個單字生成向量。

Count Vectorizers（計數向量化器）：與獨熱編碼類似，但它能夠捕捉單字在文字資料中的出現頻率。

Bag of Words（詞袋模型）：這是一種提取文字資料特徵的方法，其不考慮單字出現的順序。

N-Gram（N 元模型）：N- Gram 代表句子中彼此相鄰的一系列單字或標記。

TF-IDF（詞頻 - 逆文件頻率）：這是一個表示單字在文字中重要性的頻率。

為開發者準備的 LLM 應用中，上述方法可以幫助我們將原始文字轉化為模型可以理解的格式，從而實現更高的模型性能和準確性。

11.4.3 建構分類器

在機器學習領域，分類器的任務是為輸入資料分配一個類別或類別。開發者可以選擇使用監督或非監督模型。本節將為初學者和希望使用 LLM 建構應用的開發者展示如何建構一個簡單的監督分類模型。

資料載入與清洗

建構分類器的第一步通常是資料收集和清洗。開發者需要確定資料來源是資料庫、檔案還是在接線頁。根據資料來源，選擇相應的指令稿載入資料。

載入資料後，使用以下方法清洗文字資料以去除雜訊並提高其品質：（1）透過分詞將資料集中的句子拆分成單字。（2）使用停用詞典，透過停用詞移除過程過濾掉文字資料中的所有停用詞、數字和標點符號。（3）檢查所有帶有首碼或尾碼的剩餘單字，並透過詞幹提取過程將這些單字轉為根詞。

文字向量化

為了使機器學習演算法能夠處理資料，開發者需要將文件轉為數字表示。可以使用詞袋演算法來實現這一點。此演算法將遍歷所有資料中的文件。

在此步驟中，確保使用單字出現的頻率作為建立向量的評分方法。同時，確保將目標標籤轉為數字。

模型訓練

為了建構監督分類器，首先確定要使用的演算法，我們使用的是貝氏演算法。對於語料庫中的每個文件，現在都有其連結的向量表示和目標變數。

在訓練模型之前，首先將資料分為兩組：訓練資料和測試資料。建議訓練資料集佔資料的 70%，測試資料集佔剩下的 30%。

使用訓練資料集訓練貝氏演算法，其中向量作為引數，目標標籤作為因變數。將會輸出適合的模型。

分類器評估

對希望利用 LLM 建構應用的開發者來說，評估模型的表現是至關重要的步驟。在分類任務中，目標是預測輸入資料所屬的類別。舉例來說，可能需要判斷一封電子郵件是否為垃圾郵件。

為了確保分類器的有效性，以下是常用的評估指標。

準確度（Accuracy）：這是一個簡單的指標，用於測量分類器的整體效果。但僅在目標類別平衡的情況下使用這個指標可能會產生誤導。

精確度（Precision）：這個指標衡量模型預測為正的結果中有多少是真正的正樣本。對於垃圾郵件過濾，這表示被標記為垃圾郵件的訊息中有多少實際是垃圾郵件。

召回率（Recall）：召回率量化了模型能正確辨識的正樣本數。在垃圾郵件過濾的例子中，召回率是指被發送到垃圾郵件資料夾的垃圾郵件與實際垃圾郵件總數的比例。

F1 得分（F1-Score）：這是一個用於評估二元分類器的指標，透過計算召回率和精確度的調和平均值得到。

此外，混淆矩陣是一個能夠顯示分類模型性能的表格，可比較實際值和預測值。4 種結果（真陽性、假陽性、真陰性、假陰性）組成了混淆矩陣，它為不平衡的資料提供了很好的評估。

選擇合適的指標是至關重要的，因為不同的場景可能需要對精確度和召回率進行權衡。此外，設定值的選擇對將機率值轉化為目標類別標籤也非常關鍵。一般來說提高一個指標可能會降低另一個指標。

在 LLM 應用程式開發中，了解如何評估分類器的表現是至關重要的。這些評估技術不僅幫助開發者追蹤模型的性能，還為開發者提供了調整和最佳化模型的手段。

附錄 A

LangChain 框架中的主要類別

BasePromptTemplate 類別

在 LangChain 框架中，BasePromptTemplate 類別為所有提示範本提供了基礎，其主要功能是傳回適當的提示。該類別原始程式的屬性和方法如表 A-1 所示：

▼ 表 A-1

方法或屬性名稱	介紹
input_variables	屬性，儲存範本預期的變數名稱清單
output_parser	可選屬性，用於解析呼叫此格式化提示的 LLM 輸出
partial_variables	預設為字典的屬性，儲存部分變數的映射
lc_serializable	屬性，如果物件可以序列化，則傳回 True
format_prompt	抽象方法，用於根據給定的關鍵字參數建立聊天訊息
validate_variable_names	方法，用於確保變數名稱不包含受限制的名稱
partial	方法，傳回提示範本的部分實例
_merge_partial_and_user_variables	方法，用於合併部分和使用者變數
format	抽象方法，用於格式化提示，接收任意關鍵字參數並傳回格式化的字串

BaseLLM 類別

在 LangChain 框架中，BaseLLM 類別為大型語言模型（LLM）提供了一個核心的介面，其定義了與模型的基本對話模式。該類別原始程式的屬性和方法如表 A-2 所示：

▼ 表 A-2

方法或屬性名稱	介紹
cache	用於確定是否快取模型的結果
verbose	用於決定是否列印回應文字
callbacks	定義了在模型執行過程中的回呼函數
tags	用於向執行追蹤增加標籤
_generate	方法，用於在替定的提示和輸入上執行 LLM

（續表）

方法或屬性名稱	介紹
_agenerate	非同步方法，同樣用於在替定的提示和輸入上執行 LLM
generate_prompt	用於將提示轉為字串並在 LLM 上執行。
agenerate_prompt	非同步方法，用於將提示轉為字串並在 LLM 上運行
generate	用於在替定的提示和輸入上執行 LLM
agenerate	非同步方法，用於在替定的提示和輸入上執行 LLM
call	用於在替定的提示和輸入上執行 LLM 並傳回字串
_call_async	非同步方法，同樣用於在替定的提示和輸入上執行 LLM 並傳回字串
predict	根據輸入的文字進行預測
predict_messages	根據輸入的訊息串列進行預測
apredict	非同步方法，用於根據輸入的文字進行預測
apredict_messages	非同步方法，用於根據輸入的訊息串列進行預測
_identifying_params	獲取標識參數
_llm_type	傳回 LLM 的類型
dict	傳回 LLM 的字典表示
save	儲存 LLM

BaseChatModel 類別

在 LangChain 框架中，BaseChatModel 類別是基礎的聊天模型介面。該類別原始程式的屬性和方法如表 A-3 所示：

▼ 表 A-3

方法或屬性名稱	介紹
verbose	是否列印出回應文字
callbacks	回呼

（續表）

方法或屬性名稱	介紹
callback_manager	可選的基礎回呼管理器
tags	增加到執行追蹤的標籤
raise_deprecation	驗證器，如果使用 callback_manager，則發出棄用警告
_combine_llm_outputs	方法，組合 LLM 輸出
generate	方法，頂級呼叫
agenerate	非同步方法，頂級呼叫
generate_prompt	方法，生成提示
agenerate_prompt	非同步方法，生成提示
_generate	抽象方法，頂級呼叫
_agenerate	抽象非同步方法，頂級呼叫
call	方法，呼叫 BaseChatModel
_call_async	非同步方法，呼叫 BaseChatModel
call_as_llm	方法，作為 LLM 呼叫
predict	方法，預測文字
predict_messages	方法，預測訊息
apredict	非同步方法，預測文字
apredict_messages	非同步方法，預測訊息
_identifying_params	屬性，獲取辨識參數
_llm_type	抽象屬性，傳回聊天模型的類型
dict	方法，傳回 LLM 的字典表示

BaseCallbackManager 類別

在 LangChain 框架中，BaseCallbackManager 類別為 LangChain 的回呼提供了基礎的管理介面。該類別原始程式的屬性和方法如表 A-4 所示：

▼ 表 A-4

方法或屬性名稱	介紹
handlers	一個包含 BaseCallbackHandler 的串列，用於儲存回呼處理器
inheritable_handlers	可繼承的回呼處理器列表
parent_run_id	父執行的 UUID 識別字
tags	與回呼管理器連結的標籤列表
inheritable_tags	可繼承的標籤列表
is_async	屬性，用於判斷回呼管理器是否為非同步
add_handler	方法，用於向回呼管理器增加處理器
remove_handler	方法，用於從回呼管理器中移除處理器
set_handlers	方法，設定為回呼管理器的唯一處理器的處理器列表
set_handler	方法，設定為回呼管理器的唯一處理器
add_tags	方法，用於增加標籤到回呼管理器
remove_tags	方法，用於從回呼管理器中移除標籤

Embeddings 類別

在 LangChain 框架中，Embeddings 類別是嵌入模型的介面。該類別原始程式的屬性和方法如表 A-5 所示：

▼ 表 A-5

方法或屬性名稱	介紹
embed_documents	用於嵌入搜尋文件，輸入的資料格式是串列字串，輸出的資料格式是浮點數列表
embed_query	用於嵌入查詢字串，輸入的資料格式是串列字串，輸出的資料格式是浮點數列表

Agent 類別

在 LangChain 框架中，Agent 類別負責呼叫語言模型並決定行動。它是由一個 LLMChain 驅動的，其中 LLMChain 的提示必須包括一個名為「agent_scratchpad」的變數，代理可以放置其中間工作。該類別原始程式的屬性和方法如表 A-6 所示：

▼ 表 A-6

方法或屬性名稱	介紹
llm_chain	LLMChain 實例，描述代理如何與語言模型互動
output_parser	AgentOutputParser 的實例，用於解析語言模型的輸出
allowed_tools	可選的工具列表
dict	方法，傳回代理的字典表示
get_allowed_tools	方法，傳回允許的工具列表
return_values	屬性，傳回輸出值清單
_fix_text	方法，修復文字
_stop	屬性，定義停止權杖清單
_construct_scratchpad	方法，建構代理繼續其思考過程的草稿板
plan	方法，根據輸入決定要做什麼
aplan	非同步方法，根據輸入決定要做什麼
get_full_inputs	方法，從中間步驟建立 LLMChain 的完整輸入
input_keys	屬性，傳回輸入鍵的列表
validate_prompt	方法，驗證提示是否匹配格式
observation_prefix	屬性，定義提示詞 observation 欄位的首碼
llm_prefix	屬性，定義 LLM 呼叫的首碼
create_prompt	方法，為該類別建立一個提示
_validate_tools	方法，驗證工具

（續表）

方法或屬性名稱	介紹
_get_default_output_parser	方法，獲取預設的輸出解析器
from_llm_and_tools	方法，從 LLM 和工具建構代理
return_stopped_response	方法，當代理由於最大迭代次數而停止時傳回回應
tool_run_logging_kwargs	方法，傳回工具執行日誌的關鍵字參數

AgentExecutor 類別

在 LangChain 框架中，AgentExecutor 類別封裝了一個使用工具的代理。該類別負責驅動代理，使其在工具集合上執行，並根據代理的建議採取行動。該類別原始程式的屬性和方法如表 A-7 所示：

▼ 表 A-7

方法或屬性名稱	介紹
agent	代理，可以是單行動或多行動代理
tools	代理可以使用的工具序列
return_intermediate_steps	布林值，決定是否傳回中間步驟
max_iterations	最大迭代次數
max_execution_time	最大執行時間
early_stopping_method	早期停止方法（舉例來說，當達到最大迭代次數或時間限制時）
handle_parsing_errors	如何處理解析錯誤
from_agent_and_tools	建立代理執行者的類別方法
validate_tools	驗證工具方法

（續表）

方法或屬性名稱	介紹
validate_return_direct_tool	驗證工具與代理相容的方法
save	儲存代理執行者的方法（此方法會引發錯誤，因為 AgentExecutor 不支援儲存）
save_agent	儲存底層代理的方法
input_keys	傳回輸入鍵的屬性
output_keys	傳回輸出鍵的屬性
lookup_tool	方法，按名稱查詢工具
_should_continue	方法，確定是否應繼續迭代
_return	方法，傳回代理的最終輸出
_areturn	非同步方法，傳回代理的最終輸出
_take_next_step	方法，代理在思考 - 行動 - 觀察迴圈中採取單一步驟
_atake_next_step	非同步方法，代理在思考、行動、觀察迴圈中採取單一步驟
_call	方法，執行文字並獲取代理回應
_acall	非同步方法，執行文字並獲取代理回應
_get_tool_return	方法，檢查工具是否是傳回工具

Chain 類別

在 LangChain 框架中，Chain 類別是所有鏈應實現的基礎介面。該類別原始程式的屬性和方法如表 A-8 所示：

▼ 表 A-8

方法或屬性名稱	介紹
memory	可選的基礎記憶體
callbacks	回呼

（續表）

方法或屬性名稱	介紹
callback_manager	可選的基礎回呼管理器
verbose	用於決定是否列印回應文字的布林值
tags	可選的標籤列表
_chain_type	屬性，需要子類別實現用於說明鏈的類型
raise_deprecation	驗證器，如果使用 callback_manager，則發出棄用警告
set_verbose	如果 verbose 為 None，則設定它
input_keys	抽象屬性，此鏈期望的輸入鍵
output_keys	抽象屬性，此鏈期望的輸出鍵
_validate_inputs	方法，檢查所有輸入是否存在
_validate_outputs	方法，檢查所有輸出是否存在
_call	抽象方法，執行此鏈的邏輯並傳回輸出
_acall	非同步方法，執行此鏈的邏輯並傳回輸出
call	方法，執行此鏈的邏輯，並根據需要增加到輸出
acall	非同步方法，執行此鏈的邏輯，並根據需要增加到輸出
prep_outputs	方法，驗證和準備輸出
prep_inputs	方法，驗證和準備輸入
apply	方法，對串列中的所有輸入呼叫鏈
_run_output_key	屬性，只有一個輸出鍵時才支援運行
run	方法，以文字輸入、文字輸出或多個變數、文字輸出的形式執行鏈
arun	非同步方法，以文字輸入、文字輸出或多個變數、文字輸出的形式執行鏈
dict	方法，傳回鏈的字典表示
save	方法，儲存鏈

BaseLoader 類別

在 LangChain 框架中，BaseLoader 類別是一個用於載入文件的介面。該類別原始程式的屬性和方法如表 A-9 所示：

▼ 表 A-9

方法或屬性名稱	介紹
load	抽象方法，載入資料到文件物件中，子類別應將此方法實現為傳回 list(self.lazy_load())，此方法傳回一個在記憶體中實體化的清單
load_and_split	方法，載入文件並切割成區塊。如果沒有提供文字切割器，那麼將使用 RecursiveCharacterTextSplitter
lazy_load	方法，為文件內容提供懶載入。請注意，這個方法會在所有現有子類別中實現之後升級為一個抽象方法

BaseChatMemory 類別

在 LangChain 框架中，BaseChatMemory 是一個繼承於 BaseMemory 的基礎聊天記憶體抽象基礎類別。該類別原始程式的屬性和方法如表 A-10 所示：

▼ 表 A-10

方法或屬性名稱	介紹
chat_memory	用於儲存聊天訊息歷史的屬性，預設為 ChatMessageHistory 實例
output_key	輸出鍵，用於確定哪個輸出應該被儲存到聊天歷史中，預設為 None
input_key	輸入鍵，用於確定哪個輸入應該被儲存到聊天歷史中，預設為 None
return_messages	布林值，決定是否傳回訊息，預設為 False
_get_input_output	私有方法，從輸入和輸出中獲取對應的輸入和輸出字串
save_context	方法，將此次對話的上下文儲存到緩衝區
clear	方法，清除記憶體內容

StructuredOutputParser 類別

在 LangChain 框架中，StructuredOutputParser 類別是繼承於 BaseOutputParser 的結構化輸出解析器類別。該類別原始程式的屬性和方法如表 A-11 所示：

▼ 表 A-11

方法或屬性名稱	介紹
response_schemas	用於儲存回應模式的串列
from_response_schemas	類方法，從回應模式清單建立 StructuredOutputParser 實例
get_format_instructions	方法，生成格式化的說明字串
parse	方法，從給定文字中解析結構化輸出
_type	屬性，傳回字串 "structured"

ArxivRetriever 類別

在 LangChain 框架中，ArxivRetriever 類別是一個結合了 BaseRetriever 和 ArxivAPIWrapper 的檢索器類別。該類別有效地包裝了 ArxivAPIWrapper。它將 load() 方法包裝為 get_relevant_documents() 方法。此外，ArxivRetriever 類別使用所有 ArxivAPIWrapper 的參數，不做任何更改。該類別原始程式的屬性和方法如表 A-12 所示：

▼ 表 A-12

方法或屬性名稱	介紹
get_relevant_documents	方法，獲取與給定查詢相關的文件
aget_relevant_documents	非同步方法，但目前尚未實現

BaseTool 類別

在 LangChain 框架中，BaseTool 類別為所有 LangChain 工具提供了一個基本的介面。它定義了工具如何執行、如何解析輸入和如何處理錯誤。該類別原始程式的屬性和方法如表 A-13 所示：

▼ 表 A-13

方法或屬性名稱	介紹
_parse_input	將工具輸入轉為 Pydantic 模型
_run	使用工具
_arun	非同步使用工具
run	運行工具
arun	非同步執行工具
__call__	使工具可呼叫
name	工具的獨特名稱
description	描述如何使用工具
args_schema	Pydantic 模型類別，用於驗證和解析工具的輸入參數
return_direct	是否直接傳回工具的輸出
verbose	是否記錄工具的進度
callbacks	在工具執行期間要呼叫的回呼
callback_manager	已棄用，請使用 callbacks 代替
handle_tool_error	處理拋出的 ToolException 的內容

GoogleSerperAPIWrapper 類別

在 LangChain 框架中，GoogleSerperAPIWrapper 類別是一個圍繞 Serper.dev Google 搜尋 API 的包裝器。該類別為 Serper.dev Google 搜尋 API 提供了一個介面。使用者可以使用環境變數 SERPER_API_KEY 或透過建構函數的 serper_api_key 參數提供 API 金鑰。該類別原始程式的屬性和方法如表 A-14 所示：

▼ 表 A-14

方法或屬性名稱	介紹
results	透過 GoogleSearch 執行查詢
run	透過 GoogleSearch 執行查詢並解析結果
aresults	非同步地透過 GoogleSearch 執行查詢
arun	非同步地透過 GoogleSearch 執行查詢並解析結果
_parse_snippets	從搜尋結果中解析摘錄
_parse_results	解析搜尋結果
_google_serper_api_results	獲取 GoogleSerperAPI 的結果
_async_google_serper_search_results	非同步獲取 GoogleSerperAPI 的結果
k	傳回的搜尋結果的最大數量
gl	地理位置程式
hl	語言程式
type	搜尋類型，可選值為「news」、「search」、「places」和「images」
result_key_for_type	用於查詢搜尋結果的鍵
tbs	時間範圍限制
serper_api_key	API 金鑰
aiosession	aiohttp 的 ClientSession 物件

VectorStore 類別

在 LangChain 框架中，VectorStore 類別是向量儲存的介面。該類別原始程式的屬性和方法如表 A-15 所示：

▼ 表 A-15

方法或屬性名稱	介紹
add_texts	透過嵌入執行更多的文字並增加到向量儲存。接收一個可迭代的文字，一個可選的中繼資料串列和特定於向量儲存的參數。傳回增加到向量儲存的文字的 ID 串列
aadd_texts	非同步版本的 add_texts，具有相同的功能和參數
add_documents	透過嵌入執行更多的文件並增加到向量儲存。輸入一個文件串列。傳回的是已增加文字的 ID 串列
search	使用指定的搜尋類型傳回與查詢最相似的文件
asearch	非同步版本的 search 方法
similarity_search_with_relevance_scores	傳回範圍為 [0,1] 的文件和相關性分數，其中 0 表示不相似，1 表示最相似
similarity_search	傳回與查詢最相似的文件
asimilarity_search_with_relevance_scores	非同步版本的 similarity_search_with_relevance_scores 方法
asimilarity_search	非同步版本的 similarity_search 方法
similarity_search_by_vector	根據給定的嵌入向量傳回與之最相似的文件
asimilarity_search_by_vector	非同步版本 similarity_search_by_vector 方法
max_marginal_relevance_search	使用最大邊際相關性傳回文件
max_marginal_relevance_search_by_vector	根據給定的嵌入向量，使用最大邊際相關性傳回文件
amax_marginal_relevance_search_by_vector	非同步版本的 max_marginal_relevance_search_by_vector 方法
from_documents	傳回從文件物件串列和嵌入初始化的 VectorStore

（續表）

方法或屬性名稱	介紹
afrom_documents	非同步版本的 from_documents 方法
from_texts	傳回從文字串列和嵌入初始化 VectorStore
afrom_texts	非同步版本的 from_texts 方法
as_retriever	傳回 VectorStoreRetriever

附錄 B OpenAI 平臺和模型介紹

對初學者和專業的開發者來說，理解 OpenAI 平臺的 API 強大功能，以及如何利用它建構 LLM 應用是至關重要的。OpenAI API 提供了一種直觀的方法來處理涉及自然語言、程式、影像的任務，而無須深入了解底層機制。

應用範圍廣泛。OpenAI API 不僅可以處理自然語言任務，還可以生成和編輯影像，將語音轉為文字。這表示，從語義搜尋到內容生成，再到分類任務，都可以透過這一 API 來實現。

模型的多樣性。OpenAI 提供了多種模型，每種模型都有其特定的功能和價格。這為開發者提供了選擇的靈活性，以確保他們為特定的 LLM 應用找到最合適的模型。

微調與訂製。除了預訓練的模型，OpenAI 還為開發者提供了微調自訂模型的能力，這表示開發者可以根據具體的需求和資料來最佳化模型。

結合 OpenAI API，從簡單的文字生成到複雜的語義搜尋，LLM 應用程式開發者可以更輕鬆地處理各種任務。

OpenAI 的主要應用場景

對希望利用現代技術為其 LLM 應用增添動力的開發者來說，了解 OpenAI 的主要應用場景是非常有益的。以下列出了 OpenAI 在 LLM 應用程式開發中的幾個主要用途：

1. **內容生成**。開發者可以使用 OpenAI 生成高品質的文字內容，從簡單的句子到完整的文章。這對於那些希望自動化內容生產或生成特定格式文字的 LLM 應用尤其有用。

2. **摘要**。OpenAI 能夠從大量文字中提取關鍵資訊並生成簡潔的摘要。這對於需要快速理解文件主旨的應用，如新聞摘要或研究論文摘要生成等場景，具有巨大的價值。

3. **分類、歸類和情感分析**。OpenAI 可以幫助開發者對文字進行分類或歸類，並對文字中的情感進行分析。這在社交媒體分析、評論系統或任何需要對文字進行情感判定的 LLM 應用中都是非常有用的。

4. **資料提取**。OpenAI 可以從非結構化資料中提取關鍵資訊，為開發者提供有價值的資料點。這可以應用於票據掃描、合約審查或任何需要從文字中提取特定資訊的 LLM 應用。

5. **翻譯**。OpenAI 不僅可以理解文字，還可以將其翻譯成其他語言。這為開發多語言 LLM 應用或需要快速翻譯功能的專案提供了強大的支援。

OpenAI 核心概念解析

在深入研究如何使用 OpenAI 為 LLM 應用帶來價值之前，了解其核心概念是至關重要的。以下為 OpenAI 中的一些核心概念。

1. **GPT 模型**。OpenAI 的 GPT 模型經過訓練，可以理解自然語言和程式。GPT 模型根據輸入提供文字輸出，這些輸入也被稱為「提示」。透過設計提示，開發者可以「程式設計」GPT 模型。GPT 模型適用於各種任務，包括內容或程式生成、摘要、對話、創意寫作等。

2. **嵌入向量**。嵌入是資料（例如文字）的向量表示，旨在保留其內容和/或含義的某些方面。相似的資料區塊在某種程度上會有更接近的嵌入，而不相關的資料則相反。OpenAI 提供的文字嵌入模型接收文字字串作為輸入，並輸出一個嵌入向量。嵌入對於搜尋、聚類、推薦、異常檢測、分類等都很有用。

3. **標記**。GPT 和嵌入模型使用稱為標記的文字區塊來處理文字。標記代表常見的字元序列。舉例來說，字串「tokenization」被分解為「token」和「ization」，而像「the」這樣的短且常見的詞被表示為一個標記。在句子中，每個詞的第一個標記通常以一個空格字元開始。作為一個粗略的經驗法則，對於英文文字，1 個標記大約等於 4 個字元或 0.75 個詞。

OpenAI 工作流程探究

當開發者決定利用 OpenAI 為 LLM 應用增添功能時，首先需要了解其工作流程。下面介紹如何從頭開始建構一個 OpenAI 應用。

1. **應用建構準備**。首先，開發者需要為應用建立一個基礎。舉例來說，如果使用 Python Flask 框架，則需要準備相應的環境。當環境準備就緒後，就可以下載官方提供的程式樣本，如：

```
git clone https//github.com/openai/openai-quickstart-node.git
```

   或直接從官方連結下載壓縮檔。

2. **API 金鑰設定**。為了確保應用能夠與 OpenAI API 進行通訊，開發者需要一個 API 金鑰。這可以透過在 OpenAI 官方網站上註冊並獲取。獲取到的金鑰需要被增加到應用中，確保資料互動的安全性。

3. **執行應用**。一旦設定完畢，可以透過以下命令安裝相依並執行應用：

```
npm install
npm run dev
```

隨後，開發者可以在瀏覽器中存取應用並進行測試。

4. **解讀程式**。真正理解應用的核心是理解其背後的程式。舉例來說，在 generate.js 檔案中，有一個用於生成提示的函數，這是與 GPT 模型互動的關鍵部分。此函數根據使用者輸入的動物類型動態生成提示。

```
function generatePrompt(animal) {
const capitalizedAnimal = animal[0].toUpperCase() +
animal.slice(1).toLowerCase();
  return `Suggest three names for an animal that is a superhero

Animal Cat
Names Captain Sharpclaw, Agent Fluffball, The Incredible Feline
Animal Dog
Names Ruff the Protector, Wonder Canine, Sir Barks-a-Lot
Animal ${capitalizedAnimal}
Names`;
}
```

此外，程式中還有一個部分專門用於與 OpenAI API 進行互動，發送請求並獲取回應。這部分使用了 completions 端點，並設定了特定的參數，如溫度為 0.6。

```
const completion = await openai.createCompletion({
  model "text-davinci-003",
  prompt generatePrompt(req.body.animal),
  temperature 0.6,
});
```

透過深入了解這些核心程式，開發者可以更進一步地理解如何為 LLM 應用訂製 OpenAI 功能。

OpenAI 的模型解析

當開發者決定在 LLM 應用中整合 OpenAI 時，了解其提供的不同模型是至關重要的。每種模型都有其獨特的功能和應用場景。以下是 OpenAI 的各種模型的詳細介紹。

1. **GPT-4**：它在理解和生成自然語言或程式方面相較於 GPT-3.5 有所改進。對於希望獲得高品質文字或程式輸出的 LLM 應用程式開發者，GPT-4 是一個理想的選擇。

2. **GPT-3.5**：作為 GPT-3 的改進版本，這一系列模型繼續在自然語言處理和程式生成方面展現出卓越的性能。

3. **DALL·E**：這是一個獨特的模型，可以根據自然語言提示生成和編輯影像。對於需要影像生成功能的 LLM 應用，DALL·E 無疑是一個強大的工具。

4. **Whisper**：專門用於將音訊轉化為文字。對於需要語音辨識功能的 LLM 應用，Whisper 是一個不可或缺的資源。

5. **Embeddings**：這是一組模型，可以將文字轉化為數值形式，為進一步的文字分析和處理提供了有力的支援。

6. **Moderation**：這是一個經過微調的模型，能夠檢測文字是否可能包含敏感或不安全的內容，從而保證 LLM 應用的內容安全。

OpenAI 的先鋒模型探析

當開發者決定在 LLM 應用中採用 OpenAI 技術時，了解 OpenAI 的模型更新策略和模型版本是至關重要的。這能確保開發者能夠獲得最先進、最高效的自然語言處理技術。

1. **持續更新的模型**。隨著 GPT-3.5-Turbo 的發佈，OpenAI 開始實施一種持續的模型更新策略。舉例來說，模型名稱為 GPT-3.5-Turbo、GPT-4 和 GPT-4-32k 的模型會指向最新的版本。為了確認具體使用的模型版本，開發者可以查看發送 ChatCompletion 請求後的回應物件，如可以查看所用的模型版本 GPT-3.5-Turbo-0613。

2. **靜態模型版本**。儘管 OpenAI 不斷推出更新的模型，但它還提供靜態模型版本供開發者使用。即使推出了新版本，這些靜態版本至少還可以繼續使用三個月。

3. **為模型改進提供貢獻**。隨著模型更新的加快，OpenAI 鼓勵社區為不同的用例貢獻評估，以幫助改進模型。對此感興趣的開發者可以查看 OpenAI Evals 儲存庫，參與模型的持續完善。

4. **臨時快照模型**。以下列出的模型是暫時的版本快照。一旦有了更新版本，OpenAI 將宣佈它們的停用日期。如果開發者希望始終使用最新的模型版本，只需使用標準的模型名稱，如 GPT-4 或 GPT-3.5-Turbo。GPT-3.5-Turbo-0301 預計停用日期為 2024 年 6 月 13 日，替代模型為 GPT-3.5-Turbo-0613。

在建構 LLM 應用時，確保跟隨 OpenAI 的模型更新步伐是非常重要的，將會確保應用在自然語言處理領域保持前端。

附錄C Claude 2 模型介紹

Claude 2 是 Anthropic 推出的模型。這款模型在很多方面都實現了顯著的進步，包括程式開發、數學和推理能力。事實上，Claude 2 在 Bar 考試的多項選擇部分得分為 76.5%，這比 Claude 1.3 的 73.0% 有所提高。在 GRE 的閱讀和寫作部分，Claude 2 的得分超過了 90% 的應試者。

Claude 2 的三大特點

1. 處理大量資料的能力。Claude 2 模型允許使用者在每次提示中輸入多達 100K 的標記，這表示它可以處理從技術文件到整本書的大量資料。

2. 程式能力的增強。Claude 2 的模型在程式開發方面進行了明顯的最佳化，Sourcegraph 是一個程式 AI 平臺，他們的程式開發助理 Cody 利用

Claude 2 改進的推理能力為使用者查詢提供更準確的答案，同時也可以提供高達 100K 的上下文視窗。此外，Claude 2 接受了更多的新資料培訓，這表示它擁有了新的框架和函數庫的知識供 Cody 參考。

3. 安全性的增強。Anthropic 對 Claude 2 進行了一系列的安全性最佳化。首先，Claude 2 在內部紅隊評估中的表現比 Claude 1.3 好出了 2 倍，這表示它在響應可能有害的提示時更能產生無害的響應。此外，為了提高模型的輸出安全性，Anthropic 使用了多種安全技術，並進行了廣泛的紅隊測試。

對於追求前端技術的 LLM 應用程式開發者，Claude 2 為他們提供了選擇。

四大主要使用場景

以下是 Claude 2 在 LLM 應用程式開發中的四大主要使用場景。

1. 處理巨量文字。無論開發者面臨的是文件、電子郵件、常見問題解答、聊天記錄還是其他內容，Claude 2 都能提供卓越的支援。此模型可以編輯、重寫、總結、分類、提取結構化資料，並根據內容進行問答等操作。這為 LLM 應用程式開發者提供了一個強大的工具，助力他們更高效率地處理和分析文字資料。

2. 自然對話交流。Claude 2 可以在對話中扮演各種角色。只需為其提供角色詳情和常見問題的解答，它就能與使用者進行自然、相關的雙向對話。這為開發者在 LLM 應用中實現流暢的使用者互動提供了可能。

3. 獲得答案。Claude 2 擁有廣泛的通用知識，這些知識來源於其龐大的訓練語料庫，包括技術、科學和文化知識。除了常見的自然語言，Claude 2 還能理解和生成多種程式語言。這為開發者提供了在 LLM 應用中整合知識庫或程式設計幫手的機會。

4. 自動化工作流。Claude 2 能夠處理各種基本指令和邏輯場景，包括隨選格式化輸出、執行 if-then 敘述，以及在單一提示中進行一系列邏輯評估。這使得開發者能夠在 LLM 應用中實現複雜的自動化任務和工作流。

使用者關心的常見問題

在 LLM 應用的開發過程中，開發者可能對 Anthropic 的 Claude 2 模型有很多疑問。為了更進一步地幫助初學者和開發者了解 Claude 2，以下列出了關於該模型的常見問題及其解答。

1. Claude 有哪些版本可供選擇？

   目前提供兩個版本的 Claude。

   Claude：擅長從複雜對話和創意內容生成到詳細指導的各種任務。

   Claude Instant：可以處理包括休閒對話、文字分析、總結和文件問題回答等任務。

2. Claude 支援哪些語言？

   Claude 主要以英文為訓練基礎，但在其他常見語言中也表現出色。此外，Claude 還對常見的程式語言有深入的了解。

3. Claude 可以存取網際網路嗎？

   不可以。Claude 被設計為獨立的，不會透過搜尋網際網路來回應。但我們可以為 Claude 提供網際網路上的文字，並要求其對該內容執行任務。

4. 什麼是憲法訓練？

   憲法訓練是一個訓練模型遵循所需行為「憲法」的過程。Anthropic 的核心模型經過憲法訓練變得有幫助、誠實和無害。

5. 「HHH」是什麼意思？

   「HHH」代表 Helpful（有幫助）、Honest（誠實）和 Harmless（無害）。這是建構與人們利益一致的 AI 系統（如 Claude）的三個元件。

6. 如何進一步自訂 Claude 的行為？

   可以透過提示廣泛地修改 Claude 的行為。提示可以用來解釋所需的角色、任務、背景知識，以及所需回應的幾個範例。

7. Claude 模型可以進行微調嗎？

   在大多數情況下，相信精心設計的提示可以在沒有微調的費用或延遲的情況下為你提供所需的結果。但一些大型企業使用者可能會從微調模型中受益。

8. Claude 的上下文視窗有多長？

   輸入和輸出的綜合上下文視窗約為 100,000 個標記，這大約相當於 70,000 個單字，具體取決於內容類別型。

9. Claude 可以進行嵌入嗎？

   目前還不行。

附錄 D

Cohere 模型介紹

隨著 LLM 應用的廣泛應用，開發者對於高效、高性能的語言模型的需求日益增強。在這一背景下，Cohere 應運而生，為開發者提供了一個先進的語言處理 API。

Cohere 的核心能力

Cohere 不僅訓練了大型的語言模型，並透過一個簡潔的 API 為開發者提供服務，還允許使用者根據自己的需求訓練訂製的大型模型。這表示開發者無須為收集大量的文字資料，選擇合適的神經網路架構、分散式訓練或模型部署而感到困擾。Cohere 為開發者處理了所有這些複雜問題。

Cohere 的模型類型

Cohere 為開發者提供了兩大類的模型：生成模型和表示模型。

生成模型：透過 generate 端點，開發者可以存取該類模型。代表模型包括 GPT2、GPT3 等。

表示模型：透過 embed 端點，開發者不僅可以存取該類模型，還可以獲取輸入文字的嵌入向量。BERT 是該類模型的代表。

對於希望在 LLM 應用程式開發中實現前端語言處理功能的初學者和開發者，Cohere 提供了一個高效且功能強大的解決方案。無論是需要生成內容，還是需要理解和表示語言，Cohere 都為開發者提供了整合式的解決方案。

三大 LLM 應用案例

在現代 LLM 應用程式開發中，語言模型的功能越來越強大，開發者可利用這些功能解決實際問題。以下將深入探討 Cohere 的三大應用案例，助力開發者更進一步地理解其在 LLM 應用中的潛在價值。

1. 文字摘要與改寫。隨著文字生成技術的進步，大型語言模型如 Cohere 已經能夠生成近乎人類水準的文字。其中，文字摘要與改寫成為熱點。開發者可以透過 Cohere 為輸入文字生成有意義的摘要或改寫，僅需在提示中提供任務描述。此外，Cohere 為文字摘要提供了 Co.summarize 端點，為開發者進一步簡化了任務。

2. 文字分類。文字分類是語言處理中最常見的用例之一。利用 Cohere 的語言模型，開發者可以建構高效的分類器來自動化語言任務，從而節省大量時間和精力。Cohere 不僅提供了簡單的 Classify 端點進行分類，還允許開發者在 embed 端點之上建構更高級的分類器。

3. 語義相似性判斷。在客服領域，經常會有大量重複的問題需要回答。Cohere 的語言模型能夠判斷文字的相似性，從而確定一個新問題是否與 FAQ 部分已經回答的問題相似。透過計算兩個嵌入的餘弦相似性，開發者可以得到一個相似性得分，然後根據這個得分採取相應的行動，例如顯示與其相似問題的答案。

附錄 E

PaLM 2 模型介紹

PaLM 2 代表了 Google 在機器學習和負責任的 AI 領域不斷創新的成果，是繼 PaLM 後的下一代大型語言模型。作為 LLM 應用的開發者，理解 PaLM 2 的基礎構造和核心優勢對於充分利用其功能至關重要。

PaLM 2 模型的特點

高級推理任務：PaLM 2 在程式開發、數學、分類和問題回答、翻譯和多語言能力，以及自然語言生成等高級推理任務上都表現出色。

超越先前模型：相較於之前的 LLM 應用如 PaLM 等，PaLM 2 在各種任務上都有更好的表現。

建構方法：PaLM 2 之所以能夠實現這些任務，歸功於其建構方式結合了計算最佳縮放、改進的資料集混合和模型架構的改進。

負責任的 AI：PaLM 2 基於 Google 負責任地建構和部署 AI 的方法，經過了嚴格的潛在危害和偏見、能力和下游用途的評估。

以 PaLM 2 為基礎的產品

除了作為一個獨立的大型語言模型，PaLM 2 還為其他最先進的模型提供支援，如 Med-PaLM 2 和 Sec-PaLM。此外，它正在為 Google 的一些生成式 AI 功能和工具提供動力，如 Bard 和 PaLM API，這為 LLM 應用程式開發者提供了更廣泛的實際應用場景。

三大核心功能

1. **推理**。PaLM 2 在複雜任務的分解，以及對人類語言細微差異的理解上，相比之前的 LLM 如 PaLM，表現得更為出色。它能夠非常精準地解讀謎語和習語，這需要對詞語的模糊和比喻意義有深入的理解，而不僅是對字面意義的理解。

2. **多語言翻譯**。與 PaLM 相比，PaLM 2 在更大規模的多語言文字上進行了預訓練。這使得它在多語言任務上具有顯著的優勢。透過大量的多語言文字預訓練，PaLM 2 為開發者在 LLM 應用中實現高效的多語言處理提供了堅實的基礎。

3. **程式開發**。PaLM 2 的另一個亮點是它在大量的網頁、原始程式碼和其他資料集上進行的預訓練。這表示它不僅擅長流行的程式語言如 Python 和 JavaScript，而且還能夠生成 Prolog、Fortran 和 Verilog 等專用程式語言的程式。結合其語言處理能力，可以幫助團隊跨語言進行合作。

附錄 F
Pinecone 向量資料庫介紹

對初步接觸 LLM 應用程式開發的開發者來說，選擇一個高性能的向量搜尋工具是關鍵的初步決策。Pinecone 為此提供了一個完美的解決方案。

Pinecone 是一個雲端原生的向量資料庫，專門為高性能向量搜尋應用程式設計。借助其託管服務和簡化的 API 介面，開發者可以整合其功能，而無須過多關注底層基礎架構的細節。

下面我們介紹 Pinecone 的主要特性，這些特性使其在 LLM 應用程式開發領域中脫穎而出。

高速查詢性能。Pinecone 確保即使在數十億項目中也能保持超低的查詢延遲，滿足即時應用的需求。

即時索引更新。隨著資料的增加、修改或刪除，索引可以即時更新，確保資料的即時性和準確性。

過濾功能。Pinecone 允許開發者結合中繼資料篩檢程式進行向量搜尋，這有助獲得更加相關和快速的查詢結果。

無縫託管服務。Pinecone 的完全託管特性使得開發者可以更加專注於 LLM 應用的開發和最佳化，而非資料庫的維護和管理。

Pinecone 的主要應用場景

對於那些正在研究 LLM 應用程式開發的開發者，了解如何在實際應用中利用向量資料庫如 Pinecone 是至關重要的。Pinecone 由於其高效性和靈活性，已被廣泛應用於多種場景。Pinecone 的主要使用場景如下：

語義文字搜尋。開發者可以利用 NLP 轉換器和句子嵌入模型將文字資料轉化為向量嵌入。隨後，這些向量可以被 Pinecone 索引和搜尋，從而實現高效的語義文字搜尋功能。

生成問答系統。當接收到使用者的查詢時，可以從 Pinecone 檢索相關的上下文資料。這些資料隨後可以傳遞給如 OpenAI 這樣的生成模型，產生與真實資料一致的答案。

混合搜尋。開發者可以結合語義和關鍵字搜尋讓 Pinecone 在一個查詢中同時執行，從而得到更加相關的搜尋結果。

影像相似度搜尋。首先，將圖像資料轉為向量嵌入並使用 Pinecone 進行索引。然後當使用者提交查詢影像時，再將其轉為向量並在 Pinecone 中檢索相似影像，提供給使用者相似內容的影像。

產品推薦系統。在電子商務領域，基於代表使用者的向量，Pinecone 可以有效地生成產品推薦，從而提供給使用者更個性化的購物體驗。

Pinecone 核心概念解析

當開發者進入 LLM 應用程式開發的領域，理解 Pinecone 的關鍵概念將為他們提供明確的方向和堅實的基礎。下面介紹 Pinecone 的幾個核心概念：

向量搜尋。傳統搜尋方法主要圍繞關鍵字進行，但在向量資料庫中，搜尋的焦點轉向了由 ML 生成的資料表示——向量嵌入。這種搜尋方法的目標是找到與查詢最相似的專案。

向量嵌入。向量嵌入是表示物件的數字集合，它的特點是能夠捕捉物件集合中的語義相似性。這些嵌入是由經過訓練的模型生成的。在 Pinecone 中，開發者可以遇到兩種主要的向量嵌入：密集嵌入和稀疏嵌入。為了充分利用 Pinecone，開發者需要熟悉如何使用這些向量嵌入。

向量資料庫。身為特殊的資料庫，向量資料庫專注於索引和儲存向量嵌入，以實現高效的管理和快速的檢索。但是，與單純的向量索引相比，向量資料庫如 Pinecone 提供了更多高級功能。這些功能包括索引管理、資料管理、中繼資料儲存、過濾和水平擴展等。

Pinecone 工作流程探究

以下是 Pinecone 的工作流程。

1. **索引的設定。**

   建立索引：為資料建立一個索引，這是儲存和檢索向量的關鍵結構。

   連接索引：一旦索引建立完畢，開發者需要確保能夠與之建立連接。

   資料插入：開發者將資料和相應的向量插入建立的索引中。

2. **索引的使用。**

   查詢資料：在索引中查詢特定資料或向量。

   資料過濾：基於特定條件，開發者可以過濾檢索到的結果，確保結果的相關性。

獲取資料：根據需要，可以檢索索引中的特定資料或向量。

資料更新：為了保持資料的即時性和準確性，開發者可以插入更多的資料或更新現有的向量。

3. 索引與資料管理。

管理索引：包括對索引的最佳化、備份和恢復等操作。

資料管理：涉及資料的刪除、修改和備份等任務。

附錄G
Milvus 向量資料庫介紹

當談論大規模嵌入向量的儲存、索引和管理時，Milvus 向量資料庫憑其獨特的特性和優勢成為這一領域的明星。自 2019 年建立以來，Milvus 的核心願景是處理由深度神經網路和其他機器學習（ML）模型產生的大量嵌入向量。

與傳統的關聯式資料庫不同，它們主要處理符合預先定義模式的結構化資料，Milvus 被設計為處理從非結構化資料轉化而來的嵌入向量。這種設計表示 Milvus 能夠處理兆級的向量索引。

為什麼這種能力如此重要？隨著網際網路、物聯網和社交媒體的普及，非結構化資料如電子郵件、學術論文、感測器資料和社交媒體圖片，已成為主流。為了使這些資料對機器有意義，嵌入技術被用於將它們轉為向量形式。這正是

Milvus 所擅長的領域。透過儲存和索引這些向量，Milvus 可以計算兩個向量間的相似距離，從而判斷原始資料的相似性。

對於希望在 LLM 應用中使用非結構化資料的開發者，了解並利用 Milvus 的這些功能將幫助他們更有效地進行資料分析和提取有價值的見解。

Milvus 的主要應用場景

在建構和最佳化 LLM 應用時，開發者經常面臨處理和搜尋大量資料的挑戰。這正是 Milvus 展現其強大功能的地方。以下是 Milvus 在各種應用中的主要應用場景：

影像相似性搜尋。Milvus 使得從大型態資料庫中即時傳回最相似的影像成為可能，實現了高效的影像搜尋功能。

視訊相似性搜尋。透過將視訊的關鍵幀轉為向量，並利用 Milvus 進行處理，可以在接近即時的速度下搜尋和推薦視訊。

音訊相似性搜尋。無論是語音、音樂、音效還是其他類似的聲音，Milvus 都能在短時間內快速查詢大量音訊資料。

分子相似性搜尋。對於生物技術和化學領域，Milvus 能夠對特定的分子進行快速的相似性搜尋、子結構搜尋或超結構搜尋。

推薦系統。基於使用者的行為和需求，Milvus 可以為 LLM 應用提供資訊或產品的精準推薦。

問答系統。為了實現互動式的數字問答機器人，Milvus 能夠自動、準確地回答使用者的問題。

DNA 序列分類。在基因研究中，透過與 Milvus 比較相似的 DNA 序列，可以在毫秒等級內準確地對一個基因進行分類。

文字搜尋引擎。對於需要處理大量文字資料的應用，Milvus 能夠透過與文字資料庫中的關鍵字進行比較，幫助使用者快速找到他們需要的資訊。

Milvus 核心概念解析

隨著資料的爆炸性增長，開發者在建構 LLM 應用時面臨著處理和理解大量非結構化資料的挑戰。Milvus 為開發者提供了一個框架，幫助他們更進一步地處理資料。下面深入解析這些概念：

非結構化資料。指不遵循預先定義模型或組織方式的資料，包括影像、視訊、音訊和自然語言等資訊。事實上，非結構化資料佔據了約 80% 的全球資料。為了使這些資料有意義，必須將它們轉為可以被機器理解的格式——向量。

嵌入向量。嵌入向量是非結構化資料的特徵抽象，如電子郵件、物聯網感測器資料、社交媒體照片和蛋白質結構等。在數學上，嵌入向量可以是浮點數或二進位數字的陣列。透過利用現代嵌入技術，開發者可以將非結構化資料轉為嵌入向量，從而為其 LLM 應用提供一個堅實的基礎。

向量相似度搜尋。指將一個向量與資料庫中的向量進行比較，目的是找到與查詢向量最為相似的向量。為了加速這個搜尋過程，通常使用近似最近鄰搜尋演算法。當兩個嵌入向量相似時，它們代表的原始資料來源也是相似的。

Milvus 支援的索引和度量

索引是資料的組織方式，它定義了如何儲存和檢索資料。在 Milvus 中，大部分索引類型使用近似最近鄰搜尋（ANNS）技術。以下是一些重要的索引類型。

FLAT：適合於小規模資料集，提供精確的搜尋結果。

IVF_FLAT：量化索引，適合於在查詢速度和精度之間尋求平衡的場景。

IVF_SQ8：在資源有限的場景中，此量化索引可以顯著降低資源消耗。

IVF_PQ：為了獲得更高的查詢速度，此量化索引可能犧牲一些精度。

HNSW：基於圖形的索引，適合於高搜尋效率需求的場景。

ANNOY：基於樹形結構的索引，適合於尋求高召回率的場景。

在 LLM 應用中，度量方法的選擇對於向量的分類和聚類性能至關重要。在 Milvus 中，相似度度量用於確定向量之間的相似性。

對於浮點嵌入，常用以下兩種度量方法。

歐氏距離（L2）：在電腦視覺領域中常用。

內積（IP）：在自然語言處理領域中常用。

而對於二進位嵌入，以下是一些廣泛應用的度量方法。

哈明距離：在自然語言處理中常用。

傑卡德距離和塔尼莫托距離：這兩種度量方法在分子相似性搜尋中都有廣泛應用。

超結構距離和亞結構距離：這兩種度量方法用於搜尋分子的特定結構相似性。

為了在 LLM 應用中實現高效的資料檢索和管理，開發者需要深入了解並正確選擇索引和度量。

深智數位
股份有限公司

深智數位
股份有限公司